BestMasters

Mit „BestMasters" zeichnet Springer die besten Masterarbeiten aus, die an renommierten Hochschulen in Deutschland, Österreich und der Schweiz entstanden sind. Die mit Höchstnote ausgezeichneten Arbeiten wurden durch Gutachter zur Veröffentlichung empfohlen und behandeln aktuelle Themen aus unterschiedlichen Fachgebieten der Naturwissenschaften, Psychologie, Technik und Wirtschaftswissenschaften. Die Reihe wendet sich an Praktiker und Wissenschaftler gleichermaßen und soll insbesondere auch Nachwuchswissenschaftlern Orientierung geben.

Dominik Eller

Integration erneuerbarer Energien mit Power-to-Heat in Deutschland

Potentiale zur Nutzung von Stromüberschüssen in Fernwärmenetzen

Mit einem Geleitwort von Prof. Dr. Wolfgang Berger

Dominik Eller
Tulfes, Österreich

BestMasters
ISBN 978-3-658-10560-0 ISBN 978-3-658-10561-7 (eBook)
DOI 10.1007/978-3-658-10561-7

Die Deutsche Nationalbibliothek verzeichnet diese Publikation in der Deutschen Nationalbibliografie; detaillierte bibliografische Daten sind im Internet über http://dnb.d-nb.de abrufbar.

Springer Vieweg

Gedruckt auf säurefreiem und chlorfrei gebleichtem Papier

Springer Fachmedien Wiesbaden ist Teil der Fachverlagsgruppe Springer Science+Business Media
(www.springer.com)

Geleitwort

Sehr gerne komme ich der Bitte nach, für das vorliegende Buch ein Geleitwort zu verfassen. Der Gedanke, aus erneuerbaren Quellen erzeugten Strom in andere Energieformen zu transformieren und ihn somit auch für die Anwendung in Sektoren wie dem Transport und der Wärmeversorgung zur Verfügung zu stellen, kann in der Fachliteratur bereits seit Jahrzehnten nachvollzogen werden. Auch Pilotanlagen haben Historie, erinnert sei hier etwa an das Solar-Wasserstoff-Bayern-Projekt unter Federführung des Bayernwerks in Neuburg vorm Wald, das bereits Ende der Achtziger Jahre initiiert und im Jahr 2000 beendet worden war.

Allerdings hat der erwähnte Gedanke erst in der jüngeren Vergangenheit Virulenz entwickelt und sukzessive und systematisch in sich anbahnende Umsetzung zu drängen begonnen. Bedingt ist dies wesentlich durch sehr umfassende Förderprogramme insbesondere für die Photovoltaik und die Windkraft mit in der Folge starker Durchdringungstiefe des deutschen Stromversorgungssystems mit diesen Wandlungstechniken. Im Spannungsfeld des umweltpolitisch motivierten, weiteren Ausbaus der Versorgung auf Basis fluktuierender Quellen einerseits und dem Imperativ der Aufrechterhaltung einer sicheren Stromversorgung andererseits kommt hier auch die Technik von „Power-to-Heat“ zum Tragen. An diesem Punkte setzt das Werk von Herrn Dominik Eller an.

Dabei wird das Themenfeld dezidiert und übersichtlich erschlossen und im Kontext stringent zur Technologie Power-to-Heat (P2H) geführt. Daraus werden schlüssig Fragen abgeleitet und im Zuge der Arbeit beantwortet, die auf den Beitrag gerichtet sind, den P2H zur Systemintegration erneuerbarer Energien in Deutschland leisten kann. Ein spezieller Fokus liegt dabei auf dem Einsatz von Elektrodenheißwasserkesseln in Fernwärmenetzen.

Die Darstellung erfolgt durchgängig mit großer inhaltlicher Plausibilität. Der gegenwärtige Forschungsstand wird umfassend erörtert. Stilistisch gelingt Transparenz, zu erwähnen ist außerdem ein maßvoll austarierter Blick auch über den engeren Tellerrand der Thematik hinaus. Schließlich liegt auch in optischer Hinsicht ein anspruchsvolles Werk vor. Vervollständigt wird die Arbeit durch umfangreiche eigene Simulationen und Berechnungen, welche grundlegend erklärt und dezidiert aufgeführt werden.

In Summe legt Herr Eller ein konzentriertes und facettenreiches Werk auf einem Gebiet von entschiedener energiewirtschaftlicher Relevanz vor. Dem Buch des jungen Autors, das auf eine Masterarbeit im Studiengang Europäische Energiewirtschaft der Fachhochschule Kufstein zurückgeht, ist eine gute Aufnahme in der Fachwelt und die Entfachung angeregter und anhaltender Diskussion zu wünschen.

Prof. Dr. Wolfgang Berger

Vorwort

Die Masterarbeit mit dem Titel „Integration erneuerbarer Energien durch die Technologie Power-to-Heat in Deutschland“ wurde im Juli 2014 beim Studiengang Europäische Energiewirtschaft an der Fachhochschule Kufstein eingereicht. Das persönliche Interesse zum Thema entstand durch ein Praktikum, das ich während des Studiums bei einem Energieversorgungsunternehmen absolvierte. Meine Aufgabe während des Praktikums war die Entwicklung eines Modells zur Nutzung von überschüssigen Wind- und Solarstrom für die zentrale Bewirtschaftung flexibler elektrischer Warmwasserboiler, worüber ich auch meine Bachelorarbeit verfasst habe. Bereits damals faszinierte mich die Möglichkeit, verschiedene Verbraucher des Wärmesektors zu flexibilisieren, um in einem zukünftigen Stromversorgungssystem mit hohen Anteilen volatiler Wind- und Photovoltaikerzeugung Stromüberschüsse speichern zu können. Als ich mir selbst die Frage danach stellte, mit welchen Wärmeverbrauchern möglichst einfach und schnell hohe Potentiale nutzbar wären, fielen meine Überlegungen auf Fernwärmenetze. Dadurch entstand die Motivation, eigene Berechnungen und Recherchen anzustellen, um das Potential der Nutzung von Stromüberschüssen in Fernwärmenetzen beziffern zu können.

Das Verfassen der Arbeit wurde durch die tatkräftige Unterstützung vieler Personen erleichtert, bei denen ich mich an dieser Stelle bedanken möchte. Insbesondere meine Familie und Freunde waren eine große Hilfe und hatten stets Geduld und Verständnis, dass ich während dieser Periode merklich weniger Zeit mit Ihnen verbringen konnte. Zudem danke ich meinem Betreuer Robert Fröhler und Studiengangsleiter Wolfgang Berger für die zahlreichen Tipps und Ratschläge sowie die kompetente fachliche Beratung.

Innsbruck, im April 2015

Dominik Eller

Inhaltsverzeichnis

Abbildungsverzeichnis XIII
Tabellenverzeichnis XVII
Formelverzeichnis XIX
Abkürzungsverzeichnis XXI

1 Einleitung 1
1.1 Problematik und Relevanz des Themas 1
1.2 Aufgabenstellung und Forschungsfrage 2
1.3 Methodik 4

2 Grundlagen Power-to-Heat 7
2.1 Definition und Kritik 7
2.2 Intelligentes Lastmanagement 7
2.3 Funktionsprinzip 9
2.4 Einsatzmöglichkeiten 12
2.4.1 Elektroheizer für Fernwärmenetze und Industrie 14
2.4.2 Elektrische Speicherheizungen 14
2.4.3 Elektrische Warmwasserbereitung 15
2.4.4 Hybride Heizsysteme 16
2.5 Energieflüsse bei Elektroheizern in Fernwärmenetzen 16

3 Ausbau erneuerbarer Energien 19
3.1 Historische Entwicklung 19
3.2 Ausbauziele 21
3.3 Herausforderungen und Lösungsansätze 22

4 Simulation von Stromsystemen 25
4.1 Prämissen und Annahmen 26
4.2 Gegenwärtiges Stromsystem 28
4.2.1 Methodik 28
4.2.2 Bruttostromverbrauch 31
4.2.3 Wind und Photovoltaik 34
4.2.4 Biomasse 37
4.2.5 Geothermie 37

4.2.6 Wasserkraft ... 38
4.2.7 Ergebnisse Gesamtsystem ... 43
4.3 Zukünftige Stromsysteme ... 48
4.3.1 Methodik ... 49
4.3.2 Ausbaupfade ... 50
4.3.3 Bruttostromverbrauch ... 53
4.3.4 Biomasse, Geothermie, Laufwasser ... 54
4.3.5 Wind ... 55
4.3.6 Photovoltaik ... 60
4.3.7 Wasserkraft Speicher ... 64
4.3.8 Ergebnisse Gesamtsystem ... 68
5 Wärmenachfrage in Deutschland ... 75
5.1 Endenergieverbrauch nach Nutzungsart ... 75
5.2 Energieverbrauch in Fernwärmenetzen ... 76
5.3 Verbrauchsprofile von Fernwärmenetzen ... 78
5.4 Anlagenbestand zur Deckung des Fernwärmebedarfs ... 83
5.5 Zukünftige Entwicklung des Fernwärmebedarfs ... 85
5.6 Stündlicher Fernwärmelastgang Deutschland ... 87
5.6.1 Methodik ... 87
5.6.2 Temperatur ... 89
5.6.3 Jährliche Fernwärmenetzeinspeisung ... 93
5.6.4 Tägliche Fernwärmenetzeinspeisung ... 94
5.6.5 Stündliche Fernwärmenetzeinspeisung ... 102
6 Status Quo Elektroheizer in Fernwärmenetzen ... 109
6.1 Elektrodenheißwasserkessel ... 109
6.1.1 Kesselarten und Funktionsweise ... 109
6.1.2 Hydraulische Einbindung und Netzanschluss ... 111
6.1.3 Regelbarkeit ... 112
6.1.4 Kosten ... 114
6.1.5 Realisierte Anlagen ... 116
6.2 Thermische Wärmespeicher ... 117
6.2.1 Physikalische Grundlagen ... 117
6.2.2 Speicherarten und Größen ... 118
6.2.3 Kosten ... 120

6.2.4 Rechtliche Aspekte 123
6.3 Einsatz von Elektroheizern am Großhandelsmarkt 125
6.4 Einsatz von Elektroheizern am Regelenergiemarkt 127
6.4.1 Grundlagen zu Regelenergie 127
6.4.2 Der Markt für Regelenergie 129
6.4.3 Eignung Elektroheizer für Regelenergie 132
6.4.4 Analyse SRL-Markt Österreich und Deutschland 133
6.4.5 Simulation Vermarktung Elektroheizer am SRL Markt 144
7 Potential von Power-to-Heat 157
7.1 Anzahl nutzbarer Fernwärmenetze 158
7.2 Stromüberschuss und zeitgleiche Fernwärmenachfrage 159
7.3 Nutzbare Stromüberschüsse 163
7.4 Wirtschaftlichkeit 166
7.4.1 Vollkostenrechnung und Wärmegestehungskosten 166
7.4.2 Prinzip des Bewertungsansatzes Vollkosten 167
7.4.3 Investitionskosten 170
7.4.4 Betriebskosten, Zinssatz, Nutzungsdauer 172
7.4.5 Wärmegestehungskosten Elektrokessel 172
7.5 Primärenergieeinsparung 175
7.6 Erhöhung Potential durch Wärmespeicher 177
7.6.1 Methodik 177
7.6.2 Zusätzlich nutzbare Stromüberschüsse 184
7.6.3 Wirtschaftlichkeit 187
7.7 EHK im Gesamtsystem der flexiblen KWK 195
7.8 Prämissen für Potentialberechnung 198
8 Zusammenfassung und Schlussfolgerung 201
9 Literaturverzeichnis 205
10 Anhang 215
10.1 Simulation zukünftiger Stromsysteme 216
10.2 Potential von Power-to-Heat 224
10.2.1 Stromüberschüsse und Fernwärmenachfrage 224
10.2.2 Erhöhung des Potentials durch Wärmespeicher 233

Abbildungsverzeichnis

Alle Abbildungen stehen in Farbe auf springer.com kostenlos als Download zur Verfügung.

Abbildung 1: Intelligentes Lastmanagement ... 8
Abbildung 2: Übersichtsgrafik Funktionsprinzip P2H ... 9
Abbildung 3: Vereinfachendes Systemabbild P2H mit EHK ... 17
Abbildung 4: Historische Entwicklung EE und BSV ... 20
Abbildung 5: Stromlast ENTSO-E und BSV ... 32
Abbildung 6: BSV 2011, 2012 und 2013 ... 33
Abbildung 7: Wind 2011, 2012 und 2013 ... 35
Abbildung 8: PV 2011, 2012 und 2013 ... 36
Abbildung 9: Biomasse 2011, 2012 und 2013 ... 37
Abbildung 10: EEX gemeldete Wasserkrafterzeugung ... 39
Abbildung 11: Modellierung Speicherkraftwerke 2012 ... 41
Abbildung 12: Laufwasser und Speicher 2011, 2012 und 2013 ... 42
Abbildung 13: Jahresdauerlinie Residuallast 2011, 2012 und 2013 ... 43
Abbildung 14: Einspeisung EE, BSV und RL 2011, 2012 und 2013 ... 45
Abbildung 15: Stromsystem 2011 und 2012 Detail ... 47
Abbildung 16: Volllaststunden erneuerbarer Stromerzeugung ... 51
Abbildung 17: Laufwasser, Biomasse und Geothermie Zukunft ... 55
Abbildung 18: Fehlmengen Wind Ausbaupfad BEE 2012 ... 57
Abbildung 19: Winderzeugung Zukunft BEE ... 58
Abbildung 20: Winderzeugung Zukunft OwnGuess ... 59
Abbildung 21: Fehlmengen PV Ausbaupfad BEE ... 60
Abbildung 22: Photovoltaikerzeugung Zukunft BEE ... 62
Abbildung 23: Photovoltaikerzeugung Zukunft OwnGuess ... 63
Abbildung 24: Wasser Speicher Detail BEE 2012 ... 64
Abbildung 25: Wasser Speicher Zukunft BEE ... 66
Abbildung 26: Wasser Speicher Zukunft OwnGuesss ... 67
Abbildung 27: Stromsystem Zukunft Residuallastanalyse ... 68
Abbildung 28: Stromsystem Zukunft BEE 2011 Detail ... 72
Abbildung 29: Fernwärmebedarf 2003-2012 ... 77
Abbildung 30: Typischer stündlicher Fernwärmelastgang ... 79
Abbildung 31: Temperaturabhängigkeit und Tagesprofil Musterstadt ... 81
Abbildung 32: Brennstoff- und Technologiemix in Fernwärmenetzen ... 84

Abbildung 33: Zukunftsszenarien Fernwärmebedarf 86
Abbildung 34: Tagesmitteltemperatur Deutschland gewichtet 91
Abbildung 35: Erklärung und Anwendung der Sigmoidfunktion 96
Abbildung 36: Tagessummen Fernwärmebedarf 101
Abbildung 37: Tagesprofilverläufe Fernwärmebedarf 103
Abbildung 38: Stündlicher Fernwärmelastgang 2012 105
Abbildung 39: Stündlicher Fernwärmelastgang 2011 105
Abbildung 40: EHK Funktionsprinzip 110
Abbildung 41: EHK hydraulische Einbindung 112
Abbildung 42: EHK Nachweis Regelbarkeit 113
Abbildung 43: EHK Investitionskosten 114
Abbildung 44: Kenndaten realisierter Wärmespeicher 119
Abbildung 45: Wärmespeicher Investitionskosten 122
Abbildung 46: EPEX Spot Preise 2013 geordnet 126
Abbildung 47: SRL Abrufe APG und NRV 135
Abbildung 48: SRL Abrufwahrscheinlichkeiten 2012 137
Abbildung 49: SRL Leistungspreise Deutschland 2013-2014 139
Abbildung 50: SRL Leistungspreise Österreich 2013-2014 139
Abbildung 51: SRL Arbeitspreise 2013-2014 141
Abbildung 52: SRL Merit Order Arbeitspreise Deutschland 143
Abbildung 53: Heizkraftwerk ohne EHK 146
Abbildung 54: EHK angebotene SRL-Leistung 147
Abbildung 55: Heizkraftwerk mit EHK 149
Abbildung 56: SRL Sensitivität Wirtschaftlichkeit Deutschland 153
Abbildung 57: SRL Sensitivität Wirtschaftlichkeit Österreich 154
Abbildung 58: Potential P2H Szenario OwnGuess 2011 alle Netze 160
Abbildung 59: Potential P2H Szenario OwnGuess 2011 größte Netze 161
Abbildung 60: Stromüberschüsse Jahressummen 162
Abbildung 61: Nutzbare Stromüberschüsse alle Netze 164
Abbildung 62: Nutzbare Stromüberschüsse größte Netze 164
Abbildung 63: Wärmegestehungskosten EHK Sensitivität 169
Abbildung 64: Spezifische- und Gesamtinvestitionskosten EHK 172
Abbildung 65: Wirtschaftlichkeit EHK alle Netze 173
Abbildung 66: Wirtschaftlichkeit EHK größte Netze 173
Abbildung 67: Primärenergieeinsparung bei diversen Brennstoffen 175
Abbildung 68: Anlagenschema EHK mit Wärmespeicher 178
Abbildung 69: Speichersimulation Detailauszug Januar alle Netze 182

Abbildung 70: Speichersimulation Detailauszug Mai alle Netze 183
Abbildung 71: Wärmespeicher Potential 2011 alle Netze 184
Abbildung 72: Wärmespeicher Potential 2011 größte Netze 185
Abbildung 73: Wärmegestehungskosten Wärmespeicher Sensitivität.. 187
Abbildung 74: Gesamtspeichervolumen und Ø Volumen je Speicher .. 189
Abbildung 75: Wärmespeicher spezifische- und Gesamtkosten........... 191
Abbildung 76: Wärmegestehungskosten Speicher 2011 alle Netze 192
Abbildung 77: Wärmegestehungskosten Speicher 2011 größte Netze 193
Abbildung 78: Flexible stromgeführte KWK 196
Abbildung 79: Stromsystem Zukunft BEE 2011 Detail.......................... 216
Abbildung 80: Stromsystem Zukunft BEE 2012 Detail.......................... 217
Abbildung 81: Stromsystem Zukunft OwnGuess 2011 Detail 218
Abbildung 82: Stromsystem Zukunft OwnGuess 2012 Detail 219
Abbildung 83: Stromsystem Zukunft Residuallast BEE 2011 220
Abbildung 84: Stromsystem Zukunft Residuallast BEE 2012 221
Abbildung 85: Stromsystem Zukunft Residuallast OwnGuess 2011..... 222
Abbildung 86: Stromsystem Zukunft Residuallast OwnGuess 2012..... 223
Abbildung 87: Potential P2H Szenario BEE 2011 alle Netze................ 225
Abbildung 88: Potential P2H Szenario BEE 2012 alle Netze................ 226
Abbildung 89: Potential P2H Szenario OwnGuess 2011 alle Netze 227
Abbildung 90: Potential P2H Szenario OwnGuess 2012 alle Netze 228
Abbildung 91: Potential P2H Szenario BEE 2011 größte Netze 229
Abbildung 92: Potential P2H Szenario BEE 2012 größte Netze 230
Abbildung 93: Potential P2H Szenario OwnGuess 2011 größte Netze 231
Abbildung 94: Potential P2H Szenario OwnGuess 2012 größte Netze 232
Abbildung 95: Wärmespeicher Potential 2012 alle Netze 233
Abbildung 96: Wärmespeicher Potential 2012 größte Netze 234
Abbildung 97: Wärmegestehungskosten Speicher 2012 alle Netze 235
Abbildung 98: Wärmegestehungskosten Speicher 2012 größte Netze 236

Tabellenverzeichnis

Tabelle 1: Einsatzmöglichkeiten von P2H ... 13
Tabelle 2: Quellen Simulation Stromsystem ... 25
Tabelle 3: Stromerzeugung und installierte Leistung EE 2011-2013 ... 30
Tabelle 4: Übersicht über berechnete Szenarien ... 49
Tabelle 5: Ausbaupfade ... 52
Tabelle 6: Bruttostromverbrauch Hochrechnung ... 53
Tabelle 7: Hochrechnung Wind Ausbaupfad BEE Beispiel ... 56
Tabelle 8: Dauer von Phasen mit Stromüberschüssen ... 70
Tabelle 9: Stromsystem Zukunft Ergebnisübersicht ... 73
Tabelle 10: Fernwärme Einspeisung und Endenergieverbrauch ... 93
Tabelle 11: Entgelte und Abgaben auf Strom für EHK ... 123
Tabelle 12: SRL-Daten Quellen Übersicht ... 133
Tabelle 13: Kennzahlen Annahme fiktives Heizkraftwerk ... 145
Tabelle 14: Wirtschaftlichkeit EHK am SRL-Markt ... 151
Tabelle 15: Potential P2H Übersicht Szenarien ... 157

Formelverzeichnis

Formel 1: Gewichtete Tagesmitteltemperatur Deutschland 92
Formel 2: Gewichtete Tagesmitteltemperatur bis d-3 92
Formel 3: Stündlicher Fernwärmelastgang 95
Formel 4: Kundenwert KW 99
Formel 5: EHK Kostenfunktion 114
Formel 6: Grundgleichung thermischer Energiespeicher 117
Formel 7: Kostenfunktion Wärmespeicher $< 20m^2$ 121
Formel 8: SRL Abrufwahrscheinlichkeit 136
Formel 9: Annuität, Vollkosten und Wärmegestehungskosten 167
Formel 10: Kostenfunktion EHK inkl. Netzanschluss 170

Abkürzungsverzeichnis

AP ....Arbeitspreis
AGFW ....Arbeitsgemeinschaft für Wärme und Heizkraftwirtschaft
AVG ....Average
BDEW ....Bundesverband der Energie- und Wasserwirtschaft
BEE ....Bundesverband Erneuerbarer Energien
BMU ....Bundesumweltministerium
BSV ....Bruttostromverbrauch
EE ....Erneuerbare Energien
EEG ....Erneuerbare Energien Gesetz
EEX ....European Energy Exchange
EHK ....Elektrodenheißwasserkessel
ENTSO ....European Network of Transmission System Operators
GHD ....Gewerbe, Handel & Dienstleistungen
HT ....Hochtarif
IEE ....Integration erneuerbarer Energien
JDL ....Jahresdauerlinie
KWK ....Kraft Wärme Kopplung
LP ....Leistungspreis
MIN ....Minimum
MAX ....Maximum
NEG ....Negativ
NT ....Niedertarif
P2H ....Power-to-Heat
POS ....Positiv
PRL ....Primärregelleistung
PV ....Photovoltaik
RL ....Residuallast
SLP ....Standardlastprofil
SRL ....Sekundärregelleistung
TRL ....Tertiärregelleistung
ÜNB ....Übertragungsnetzbetreiber
VLH ....Volllastbenutzungsstunden
WGK ....Wärmegestehungskosten
WKA ....Windkraftanlage

1 Einleitung

Die Einleitung der Masterarbeit wird für die Darstellung der Problematik und Relevanz des Themas, der Beschreibung der Aufgabenstellung und Forschungsfrage sowie der Methodik genutzt.

1.1 Problematik und Relevanz des Themas

Der Ausbau erneuerbarer Stromerzeugungstechnologien, allen voran jener von Wind- und Photovoltaik, hat in jüngster Vergangenheit eine äußerst dynamische Entwicklung erlebt. Durch die bisher gesammelten Erfahrungen hat sich herausgestellt, dass ein hoher Anteil erneuerbarer Energien (EE) durch die meteorologisch bedingte Volatilität zu enormen Schwierigkeiten und Herausforderungen in der Stromversorgung führt.[1] Dennoch hat der weitere Ausbau der EE in Deutschland höchste Priorität, um die ehrgeizigen Umweltziele bis zu den Jahren 2020/2030/2050 zu erreichen.[2] Zur Aufrechterhaltung der Sicherheit- und Zuverlässigkeit des Stromversorgungssystems wird bei zunehmender Größe des stochastischen Erzeugungsanteils eine verstärkte Systemintegration Erneuerbarer Energien (IEE) notwendig sein, was maßgebliche Strukturveränderungen in allen Wertschöpfungsstufen der Energieversorgung erfordert. Auf der Seite der Erzeugung werden neben den volatilen Wind- und Photovoltaikanagen flexible konventionelle Kraftwerke als Ausgleich benötigt werden. Ebenso wird ein Ausbau der Übertragungs- und Verteilnetze sowie die Implementierung eines intelligenten und informationstechnologisch gestützten Versorgungsnetzes (Smart Grid) notwendig, um der Volatilität und dem regionalen Ungleichgewicht des Wind- und Sonnenenergieangebots entgegen zu wirken. Zudem werden der Ausbau von Speicherkapazitäten und eine Flexibilisierung der Nachfrageseite zur Pufferung von

---

[1] Vgl. Neubarth, 2011, S.17ff.

[2] Vgl. BMU, 2012, S.9

Zeiten mit Überschusserzeugung als wichtiger Baustein des zukünftigen Stromversorgungssystems genannt.[3]

Weil die vorhandenen Flexibilitätsoptionen im Stromsektor beschränkt sind, entstand die Idee der Nutzung von überschüssigen Wind- und Solarstrom in anderen Bereichen, wie in der Mobilität oder der Wärmeversorgung, in denen sich der Ausbau erneuerbarer Anteile bisher verglichen mit dem Stromsektor eher schleppend entwickelt hat.[4] Die Technologie Power-to-Heat (P2H) beschreibt dabei ein Verfahren, bei dem Stromüberschüsse zur Wärmeerzeugung verwendet werden.[5] Durch das Zusammenspiel des Strom- und Wärmesektors über die Technologie P2H könnte einerseits eine sinnvolle Anwendung für Stromüberschüsse und andererseits eine Erhöhung der Anteile EE im Wärmebereich erzielt werden.[6] Dennoch wird die Umwandlung der sehr edlen Energieform Strom in das hinsichtlich Wandelbarkeit weit weniger hochwertige Produkt Wärme häufig kritisiert.[7] Jedenfalls erscheint die Nutzung des Stroms in Form von Wärme als eine interessante Variante, die anderen Flexibilitätsoptionen, wie dem Bau von noch unwirtschaftlichen Energiespeichern oder dem Abregeln von Windenergie- und Photovoltaikanlagen in ökologischer und ökonomischer Sichtweise gegenübergestellt werden muss.

1.2 Aufgabenstellung und Forschungsfrage

Im Rahmen der Masterarbeit soll untersucht werden, welchen Beitrag die Technologie P2H gegenwärtig und in Zukunft zur Unterstützung der IEE in Deutschland leisten kann. Hinsichtlich der Umwandlungsvariante von Strom in Wärme liegt der Schwerpunkt der Arbeit bei großtechnischen

---

[3] Vgl. Neubarth, 2011, S.17

[4] Vgl. Krzikalla et al., 2013, S.27ff.; Schulz und Brandstätt, 2013, S.10

[5] Vgl. Krzikalla et al., 2013, S.36

[6] Vgl. Schulz und Brandstätt, 2013, S.10

[7] Vgl. Groscurth und Bode, 2013, S.11

Elektrodenheißwasserkesseln (EHK), mit denen über elektrische Heizstäbe wahlweise Heißwasser oder Dampf für Fernwärmenetze erzeugt werden kann. Im weiteren Ablauf der Arbeit wird unter dem Terminus „P2H-Anlage“ ein großtechnischer Elektrodenheißwasserkessel verstanden.

Folgende Forschungsfrage soll beantwortet werden:

- Welchen Beitrag kann die Technologie P2H durch den Einsatz von EHK in Fernwärmenetzen gegenwärtig und in Zukunft zur Unterstützung der IEE leisten?

Zur Beantwortung müssen folgende untergeordnete Fragen geklärt werden:

- Ab wann und in welchem Ausmaß entstehen zukünftig Situationen, in denen die Erzeugung EE die Stromnachfrage übersteigt und somit ein angebotsseitiges Potential für die Technologie P2H vorhanden ist?
- Gibt es Rahmenbedingungen, unter denen der Einsatz von P2H bereits gegenwärtig sinnvoll sein kann? Welche Einsatzmöglichkeiten gibt es für P2H-Anlagen und wie sehen wirtschaftliche Varianten der Auslegung und Betriebsführung aus?
- Welche Hemmnisse müssten beseitigt und welche Anreize geschafft werden, um den Einsatz der Technologie zu fördern und das volle Potential auszuschöpfen?
- Wie hoch sind die überschüssigen Strommengen, die unter Berücksichtigung der zeitgleichen Fernwärmenachfrage und der Prämisse einer vernünftigen Auslastung der Elektroheizer in Wärme umgewandelt werden können?
- Wie hoch sind die Kosten eines zukünftigen Systems mit hohen installierten Leistungen von EHK in Fernwärmenetzen? Ist aus Sicht der Anlagenbetreiber ein wirtschaftlicher Einsatz ohne finanzielle Subventionen möglich?

- Inwiefern kann das Potential von P2H in Wärmenetzen durch den ergänzenden Einsatz von Wärmespeichern erhöht werden?

1.3 Methodik

Im Grundlagenteil der Arbeit werden zunächst wichtige Begriffe definiert und der Kerngedanke der Technologie P2H sowie dessen Anwendungsmöglichkeiten vorgestellt. Die nächsten beiden Kapitel werden mit dem Ausbau EE der Angebotsseite von P2H gewidmet (Kapitel 3 und 4). Hierbei wird zunächst der historische Ausbau analysiert und mögliche Entwicklungspfade und Ziele sowie Herausforderungen und Lösungsansätze für die Zukunft aufgezeigt (Kapitel 3). Im nächsten Schritt werden Einspeiseprofile erneuerbarer Erzeugungstechnologien der Jahre 2011, 2012 und 2013 dem stattgefundenen Stromverbrauch gegenübergestellt, um die Anteile der volatilen Erzeugung am Verbrauch darzustellen. Zur Abbildung eines zukünftigen Stromsystems mit wesentlich höheren stochastischen Erzeugungsanteilen wird ein System mit einem Anteil EE von 40, 60 und 80% am Bruttostromverbrauch in stündlicher Auflösung simuliert (Kapitel 4).

Nach Analyse des Stromsektors wird anschließend die gegenwärtige und zukünftig zu erwartende Nachfrage in Fernwärmenetzen untersucht (Kapitel 5). Die Ausarbeitung wichtiger Zahlen über den Wärmeverbrauch und Untersuchungen über den Anlagenbestand zur Wärmebereitstellung in Fernwärmenetzen bilden die Basis für die Generierung eines stundenscharfen Fernwärmelastgangs für Deutschland. In Kapitel 6 wird der Status Quo des Einsatzes von EHK und Wärmespeichern in Fernwärmenetzen behandelt. Hierzu werden wichtige technische und rechtliche Grundlagen sowie Kosten erläutert und heute gegebene Einsatzmöglichkeiten aufgezeigt. Zudem werden Wirtschaftlichkeitsberechnungen durchgeführt, um festzustellen, ob und unter welchen Rahmenbedingungen der Einsatz von EHK bereits gegenwärtig einen Anreiz bieten kann.

In Kapitel 7 wird das Potential der Technologie P2H zur Unterstützung der IEE beziffert. Hierfür werden die jeweils stündlichen Datensätze der Stromüberschüsse aus Kapitel 4 dem bundesweiten Fernwärmelastgang aus Kapitel 5 gegenübergestellt, um herauszufinden, welcher zeitgleiche Wärmebedarf in Situationen mit hoher volatiler Stromerzeugung von Wind- und Photovoltaikanlagen besteht und folglich für den Betrieb von EHK genutzt werden könnte. Mit Hilfe einer eigenen Simulation wird untersucht, welche zusätzlichen Potentiale durch den Einsatz von Wärmespeichern unterschiedlicher Größe zur zeitlichen Verlagerung zwischen Erzeugung und Verbrauch im Wärmenetz genutzt werden könnten. Sowohl ein System mit alleinigem Einsatz von Elektroheizern als auch eine Ergänzung um Wärmespeicher werden über einen Vollkostenansatz auf dessen Wirtschaftlichkeit geprüft.

In der Schlussfolgerung werden die wesentlichen Inhalte und Erkenntnisse resümiert und die Forschungsfragen beantwortet. Werkzeug für die aufwendigen Berechnungen und Simulationen war das Kalkulationsprogramm Microsoft Excel und Visual Basic Applikationen.

2 Grundlagen Power-to-Heat

Im Grundlagenkapitel werden zunächst wichtige Begriffe definiert und das Grundprinzip von P2H sowie Kritik, Systemflüsse und Anwendungsmöglichkeiten vorgestellt.

2.1 Definition und Kritik

Wie bereits der Name P2H verrät, versteht man unter dem Begriff ganz übergreifend die Umwandlung von elektrischer Energie in Wärme. In der öffentlichen Fachdiskussion gibt es keine genaue und allgemein verwendete Definition des Terminus P2H. In den meisten Literaturangaben überwiegt allerdings die Meinung, dass man von P2H spricht, wenn Stromüberschüsse aus EE für die Erzeugung von Wärme herangezogen werden.[8]

P2H wird dabei häufig kritisiert, weil die sehr hochwertige Energieform Strom, bestehend aus reiner Exergie, in sämtliche anderen Energieformen umgewandelt werden kann. Niedertemperaturwärme (<100°C) hingegen hat abhängig vom Temperaturniveau einen deutlich niedrigeren Exergiegehalt und kann nur mit zusätzlichem energetischen Aufwand in höherwertige Energieformen wie Strom umgewandelt werden. Die Nutzung von Strom zur Wärmeerzeugung ist deshalb aus energetischer Sichtweise nur dann eine interessante Variante, wenn für die Energie im Stromsektor keine Verwendungsmöglichkeit besteht.[9]

2.2 Intelligentes Lastmanagement

Damit die Systemstabilität und Sicherheit im Stromnetz gewährleistet werden kann, müssen sich Stromangebot und Nachfrage ständig im

---

[8] Vgl. Krzikalla et al., 2013, S.36f.

[9] Vgl. Groscurth und Bode, 2013, S.11

Gleichgewicht befinden. Bisher wurde dieses Gleichgewicht durch die Anpassung der konventionellen Kraftwerkserzeugung an die Stromnachfrage gewährleistet.[10] Eine weitere Möglichkeit, die gegenwärtig noch kaum Anwendung findet, zukünftig aber von hoher Bedeutung sein könnte, ist die Anpassung der Stromnachfrage an das volatile Stromangebot, was als intelligentes Lastmanagement oder Demand Response bezeichnet wird.[11]

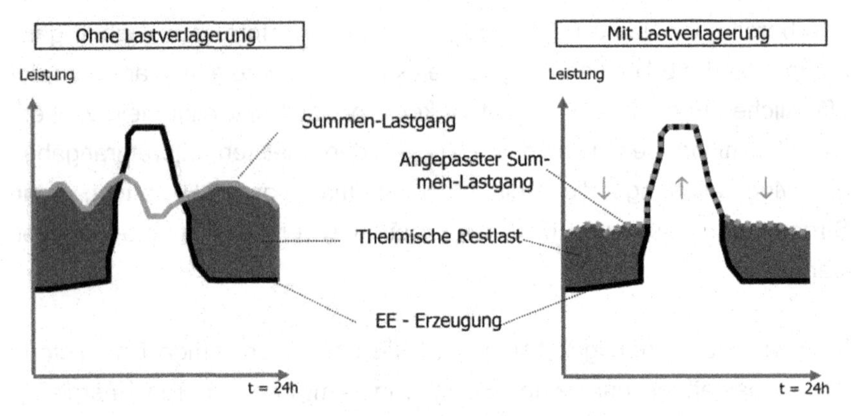

Abbildung 1: Intelligentes Lastmanagement (Quelle: Clausen, 2012, S.100).

Durch den vom Bundesumweltministerium (BMU) geplanten Ausbau EE wird ein stark volatiles Energieversorgungssystem mit zeitweisen Stromüberschüssen entstehen, in welchem die IEE durch die Anpassung der Nachfragelast an das Angebot maßgeblich unterstützt werden kann (Abbildung 1).[12] Grundsätzlich kann auch die Technologie P2H als Lastmanagementmöglichkeit kategorisiert werden, weil zusätzliche Stromverbraucher aus dem Wärmesektor geschaffen werden bzw. bereits bestehen (z.B.: elektrische Speicherheizungen oder Warmwasserboiler) und der Einsatz der P2H-Anlagen vom Angebot der Stromseite abhängt.

---

[10] Vgl. Fussi et al., 2011, S.1

[11] Vgl. Wiechmann, 2008, S.33

[12] Vgl. Clausen, 2012, S.100 und Krzikalla et al., 2013, S.15ff.

2.3 Funktionsprinzip

In Abbildung 2 ist das Funktionsprinzip der Technologie in einer vereinfachenden Übersichtsgrafik dargestellt. Zudem kann aus der Grafik die verwendete Methodik zur Beantwortung der Forschungsfragen abgelesen werden.

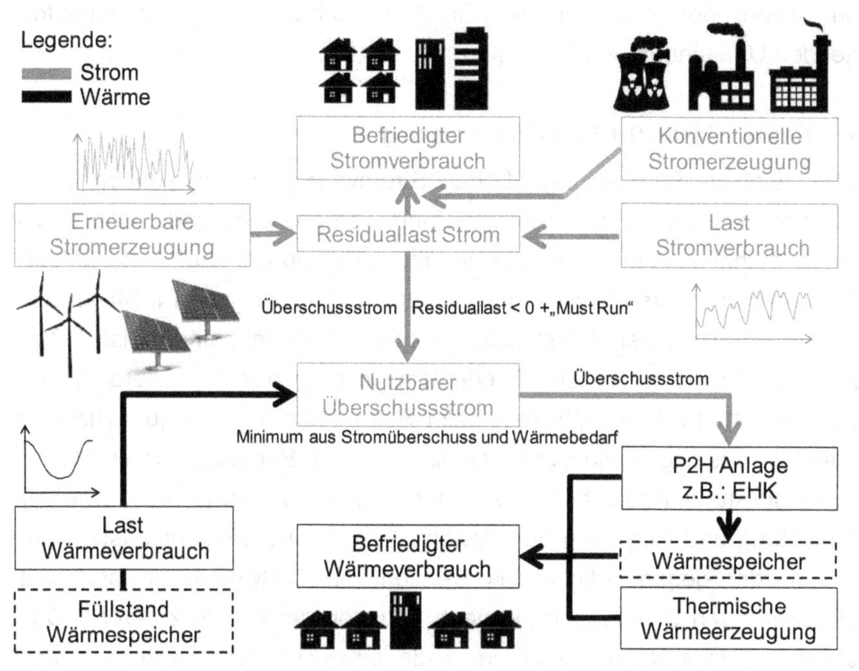

Abbildung 2: Übersichtsgrafik Funktionsprinzip P2H (Quelle: Eigene Darstellung).

Während graue Pfeile die Energieform Strom darstellen, kennzeichnen schwarze Pfeile jene von Wärme. Im oberen Teil der Grafik sind erneuerbare und konventionelle Stromerzeugungstechnologien sowie der Stromverbrauch dargestellt. Unter Residuallast wird die Differenz zwischen dem deutschlandweiten Stromverbrauch und der Summeneinspeisung EE, also der restlichen Last, die von konventionellen Kraftwerken gedeckt werden muss, verstanden. Eine negative Residuallast bedeutet, dass die

Erzeugung EE höher ist als der Stromverbrauch und somit Überschüsse im Stromnetz vorhanden sind. Im unteren Teil wird die Deckung des Wärmeverbrauchs über thermische Wärmeerzeugungsanlagen und P2H illustriert.

Ein Potential für P2H besteht ausgehend von der Stromangebotsseite nur, wenn überschüssiger Strom im Netz vorhanden ist, was unter folgenden Umständen auftreten kann: [13]

- Residuallast < 0 + Must-Run-Leistung:

Übersteigt die Einspeisung EE den Stromverbrauch und können keine Exporte in andere Staaten durchgeführt werden, treten jedenfalls Energieüberschüsse in der Höhe der negativen Residuallast auf. Unter „Must-Run-Leistung" versteht man die Leistung von thermischen Kraftwerken, die zur Erhaltung der Netzstabilität und Sicherheit unabdingbar ist.[14] Derzeit besteht die technische Mindesteinspeisung aus der erforderlichen Fähigkeit zum Redispatch, regionaler Spannungs- und Frequenzhaltung über Wirkleistungs- und Blindleistungsregelung, Bereitstellung von Kurzschlussleistung, Fähigkeit zur Durchführung von Schwarzstarts sowie der Einhaltung und Regelung der Systembilanz. Diese Systemdienstleistungen werden gegenwärtig von konventionellen Kraftwerken erbracht und betragen nach Schätzungen je nach Situation etwa 8 bis 25 GW.[15] Das bedeutet, dass derzeit auch im Falle einer 100%igen Deckung des Stromverbrauchs durch EE dennoch konventionelle Kraftwerke am Netz bleiben müssten, um die Systemsicherheit zu gewährleisten. Eine zusätzliche Erhöhung der „Must-Run-Kapazität" entsteht durch sehr regelträge Grundlastkraftwerke, die nicht ausreichend schnell auf stark volatile Residuallastgradienten reagieren können. Mayer et al haben untersucht, wie sich die Auslastung verschiedener thermischer Kraftwerkstypen in

---

[13] Vgl. Krzikalla et al., 2013, S.36f.

[14] Vgl. Plattform Erneuerbare Energien, 2012, S.20

[15] Vgl. Plattform Erneuerbare Energien, 2012, S.20

Deutschland bei Auftreten von negativen Börsenpreisen in den Jahren 2012 und 2013 verändert hat. Es stellte sich heraus, dass Atomkraftwerke mit einer Auslastung von 49-96%, Braunkohlekraftwerke mit 42-73% und Steinkohlekraftwerke mit 10-28% weiterbetrieben wurden, was auf sehr träge Laständerungsgradienten eines großen Anteils des konventionellen Kraftwerksparks hinweist.[16]

- Regionale Netzengpässe bei Residuallast > 0 + Must-Run-Leistung:

Trotz positiver bundesweiter Residuallast kann es auftreten, dass der Strom aufgrund zu schwacher Übertragungsnetze aus den regionalen Erzeugungszentren nicht mehr abtransportiert werden kann. Derartige Situationen treten in Deutschland bereits heute auf, weil die Umstände einer hohen Einspeisung EE und gleichzeitig niedriger Verbraucherlast sowie der Betrieb von unflexiblen Kraftwerken und Must-Run-Kapazitäten zu Netzengpässen führen, welche das Abregeln volatiler Erzeugungseinheiten wie WKA erfordern.[17] Nach Krzikalla et al. werden in Schleswig-Holstein, wo eine besonders hohe Dichte an WKA besteht, bereits bis zu 25% des erzeugbaren Stroms abgeregelt.[18] Die Bundesnetzagentur gibt an, dass die gesamte in Deutschland abgeregelte Windkrafterzeugung im Jahr 2010 rund 127 GWh und im Jahr 2011 bereits 421 GWh betrug und sich somit innerhalb eines Jahres verdreifacht hat.[19]

Überschüssige Energie aus dem Stromnetz kann für P2H natürlich nur dann genutzt werden, wenn gleichzeitig auch Wärmebedarf besteht oder freie Kapazitäten in einem Wärmespeicher vorhanden sind. Für P2H direkt und ohne Speicher nutzbar ist das Minimum aus Stromüberschuss und zeitgleichen Wärmebedarf.[20] Die Deckung des Wärmebedarfs erfolgt dann abhängig von der Höhe der nutzbaren Stromüberschüsse und der

---

[16] Vgl. Mayer et al., 2013, S.6f.

[17] Vgl. Götz et al., 2013a, S.1f.

[18] Vgl. Krzikalla et al., 2013, S.36f.

[19] Vgl. Paar et al., 2013, S.108

[20] Vgl. Götz et al., 2013a, S.9

Leistung der P2H-Anlage entweder allein mit dem Elektroheizer oder in Kombination mit einem konventionellen thermischen Wärmeerzeuger. Dadurch wird das Stromnetz entlastet und es kommt bei Anwendung in Fernwärmenetzen zu einer Substitution von fossiler Heizwärme bzw. des eingesetzten Primärenergieträgers, wodurch wiederum CO2 eingespart wird. Es handelt sich beim Einsatz von P2H in Fernwärmenetzen also um ein bivalentes System, das nur ergänzend zu einem bestehenden Hauptsystem, wie etwa einer Gasturbine in einem Heizkraftwerk, eingesetzt werden kann.[21] Durch vorhandene Wärmespeicher kann die Flexibilität des Systems wesentlich erhöht werden, weil die nutzbaren Energiemengen je nach Füllstand sogar höher als der zeitgleiche Wärmeverbrauch sein können.

2.4 Einsatzmöglichkeiten

Dieses Kapitel dient der grundlegenden Schilderung verschiedener Einsatzmöglichkeiten der Technologie P2H, welche in Tabelle 1 veranschaulicht sind. Grundsätzlich ist zwischen zwei unterschiedliche Optionen zu unterscheiden, nämlich eine direkte Umwandlung über einen elektrischen Heizstab (Wirkungsgrad ~100%) oder über eine elektrische Wärmepumpe, die abhängig von der Leistungszahl aus einem Teil Strom etwa vier Teile Wärme erzeugt.[22] Bei beiden Varianten kann zwischen einer Anwendung für großtechnische Zwecke (z.B.: Industrie oder Fernwärmenetze) und im Haushalts- bzw. GHD-Bereich (Gewerbe, Handel und Dienstleistungen) differenziert werden. Technologien wie die Stromspeicherheizung, elektrischer Warmwasserbereitung oder Wärmepumpen werden rein elektrisch betrieben, weshalb es durch die Anwendung von P2H im Gegensatz zu auf Brennstoffen basierenden Systemen wie der Fernwärme- oder Dampferzeugung zu keiner Substitution von Primärenergieträgern wie Öl oder Gas kommt.

---

[21] Vgl. Gäbler und Lechner, 2013, S.4

[22] Vgl. Groscurth und Bode, 2013, S.11

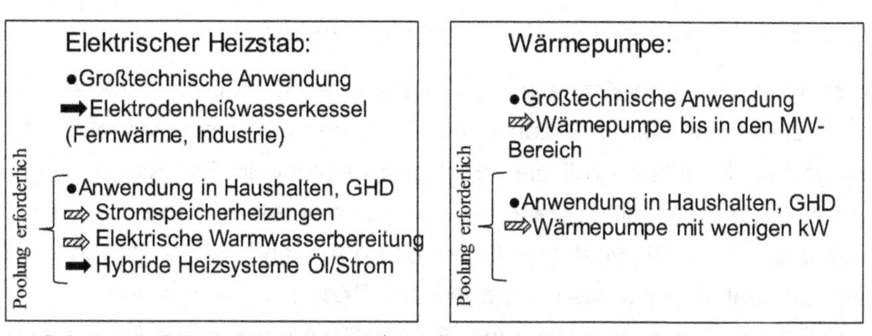

Tabelle 1: Einsatzmöglichkeiten von P2H (Quelle: Eigene Darstellung)

Eine erforderliche Maßnahme zur Nutzung des Potentials von kleinen Verbrauchern (Elektrospeicherheizungen, elektrische Warmwasserboiler, hybride Heizsysteme mit Öl/Strom und Heizpatronen in Pufferspeichern, Wärmepumpen) ist die zentrale Poolung bzw. Steuerung durch informationstechnologisch gestützte Einrichtungen, wie beispielsweise eine Tonfrequenzrundsteueranlage. Netze, die nach diesem Prinzip betrieben werden, werden in Fachkreisen auch als Smart Grids bezeichnet.[23] Eine besondere Herausforderung in der Poolung vieler kleiner Verbraucher liegt in der Gewährleistung einer ausreichenden Prognosegüte des Wärmeverbrauchs des Gesamtpools, welcher über den zeitlichen Verlauf und die Höhe der bei Zuschaltung entstehenden Last entscheidet. Hohe Abweichungen zwischen prognostizierten und wirklich vorhandenen Wärmeverbrauch würden in entsprechenden Prognoseabweichungen des zeitlichen Lastverlaufs und somit in hohen Ausgleichenergiezahlungen resultieren.[24]

[23] Vgl. Brauner et al, 2006, S.51 f.

[24] Vgl. Eller, 2012, S.15

2.4.1 *Elektroheizer für Fernwärmenetze und Industrie*

Nach Götz et al und Krzikalla et al birgt die großtechnische Anwendung von P2H in Fernwärmenetzen über Elektrodenheißwasserkessel (EHK) ein großes Potential, weil die installierte Leistung in Fernwärmenetzen sehr hoch, die Technik kostengünstig, einfach umsetzbar und hinsichtlich Regelbarkeit sehr flexibel ist.[25] Eine weitere Anwendungsmöglichkeit von EHK besteht in der Industrie, wo je nach Bedarf wahlweise Heißwasser oder Dampf erzeugt werden kann. Ein großer Vorteil in der Industrie ist ein verglichen mit Fernwärmenetzen zeitlich deutlich gleichmäßiger Verlauf des Energiebedarfs.[26] Zur Vermittlung eines Gesamtbildes über P2H wird im restlichen Teil von Kapitel 2.4 der Fokus auf jene Technologien, die nicht zentraler Gegenstand dieser Masterarbeit sind, gelegt.

2.4.2 *Elektrische Speicherheizungen*

Ein nennenswertes Potential bilden die in Gebäuden bereits zahlreich vorhandenen elektrischen Speicherheizungen, dessen Gesamtleistung von unterschiedlichen Quellen auf einen Betrag von ca. 10-30 GW geschätzt wird.[27] Eine Neuinstallation von elektrischen Speicherheizungen ist vor mehreren Jahren in Deutschland verboten worden, weil der erforderliche Primärenergieeinsatz wesentlich höher als bei anderen Heizungstechniken ist. Mittlerweile wird von renommierten energiewirtschaftlichen Instituten und einigen Unternehmen, wie beispielsweise der RWE, eine Aufhebung dieses Verbots gefordert, weil sich durch Wandel des Stromsektors hin zu einem System mit hohen Anteilen EE neue attraktive Anwendungsmöglichkeiten für die Speicherheizungen ergeben und somit eine reine Bewertung nach dem aktuell gültigen Primärenergieverbrauch auf lange Sichtweise nicht korrekt ist.[28]

---

[25] Vgl. Götz et al., 2013a, S.1f. und Krzikalla et al., 2013, S.36ff.
[26] Vgl. Gobmaier et al., 2012. S.59
[27] Vgl. Bernhard und Fieger, 2011, S.3 und Merten, 2013, S.5
[28] Vgl. Merten, 2013, S.1ff.

2.4.3 Elektrische Warmwasserbereitung

Elektrische Warmwasserboiler stellen ebenso wie die Speicherheizungen ein relativ einfach zu erschließendes Potential, mit dem Vorteil eines saisonal gleichmäßigen Bedarfs, dar. Der durchschnittliche jährliche Energieverbrauch durch Warmwasserbereitung beträgt laut Angaben von Statistik Austria 1.000-1.300 kWh pro Person.[29] Laut einer Publikation der Austrian Energy Agency erfolgt die Warmwasserbereitung in Deutschland in etwa 4 Millionen Haushalten rein elektrisch mit Warmwasserboilern und in 7,2 Millionen Haushalten mit Durchlauferhitzern.[30] Bei einem durchschnittlichen Energieverbrauch von 1.150 kWh pro Jahr und Person und einer durchschnittlichen Leistung von ca. 2 kW je Boiler entspräche nur der Anteil der Warmwasserboiler bereits einer Energiemenge von 4,6 TWh und einer Summenleistung von 8 Gigawatt. Diese Leistung könnte täglich für wenige Stunden (ca. 2-8 Stunden in Abhängigkeit des Ladestandes der Boiler) für Lastmanagementzwecke eingesetzt werden.[31] Elektrische Warmwasserboiler werden heute üblicherweise zentral über sogenannte Tonfrequenzrundsteueranlagen oder über simple Zeitschaltuhren gesteuert. Insbesondere in städtischen Gebieten werden Boiler häufig über Tonfrequenzrundsteueranlagen (z.B.: in der Stadt Innsbruck mit ca. 100.000 Einwohnern befinden sich etwa 30.000 zentral und sehr flexibel steuerbare Boiler) angesteuert und können somit binnen weniger Sekunden völlig flexibel aktiviert werden. Die Abschaltung der Boiler erfolgt automatisch ab Erreichen einer beim Boiler individuell eingestellten Maximaltemperatur. Bei elektrisch betriebenen Boilern mit Zeitschaltuhr müssten die entsprechenden informationstechnologisch gestützten

[29] Vgl. URL: http://www.statistik.at/web_de/statistiken/energie_und_umwelt/energie/energieeinsatz_der_haushalte/index.html [04.01.2014].

[30] Vgl. Austrian Energy Agency, 1998, S.8

[31] Vgl. Eller, 2012, S.14f.

Kommunikationseinrichtungen für eine zentrale Ansteuerung erst geschaffen werden.[32]

2.4.4 Hybride Heizsysteme

Ein weiteres Konzept ist durch den Einsatz von hybriden Heizsystemen mit Öl/Gas und Strom gegeben. Hierbei werden bei Kleinverbrauchern vorhandene Warmwasserspeicher (in der Regel Pufferspeicher) mit einem elektrischen Heizeinsatz ausgestattet und wie in den vorherigen Punkten beschrieben zentral durch entsprechende informationstechnologische Einrichtungen, die vom Energieversorger errichtet und finanziert werden müssten, gesteuert. Die Kosten beim Verbraucher würden jenen der Anschaffung und Installation einer Heizpatrone entsprechen. Abhängig von der Anzahl an Einsatzstunden pro Jahr und der Differenz zwischen den Wärmegestehungskosten des primären Heizsystems und der Heizpatrone entstehen unterschiedliche Amortisationszeiten für das hybride Heizsystem. Weil der Strombezug über Elektroheizer derzeit mit hohen Anteilen von Steuern und Abgaben (Stromsteuer, EEG-Umlage, KWK-Zuschlag, Netzentgelte, etc.) behaftet ist, kann diese Variante nur dann wirtschaftlich attraktiv sein, wenn eine entsprechende Befreiung von diesen Abgaben im Falle der Nutzung von Stromüberschüssen erlassen wird.[33] In Anbetracht der Tatsache, dass der Strombezug bei allen genannten P2H-Einsatzmöglichkeiten eine Systemdienstleistung zur Entlastung der Netze darstellt, wäre eine zukünftige Befreiung dieser Entgelte eine effektive Maßnahme zur Unterstützung der IEE.[34]

2.5 Energieflüsse bei Elektroheizern in Fernwärmenetzen

Abbildung 3 zeigt eine stark vereinfachende Schemaskizze, welche die Einsatzweise eines EHK bei Stromüberschüssen illustriert. Im linken Dia-

[32] Vgl. Eller, 2012, S.2ff.

[33] Vgl. Bernhard und Fieger, 2011, S.1ff.

[34] Vgl. Krzikalla et al., 2013, S.37

gramm ist dabei ein frei angenommener Residuallastverlauf über die Zeit t dargestellt. Das rechte Diagramm zeigt die Einsatzweise von einem beispielhaften Heizwerk, das zur Deckung von dessen Wärmebedarf einen konventionellen Gaskessel und einen Elektroheizer zur Verfügung hat.

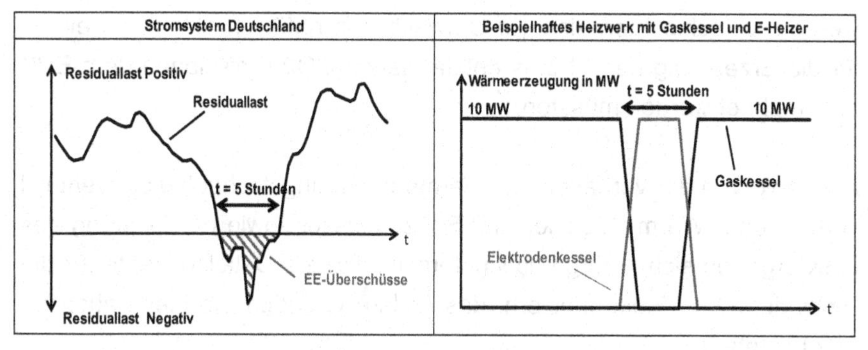

Abbildung 3: Vereinfachendes Systemabbild P2H mit EHK (Quelle: eigene Darstellung).

Während die Deckung der Wärmelast bei positiver Residuallast allein mit dem Gaskessel erfolgt, wird dessen Leistung bei Auftreten von Stromüberschüssen reduziert oder abgeschaltet und der Elektroheizer übernimmt je nach Auslegung entweder die Ganze oder nur einen Teil der erforderlichen Wärmeerzeugung. Durch den hohen Wirkungsgrad des elektrischen Heizstabs werden annähernd 100% des eingesetzten Stroms in Wärme umgewandelt.[35] Zugleich wird der Einsatz eines Brennstoffes, wie Gas oder Biomasse, substituiert, was wiederum zu einer Einsparung an Primärenergie führt.[36] Beträgt die Dauer mit negativer Residuallast beispielsweise 5 Stunden und die zeitgleiche Wärmelast 10 MW, können 50 MWh der Wärmeerzeugung aus dem Gaskessel durch die Nutzung der Stromüberschüsse verdrängt werden. Die Primärenergieeinsparung würde bei Berücksichtigung eines angenommenen thermischen Wirkungsgrades des Gaskessels von 80% 62,5 MWh betragen.

[35] Vgl. Groscurth und Bode, 2013, S.11

[36] Vgl. Plattform Erneuerbare Energien, 2012, S.33

Zudem wird bei diesem Beispiel und einem angenommenen Emissionsfaktor für die Wärmerzeugung mit Gas von 200g CO2 pro erzeugter kWh eine Gesamteinsparung an CO2 von 10 Tonnen gegenüber einem Betrieb ohne EHK erreicht, weil der Strom nur aus erneuerbaren Quellen stammt und bei dessen Erzeugung keine Emissionen entstanden sind. Würde der Elektrokessel in Zeiten mit positiver Residuallast eingesetzt werden, verschlechtert sich die Umweltbilanz natürlich eklatant, weil die für die Erzeugung des Stroms entstandenen CO2-Emissionen dem EHK zugerechnet werden müssten.[37]

Abhängig von der vorhandenen Wärmeerzeugungstechnologie, eventuell vorhandener Wärmespeicher und Spitzenkessel sowie der Leistung des EHK ergeben sich naturgemäß unterschiedlichste Detailkonzepte für die Einbindung von Elektroheizern, das erkläre Grundprinzip bleibt aber immer bestehen.

[37] Vgl. Paar et al., 2013, S.119

3 Ausbau erneuerbarer Energien

Dieses Kapitel wird dem mit dem historischen Ausbau EE in Deutschland der Angebotsseite der Technologie P2H gewidmet. Dabei wird die vergangene Entwicklung von erzeugten Energiemengen und installierten Leistungen EE sowie des Stromverbrauchs näher betrachtet. Zudem werden angestrebte Ausbauziele und damit verbundene Herausforderungen und Lösungsansätze vorgestellt.

3.1 Historische Entwicklung

Seit Etablierung des Erneuerbaren Energien Gesetz (EEG) im Jahr 2000 hat sich die Anzahl und installierte Leistung erneuerbarer Stromerzeuger dynamisch weiterentwickelt.[38] Abbildung 4 zeigt sowohl die vergangene Entwicklung als auch die zukünftigen Ausbauziele des BMU und des Bundesverbands für Erneuerbare Energien (BEE). Im Jahr 2012 konnten in Summe bereits 142,4 TWh, was einem Anteil von 23,5% am Bruttostromverbrauch (BSV) entspricht, aus einer installierten Leistung von rund 77 GW bereitgestellt werden. Seit dem Jahr 2004 konnte die Energieerzeugung aus EE jährlich im Schnitt um etwa 10 TWh erhöht werden.[39] Bei der Aufteilung der Energiemengen zwischen den Energiequellen im Jahr 2012 dominiert die Windenergie mit 50,6 TWh vor Biomasse und PV. Die Erzeugung von PV liegt mit 26,4 TWh trotz der höchsten installierten Leistung von 32,6 GW nur an dritter Stelle, weil mit 810 Stunden nur eine geringe Anzahl an Volllastbenutzungsstunden (VLH) erreicht wurde. Biomasseanlagen (fest, flüssig, Biogas, Deponie- und Klärgas) erzeugten im Jahr 2012 43,5 TWh bei einer installierten Leistung von 7,5 GW, die Anzahl an VLH beträgt 5.763, was auf eine grundlastähnliche Fahrweise hindeutet. Geothermie und Wind Offshore sind in

---

[38] Vgl. BMU, 2013a, S.21

[39] Vgl. BMU, 2013a, S.18ff.

der Grafik aufgrund der sehr geringen Leistungen und Energiemengen nicht zu erkennen.

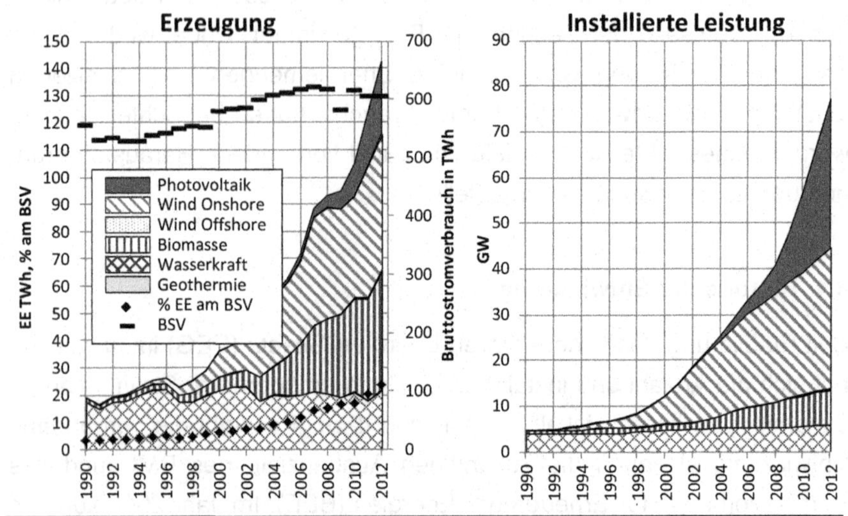

Strombereitstellung aus erneuerbaren Energien in Deutschland ab 2011 [GWh]								
Jahr	**Wasserkraft**	**Wind Onshore**	**Wind Offshore**	**Biomasse**	**Photovoltaik**	**Geothermie**	**Summe**	**% am BSV**
2011	17.671	48.315	568	37.603	19.599	19	123.775	20,4
2012	21.793	49.948	722	43.550	26.380	25	142.418	23,5
2013	21.793	51.248	843	48.300	29.700	31	151.731	25,0

Installierte Leistung erneuerbaren Energien in Deutschland ab 2011 [MW]							
Jahr	**Wasserkraft**	**Wind Onshore**	**Wind Offshore**	**Biomasse**	**Photovoltaik**	**Geothermie**	**Summe**
2011	5.625	28.730	330	7.230	25.039	8	66.962
2012	5.604	30.869	435	7.557	32.643	12	77.121
2013	5.604	32.005	508	8.381	35.651	15	82.164

*1 installierte Leistungen beziehen sich auf das Jahresende
*2 Offizielle Zahlen für 2013 von BMU noch nicht veröffentlicht, Werte entsprechen Angaben von Burger, 2014, S.4ff. und eigenen Annahmen

Abbildung 4: Historische Entwicklung EE und BSV (Quelle: Eigene Darstellung. Daten entnommen aus: BMU, 2013a, S.9ff. und Burger, 2014, S.4ff.).

Der Bruttostromverbrauch (BSV) hat sich von 1990 bis 2008 leicht steigend entwickelt, unterlag dann durch die Wirtschaftskrise einem einjährigen Tief und befindet sich dem Jahr 2010 wieder auf einem gleichmäßigen Niveau von ca. 606 TWh.[40] Definiert ist der BSV als die national erzeugte Gesamtstrommenge aus allen Erzeugungsquellen zuzüglich der Differenz aus Exporten und Importen.[41] Für das Jahr 2013 standen zum Zeitpunkt der Bearbeitung noch keine offiziellen Daten des BMU über Stromerzeugung- und Verbrauch zur Verfügung.[42]

3.2 Ausbauziele

Die Angabe von Ausbauzielen für zukünftige Jahre erfolgt zumeist anhand des prozentualen Anteils von EE am BSV. Hinsichtlich der Höhe dieser Anteile gibt es eine Vielzahl an völlig unterschiedlichen Quellen. Die aussagekräftigste Zielvorgabe ist wohl jene des BMU, welches für 2020 einen Anteil von mindestens 35%, 2030 von 50% und 2050 von 80% anstrebt.[43] Der BEE hat wesentlich optimistischere Ziele und rechnet bereits 2020 mit einem Anteil von 47% und 2030 mit 79%.[44] Die Ausbauziele des BEE wirken zunächst unrealistisch, denselben Eindruck hätten Fachleute allerdings auch vor etwa 10 Jahren über die nun wirklich eingetretene Entwicklung gehabt. Weil das zeitliche Eintreffen der langfristigen Ziele zwar politisch grob gesteuert aber keinesfalls genau prognostiziert werden kann, werden in Kapitel 4.3 Stromsysteme mit definierten Anteilen EE am BSV modelliert. Die Abbildung von Stromsystemen für die Jahre 2020, 2030 und 2050, welche in einer Vielzahl an Studien über die Entwicklung EE erfolgt, wurde bewusst abgelehnt.

---

[40] Vgl. BMU, 2013a, S.18ff.

[41] Vgl. URL: http://www.bundesregierung.de/Content/DE/StatischeSeiten/Breg/FAQ/faq-energie.html[05.01.2014].

[42] Vgl. BMU, 2013a, S.18ff.

[43] Vgl. BMU, 2013a, S.9

[44] Vgl. Krzikalla, 2013, S.15

3.3 Herausforderungen und Lösungsansätze

Werden die angestrebten Ziele erreicht, wird sich die Struktur der gesamten energiewirtschaftlichen Wertschöpfungskette maßgeblich von der Erzeugung bis zum Verbrauch verändern müssen.[45] Das BMU spricht bei der Sicherstellung einer zuverlässigen, wirtschaftlichen und umweltverträglichen Energieversorgung sogar von einer der größten Herausforderungen des 21 Jahrhunderts.[46] Auf der Seite der Erzeugung werden flexible konventionelle Kraftwerke (Retro Fit bestehender Anlagen, Neubau) benötigt werden, um den stochastischen Charakter von Wind und PV ausgleichen zu können. Ebenfalls unabdingbar ist ein Ausbau der Netze von Höchst- bis Niederspannung, um den Strom von den Erzeugungs- zu den Verbrauchszentren transportieren zu können. Zudem werden Flexibilitätsoptionen für die Kompensation von negativen Residuallasten erforderlich sein. Eine Reihe weiterer häufig genannter Maßnahmen sind die Veränderung des Marktdesigns, die Verbesserung der Regelfähigkeit EE (Frequenz und Spannungsregelung), die Beschleunigung von Genehmigungsverfahren sowie die Schaffung von liquiden und grenzüberschreitenden Intraday-Märkten.[47]

In einem Positionspapier über die erforderlichen technischen Anforderungen und einzusetzenden Flexibilitätsoptionen im zukünftigen Energieversorgungssystem gibt das BMU umzusetzende Maßnahmen und deren Priorität vor.[48] Die Technologien wurden dabei von einer Arbeitsgruppe facheinschlägiger renommierter Forscher nach deren volkswirtschaftlichen Nutzen bewertet. Als Ergebnis nennt das BMU sechs Flexibilitätsbausteine, welche wiederum 20 einzelne Flexibilitätsoptionen beinhalten. Die Technologie P2H wird als eine der sechs Bausteine genannt, und soll ab Anteilen EE von über 20% am BSV zum Einsatz kommen, um Über-

[45] Vgl. Neubarth, 2011, S.17

[46] Vgl. Plattform Erneuerbare Energien, 2012, S.2

[47] Vgl. Neubarth, 2011, S.17ff.

[48] Vgl. Plattform Erneuerbare Energien, 2012, S.2f.

schüsse energetisch nutzen zu können.[49] Genauere Angaben oder Untersuchungen zum Potential der Technologie P2H wurden in der Veröffentlichung nicht gemacht.

[49] Vgl. Plattform Erneuerbare Energien, 2012, S.3f.

4 Simulation von Stromsystemen

In diesem Kapitel werden die Methodik und Ergebnisse der Modellierung stündlicher Zeitreihen für die Gegenwart und ein zukünftiges Stromsystem mit 40, 60 und 80% EE am BSV vorgestellt. Ziel der Simulation ist die Berechnung eines Gesamtbedarfs an Ausgleichsmaßnahmen, der aus aktueller Sichtweise in den verschiedenen zukünftigen Stromsystemen erforderlich sein wird, um die fluktuierende Erzeugung aus Wind und PV auszugleichen.[50] Daraus kann das angebotsseitige theoretische Potential der Technologie P2H abgeleitet werden.[51] Weil das kontinuierliche Zitieren der Daten in den Grafiken und Tabellen die Lesbarkeit der Arbeit verschlechtert, werden zunächst sämtliche Quellen der verwendeten Daten in einer Tabelle angeführt.

Datentyp	Zeitlich Auflösung	Quelle	Auffindbar unter
Wind & PV 2011, 2012, 2013	h	EEX Transparency	http://www.transparency.eex.com/de/ [05.01.2014].
Bruttostromverbrauch 2011, 2012, 2013	h	ENTSO-E country package	https://www.entsoe.eu/data/data-portal/country-packages/ [05.01.2014].
Bruttostromverbrauch 40%, 60% und 80% EE am BSV	Jahressummen	Lineare Interpolation nach Krzikalla et al, 2013, S.15	http://www.bee-ev.de/_downloads/publikationen/studien/2013/130327_BET_Studie_Ausgleichsmoeglichkeiten.pdf [05.01.2014].
Wasserkraft Profilverläufe 2012 (Laufwasser, Speicher)	h	EEX Transparency	http://www.transparency.eex.com/de/ [05.01.2014].
Energiemengen und Leistungen 2012 (alle Technologien)	Jahressummen bzw. Mittelwerte	BMU, 2013a, S.18ff.	http://www.bmu.de/fileadmin/Daten_BMU/Pools/Broschueren/ee_in_zahlen_bf.pdf [05.01.2014].
Energiemengen und Leistungen Ausbaupfad 1 (Ausbaupfad BEE)	Jahressummen- und Mittelwerte	Lineare Interpolation nach Krzikalla et al, 2013, S.15	http://www.bee-ev.de/_downloads/publikationen/studien/2013/130327_BET_Studie_Ausgleichsmoeglichkeiten.pdf [05.01.2014].
Energiemengen und Leistungen Ausbaupfad 2 (Ausbaupfad OwnGuess)	Jahressummen- und Mittelwerte	Eigene Annahmen (Wind+PV); Lineare Interpolation nach Krzikalla et al, 2013, S.15	http://www.bee-ev.de/_downloads/publikationen/studien/2013/130327_BET_Studie_Ausgleichsmoeglichkeiten.pdf [05.01.2014].

Tabelle 2: Quellen Simulation Stromsystem (Quelle: Eigene Darstellung).

---

[50] Vgl. Krzikalla et al., 2013, S.15

[51] Vgl. Götz et al., 2013a, S.8

4.1 Prämissen und Annahmen

Für die Gültigkeit der Simulation gegenwärtiger und zukünftiger Stromsysteme mussten einige Prämissen und Annahmen aufgestellt werden:

- Gesamtbedarf Flexibilität:

Ziel der Simulation ist die Berechnung des Gesamtbedarfs an Flexibilität für zukünftige Stromsysteme mit unterschiedlichen Anteilen EE. Es wird angenommen, dass weder Maßnahmen zur Flexibilisierung der Erzeugung EE (z.B.: am Strombedarf orientierte Fahrweise von KWK-Anlagen, Schwellbetrieb von Laufwasserkraftanlagen, Abschaltung von Wind und PV, etc.) noch Maßnahmen zur Verlagerung des Stromverbrauchs in Form von Lastmanagement ergriffen werden. Begründet ist diese Vorgehensweise dadurch, dass das Ergebnis veranschaulichen soll, welcher Gesamtbedarf an Flexibilität zukünftig erforderlich sein wird, wenn noch keine Maßnahmen ergriffen wurden.[52] Das Ergebnis zeigt also, welche Energiemengen aus heutiger Sichtweise durch P2H oder andere Flexibilitätsoptionen den zukünftigen Systemen entnommen bzw. hinzugefügt werden müssen, um einerseits die Stromnachfrage jederzeit zu decken und andererseits überschüssige Erzeugung aus EE zu nutzen.

- Engpassfreiheit Deutschland:

Es wird suggeriert, dass aufgrund des geplanten Ausbaus der Stromnetze zukünftig keine Engpässe innerhalb Deutschlands vorhanden sind und folglich die gesamte EE-Erzeugung bis zur Höhe des Stromverbrauchs im System integriert werden kann. Bei regionalen Engpässen oder Must-Run-Leistungen im System könnten Stromüberschüsse bereits entstehen, wenn die Summenerzeugung EE geringer als der Stromverbrauch ist.[53] In Deutschland treten solche Situationen nach Paar et al bereits

[52] Vgl. Krzikalla et al., 2013, S.2

[53] Vgl. Krzikalla et al., 2013, S.37

heute vermehrt in Nord- und Ostdeutschland auf, was zu einem Abregeln von erneuerbaren Erzeugungsanlagen führt.[54]

- Must-Run-Leistung und Regelfähigkeit konventioneller Kraftwerke:

Die Must-Run-Leistung für zukünftige Energiesysteme wurde mit 0 angesetzt. Es wird also angenommen, dass sämtliche Systemdienstleistungen von EE übernommen werden können und die am Netz befindlichen Kraftwerke in der Lage sind, ausreichend schnell auf Laständerungen der Erneuerbaren zu reagieren.

- Exporte und Importe:

Deutschland wurde als Insel ohne Stromimporte und Exporte betrachtet, um wie bereits erwähnt, den Gesamtbedarf an erforderlicher Flexibilität zu berechnen. Auch der Transport von Strom aus bzw. in andere Länder ist eine vorhandene Flexibilitätsoption, die genauso wie andere Technologien hinsichtlich Kosten und anderer Determinanten wie beispielsweise die Akzeptanz bei der Bevölkerung bewertet werden muss.

- Wasserkraft:

Die Fahrweise von Speicherkraftwerken wurde so gewählt, dass der Einsatz geordnet nach Stunden mit der höchsten Residuallast (BSV abzüglich Wind, PV, Biomasse, Geothermie und Laufwasser) erfolgt. Es wird also angenommen, dass in Stunden mit niedriger EE-Einspeisung aufgrund des Merit-Order-Effekts auch die besten Vermarktungspreise erreicht werden können.[55] Bei Pumpspeichern wurde nur der Turbinenbetrieb von Kraftwerken mit natürlichem Zufluss berücksichtigt. Das reine Wälzen von Wasser (Turbine, Pumpe) wurde nicht abgebildet, weil Pumpspeicher ohne natürlichen Zufluss keine erneuerbaren Erzeuger sondern reine Energiespeicher sind.

[54] Vgl. Paar et al., 2013, S.108

[55] Vgl. Neubarth, 2011, S.30

- Biomasse:

Der Betrieb von Biomasseanlagen zur Stromerzeugung erfolgte im Jahr 2012 mit 5.763 Volllaststunden beinahe grundlastförmig.[56] Es wird deshalb unterstellt, dass sich an der Einsatzweise nichts ändert, womit wiederum dem Grundsatz der Berechnung des Gesamtbedarfs an Flexibilität kundgetan wird.

- Schaltjahr 2012:

Weil das Jahr 2012 ein Schaltjahr mit 8.784 Stunden ist und die Simulation auf einem Standardjahr mit 8.760 Stunden basiert, wurden die Daten des 29 Februars in allen Zeitreihen entfernt.

4.2 Gegenwärtiges Stromsystem

Als Basis für die Abbildung zukünftiger Stromsysteme werden zunächst der tatsächlich aufgetretene BSV und die Stromproduktion erneuerbarer Technologien der Jahre 2011, 2012 und 2013 beleuchtet.

4.2.1 Methodik

Im ersten Schritt wurden öffentlich zugängliche Daten zur möglichst korrekten Abbildung gegenwärtiger Lastprofile gesammelt. Für die Einspeisung aus Wind und Photovoltaik konnten verlässliche Daten auf der Transparenzplattform der EEX[57] und für den stündlichen Stromnachfragelastgang auf der Website der Vereinigung europäischer Übertragungsnetzbetreiber[58] für die Jahre 2011, 2012 und 2013 ausfindig gemacht werden. Aufgrund der ständigen Zuwachsraten mussten die Daten von Wind und PV zur Gewährleistung der Vergleichbarkeit der meteorologi-

[56] Vgl. BMU, 2013, S.18

[57] URL: http://www.transparency.eex.com/de/ [05.01.2014].

[58] URL: https://www.entsoe.eu/data/data-portal/country-packages/ [05.01.2014].

schen Unterschiede der einzelnen Jahre zunächst bereinigt werden. Dies geschieht über eine Hochskalierung der Daten aus 2011 und eine Herunterskalierung der Daten aus 2013 auf die Verhältnisse aus 2012 über einen einfachen Faktor (jahresmittlere installierte Leistung von Wind/PV aus 2012 dividiert durch jahresmittlere installierte Leistung aus 2011 bzw. 2013).

Die Berechnung der restlichen Profile (Wasser, Biomasse, Geothermie) erfolgte teils durch auf Webplattformen veröffentlichte Zahlen und teils durch das Treffen von realistischen Annahmen. Weil die Erzeugung aus Wasser, Biomasse und Geothermie deutlich gleichmäßiger als jene von Wind und PV ist, wurde die Abbildung der Stundenprofile von nur einem Jahr (2012) als ausreichend genau eingestuft. Es wurden also die auf die Verhältnisse von 2012 bereinigten Profile von Wind, PV und dem Bruttostromverbrauch aus den Jahren 2011-2013 mit den Profilen von Wasser, Biomasse und Geothermie aus 2012 gepaart.

Auf der Website der EEX Transparency ist zwischen zwei wesentlichen Datenformaten zu unterscheiden, nämlich Daten aus gesetzlicher Veröffentlichungspflicht (z.B.: Erzeugung von Wind und PV, Nichtverfügbarkeiten von Kraftwerken > 100 MW) und freiwillig gemeldete Daten (z.B.: Erzeugung je Kraftwerkstyp vom Vortag). Die deutschen ÜNB's sind verpflichtet, die Erzeugung aus Wind und PV ex-post an die Transparenzplattform zu melden. Hierfür wenden die ÜNB's ein Hochrechnungsverfahren basierend auf der Erzeugung von gemessenen Referenzanlagen an verschiedenen geographischen Rasterpunkten an.[59] Die Daten von diesem Hochrechnungsverfahren können ab dem Jahr 2011 in stündlicher Auflösung vollständig heruntergeladen werden.

Von den freiwilligen Meldungen an die EEX wurde die Datenkategorie „Erzeugung des Vortages“, in welcher für jeden Kraftwerkstyp (z.B.:

---

[59] Vgl. Burger, 2014, S.278f.

Braunkohle, Steinkohle, Gaskraftwerke, Laufwasserkraftwerke, Speicher-Wasserkraftwerke) historische stündliche Erzeugungsdaten gesammelt werden, für die Erstellung des Erzeugungsprofils von Wasserkraftanalgen verwendet. Die Abdeckungsrate der freiwilligen Meldungen liegt in dieser Kategorie, also in Summe für alle Kraftwerkstypen, etwa bei 40%.[60] Bei Wasserkraftwerken liegt die Abdeckungsrate anhand einer eigenen Berechnung mit 30-35% etwas niedriger.[61] Es wird dennoch davon ausgegangen, dass die Fahrweise der meldenden 30-35% auch der Fahrweise des Gesamtbestandes in Deutschland entspricht.

Sämtliche schlussendlich verwendeten Profile des BSV und der Stromerzeugungstechnologien wurden auf die offiziellen vom BMU veröffentlichten Jahressummen (Tabelle 3) skaliert, um alle Erzeugungsmengen auf die einheitliche Basis einer einzigen Quelle zu bringen.

Strombereitstellung aus erneuerbaren Energien in Deutschland ab 2011 [GWh]								
Jahr	Wasserkraft	Wind Onshore	Wind Offshore	Biomasse	Photovoltaik	Geothermie	Summe	% am BSV
2011	17.671	48.315	568	37.603	19.599	19	123.775	20,4
2012	21.793	49.948	722	43.550	26.380	25	142.418	23,5
2013	21.793	51.248	843	48.300	29.700	31	151.731	25,0

Installierte Leistung erneuerbaren Energien in Deutschland ab 2011 [MW]							
Jahr	Wasserkraft	Wind Onshore	Wind Offshore	Biomasse	Photovoltaik	Geothermie	Summe
2011	5.625	28.730	330	7.230	25.039	8	66.962
2012	5.604	30.869	435	7.557	32.643	12	77.121
2013	5.604	32.005	508	8.381	35.651	15	82.164

*1 installierte Leistungen beziehen sich auf das Jahresende
*2 Offizielle Zahlen für 2013 von BMU noch nicht veröffentlicht, Werte entsprechen Angaben von Burger, 2014, S.4ff. und eigenen Annahmen

Tabelle 3: Stromerzeugung und installierte Leistung EE 2011-2013 (Quelle: Eigene Darstellung, Daten entnommen aus: BMU, 2013a, S.18ff. und Burger, 2014, S.4ff.).

Weil für 2013 zum Zeitpunkt der Verfassung der Masterarbeit noch keine Daten vom BMU zur Verfügung standen, wurden die Daten aus einer

[60] Vgl. URL: http://www.transparency.eex.com/de/freiwillige-veroeffentlichungen-marktteilnehmer/stromerzeugung/Erzeugung-des-Vortages [08.01.2014].

[61] Abschätzung über Vergleich der an EEX gemeldeten Jahreserzeugung mit Werten der vom BMU veröffentlichten Jahreserzeugung 2012

Publikation von Burger und eigene Annahmen verwendet.[62] Durch die Skalierung auf die offiziellen Zahlen des BMU ergaben sich keine gröberen Verschiebungen der Profile, die von der EEX Transparenzplattform extrahiert wurden. Der größte Unterschied tritt beim Profil von Wind auf: nach den Daten der EEX betrug die Erzeugung im Jahr 2012 45 TWh, der veröffentliche Wert des BMU ist 50,6 TWh.[63] Ein möglicher Grund dieser Abweichung könnte das von den ÜNB's verwendete Hochrechnungsverfahren für die auf der EEX publizierten Daten sein.[64] Zudem wäre möglich, dass in den Daten der EEX die von den ÜNB's durch Einspeisemanagement abgeregelten Energiemengen berücksichtigt sind, was bei den Daten des BMU jedenfalls nicht der Fall sein dürfte, weil jeder Anlagenbetreiber bei Abregelung durch Zahlung der ihm zustehenden Vergütung entschädigt wird und somit die gesamte Windkrafterzeugung in der Statistik des BMU enthalten sein müsste. Bei vorhandenen Unterschieden der beiden Energiemengen wurde die Differenz gleichmäßig auf die 8.760 Stunden eines Jahres verteilt.

4.2.2 Bruttostromverbrauch

Basis bilden die von ENTSO-E veröffentlichten stündlichen Daten der deutschlandweiten Regelzonenlast der Jahre 2011, 2012 und 2013.[65] Die Summe dieser Zeitreihen betragen 463 bis 484 TWh, die vom BMU veröffentlichte Höhe des BSV betrug seit 2011 relativ konstant etwa 606 TWh.[66] Die Abweichung ist auf eine Reihe von Spezialdaten, die ENTSO nicht zur Verfügung stehen, zurückzuführen. Der Bundesverband der Energie- und Wasserwirtschaft (BDEW) sammelt kontinuierlich die von den vier ÜNB veröffentlichten Regelzonenlasten, welche der Summe aus der gesamten in der Regelzone stattgefunden Erzeugung und dem Leis-

[62] Vgl. Burger, 2014, S.4ff.

[63] Vgl. BMU, 2012, S.18

[64] Vgl. Burger, 2014, S.278

[65] URL: https://www.entsoe.eu/data/data-portal/country-packages/ [08.01.2014].

[66] Vgl. BMU, 2012, S.18

tungsaustausch über die Grenzen entsprechen, und reicht diese an ENTSO-E weiter. Diese Regelzonenlast bildet allerdings nicht den gesamten Verbrauch ab, weil industrielle Eigenerzeuger, die Eigenerzeugung der deutschen Bahn sowie eine Reihe weiterer kleiner Erzeuger keine Einspeisefahrpläne an die ÜNB's übermitteln und somit auch nicht in der Statistik von ENTSO enthalten sind. Zudem ist in den gemeldeten Daten der Eigenverbrauch von Kraftwerken nicht enthalten.[67]

Die für die Simulation verwendeten Profile für die Jahre 2011, 2012 und 2013 wurden deshalb durch eine Skalierung des Profils von ENTSO-E auf einen einheitlichen BSV von 606 TWh erstellt. Abbildung 5 zeigt einen Auszug der von ENTSO veröffentlichten Regelzonenlast für Deutschland und den auf 606 TWh pro Jahr hochskalierten Bruttostromverbrauch. In Abbildung 6 ist der in die Simulation eingegangene stündliche BSV der Jahre 2011, 2012 und 2013 getrennt visualisiert.

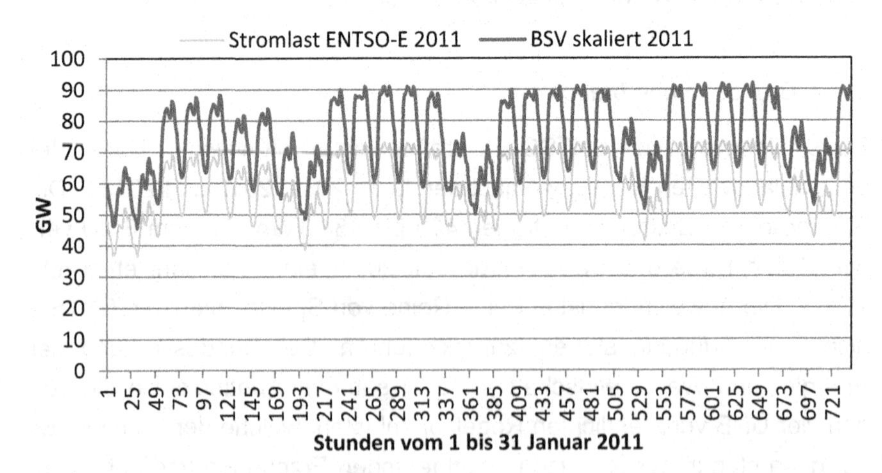

Abbildung 5: Stromlast ENTSO-E und BSV (Quelle: Eigene Darstellung, Daten entnommen aus: ENTSO-E Country Packages [08.01.2014]).

---

[67] Vgl. Gobmaier et al., 2012, S.3

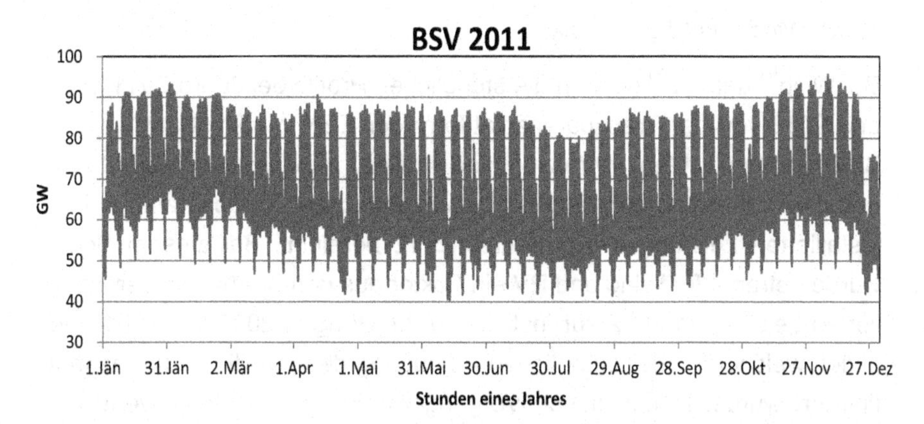

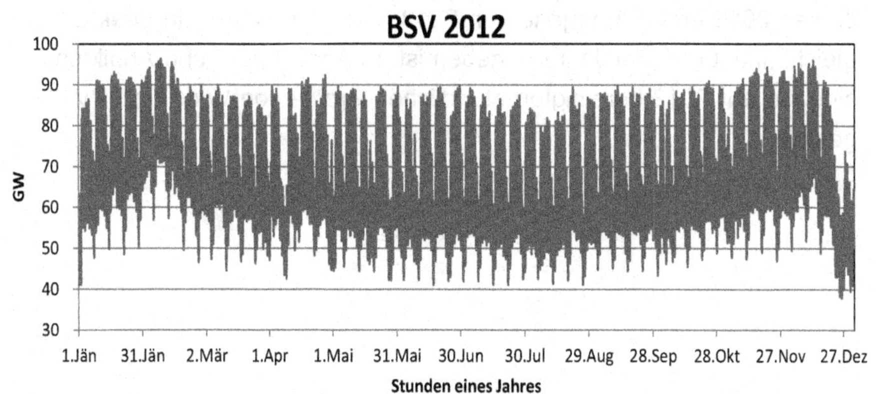

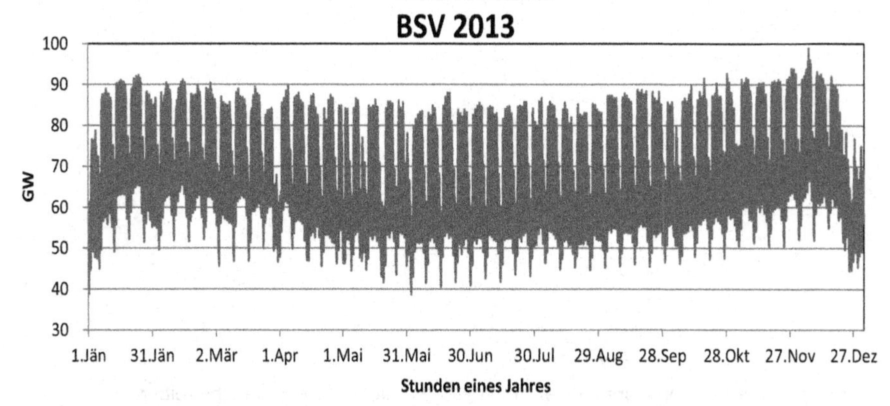

Abbildung 6: BSV 2011, 2012 und 2013 (Quelle: Eigene Darstellung, Daten entnommen aus: ENTSO-E Country Packages [08.01.2014]).

4.2.3 Wind und Photovoltaik

Bei Wind[68] und PV[69] wurden die stündlichen Profile der Jahre 2011, 2012 und 2013 von der Transparenzplattform der EEX zunächst auf die vom BMU veröffentlichten Jahressummen skaliert. Im Anschluss darauf wurden die Datensätze aufgrund der hohen jährlichen Zuwachsraten auf die installierten Leistungen des Jahres 2012 bereinigt. Bei diesem Schritt wurde getrennt für Wind und PV ein Faktor aus dem Verhältnis der installierten Leistung in 2012 zur installierten Leistung in 2011 bzw. 2013 gebildet, welcher mit der stündlichen Erzeugung des jeweiligen Jahres multipliziert wurde. Durch diesen Vorgang wurden die Leistungswerte des Jahres 2011 erhöht und jene von 2013 reduziert, womit die direkte Vergleichbarkeit der drei Jahre gegeben ist. In Abbildung 7 und Abbildung 8 sind die auf 2012 bereinigten stündlichen Profile von Wind und PV dargestellt.

---

[68] URL: http://www.transparency.eex.com/de/daten_uebertragungsnetzbetreiber/stromerzeugung/tatsaechliche-produktion-wind [08.01.2014].

[69] URL: http://www.transparency.eex.com/de/daten_uebertragungsnetzbetreiber/stromerzeugung/tatsaechliche-produktion-solar[08.01.2014].

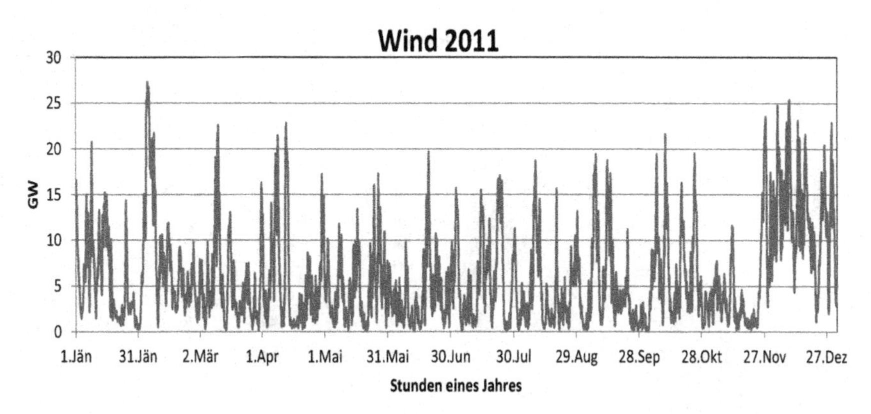

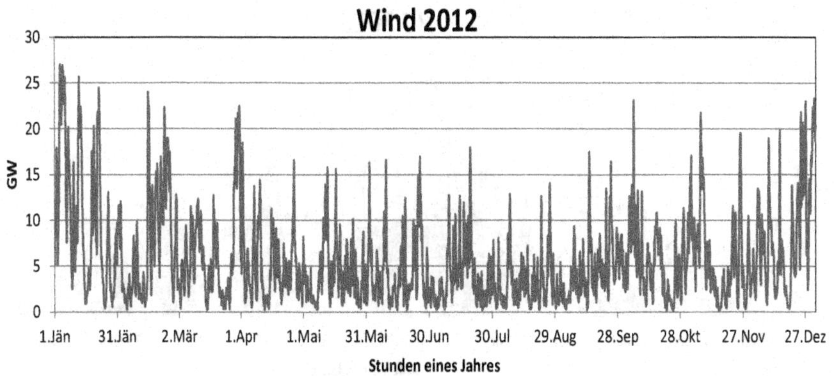

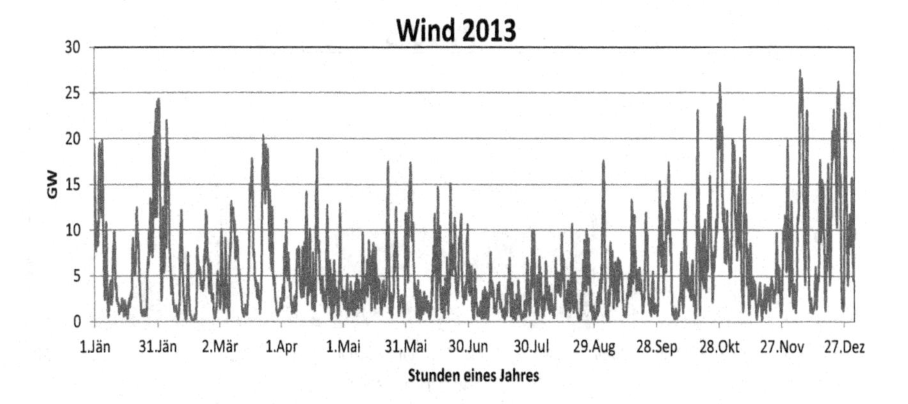

Abbildung 7: Wind 2011, 2012 und 2013 (Quelle: Eigene Darstellung, Daten entnommen aus: EEX Transparency Webplattform [08.01.2014]).

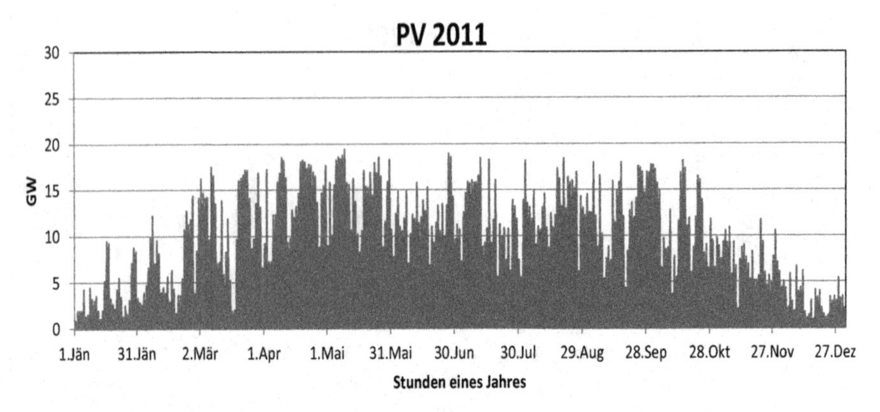

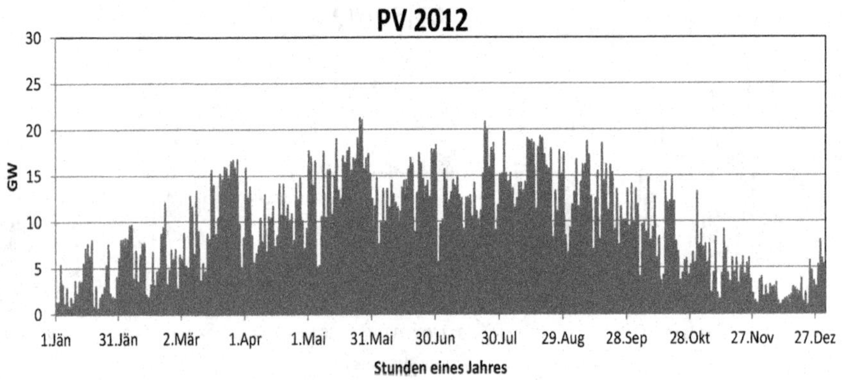

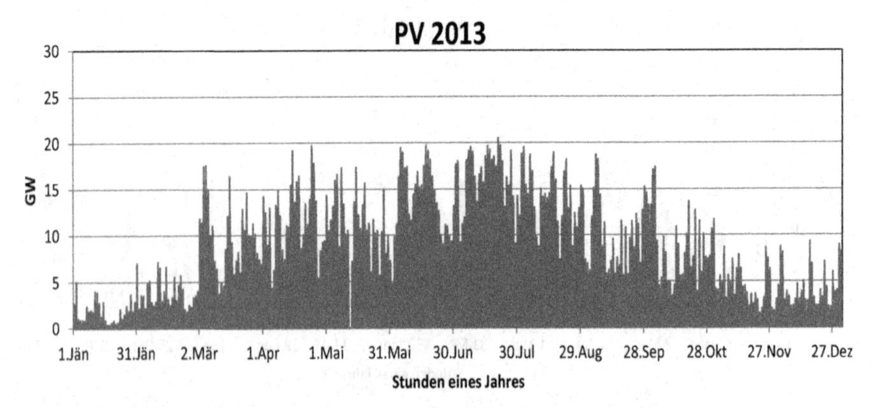

Abbildung 8: PV 2011, 2012 und 2013 (Quelle: Eigene Darstellung, Daten entnommen aus: EEX Transparency Webplattform [08.01.2014]).

4.2.4 Biomasse

Im Gegensatz zu Wind, PV und dem BSV stehen bei den weiteren Kraftwerkstypen keine stundenscharfen Daten zum Download zur Verfügung, weshalb einige Annahmen für die Erstellung der Profile getroffen werden mussten. Im Jahr 2012 haben Biomassekraftwerke (fest, flüssig, Biogas, Klär- und Deponiegas) insgesamt 5.763 Volllaststunden, was beinahe einer grundlastförmigen Fahrweise entspricht, erreicht und 43,5 TWh produziert.[70] Die Jahreserzeugung wurde deshalb auf eine saisonal leicht differenzierte Grundlastfahrweise, mit etwas höherer Erzeugung im Winter, umgelegt (Abbildung 9).

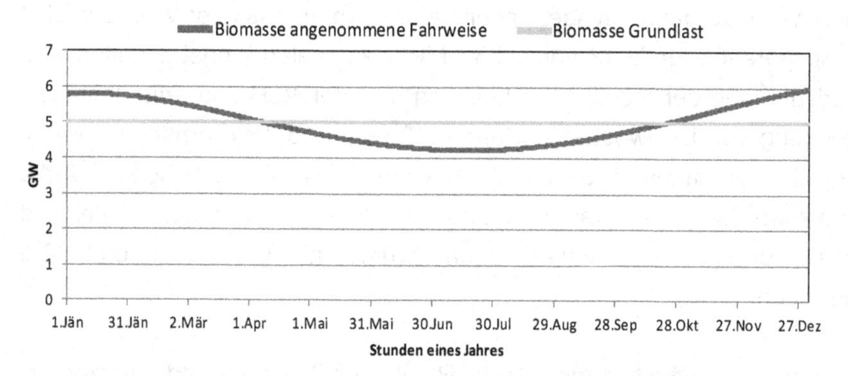

Abbildung 9: Biomasse 2011, 2012 und 2013 (Quelle: Eigene Darstellung).

4.2.5 Geothermie

Die Einsatzweise der Geothermie wurde grundlastförmig festgelegt, die 2012 stattgefundene Jahreserzeugung von 25,4 GWh wurde also gleichmäßig auf die 8.760 Stunden des Jahres verteilt.[71]

[70] Vgl. BMU, 2013a, S.18ff.

[71] Vgl. BMU, 2013a, S.18

4.2.6 Wasserkraft

Bei Wasserkraft werden vom BMU lediglich die Jahressummen der Erzeugung (21,79 TWh in 2012) ohne Differenzierung in Laufwasser und Speicherkraftwerke veröffentlicht.[72] Deshalb wurden zunächst versucht, die Anteile der beiden Kraftwerkstechnologien an der Jahressumme zu ermitteln. Hierfür wurde die Anzahl an Volllaststunden (VLH) jener Laufwasserkraftwerke (~6300 Stunden), die deren Erzeugung freiwillig an die EEX melden, ermittelt und angenommen, dass die Stichprobe mit der Grundgesamtheit übereinstimmt. Insgesamt beträgt die gemeldete Jahreserzeugung aus Laufwasser 4,9 TWh.[73] Die Veröffentlichung der installierten Leistung von Laufwasserkraftwerken ist gesetzlich vorgeschrieben, weshalb davon ausgegangen werden kann, dass der Wert der EEX Transparency für 2012 von 2.632 MW den realen Gegebenheiten entspricht.[74] Mit der installierten Leistung und der VLH kann die Jahreserzeugung von Laufwasser im Jahr 2012 von 16,6 TWh ermittelt werden, womit auch automatisch die Jahreserzeugung der Speicherkraftwerke von etwa 5,2 TWh bekannt ist. Das Verhältnis zwischen gemeldeter und gesamter Laufwasserkrafterzeugung würde in diesem Fall rund 30% betragen.

Im nächsten Schritt wurden die Ist-Profile der Speicher- und Laufwasserkraftwerke der EEX Transparency gewichtet (Laufwasser 76%, Speicher 24%), um die prozentuale monatliche Gesamterzeugung von Wasserkraft zu berechnen. Abbildung 10 zeigt diese prozentuale Verteilung sowie den stündlichen Verlauf der freiwillig an die EEX gemeldeten Daten.

---

[72] Vgl. BMU, 2013a, S.18

[73] Vgl. URL: http://www.transparency.eex.com/de/freiwilligeveroeffentlichungen marktteilnehmer/stromerzeugung/Erzeugung-des-Vortages [08.01.2014].

[74] Vgl. URL: http://www.transparency.eex.com/de/daten_uebertragungsnetzbetreiber/ stromerzeugung/installierte%20Erzeugungskapazit%C3%A4t%20%3C%20100%20MW [08.01.2014].

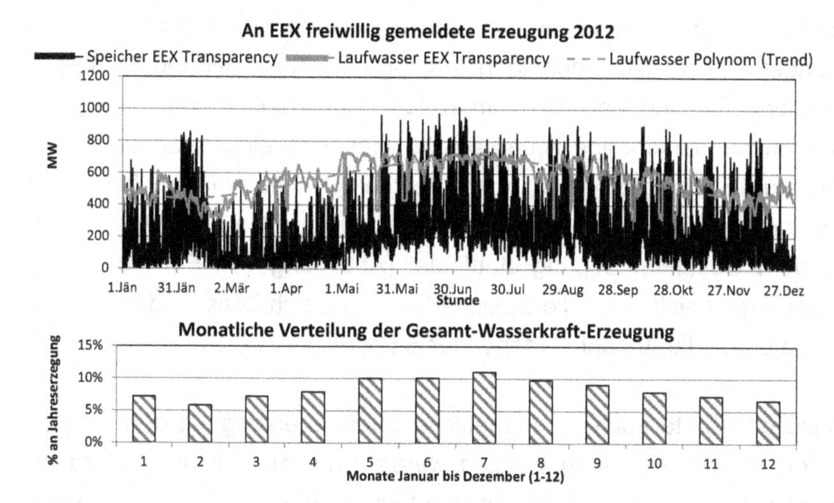

Abbildung 10: EEX gemeldete Wasserkrafterzeugung (Quelle: Eigene Darstellung, Daten entnommen aus: EEX Transparency Webplattform [08.01.2014]).

Das finale Profil der Laufwasserkraftwerke wurde durch Umlegung der Jahreserzeugungsmenge von 16,6 TWh auf das geglättete Profil der gemeldeten stündlichen Erzeugung („Laufwasser Polynom Trend“ im oberen Diagramm) erstellt. Da nun die monatliche Gesamtwasserkraft- und Laufwasserkrafterzeugung bekannt sind, kann die monatliche Speichererzeugung durch Bildung der Differenz berechnet werden.

Für die Speicherkraftwerke gilt es nun, die monatliche Erzeugungssumme auf eine realistische Fahrweise umzuwälzen. Es wird unterstellt, dass der stündliche Speichereinsatz an den Verlauf der Residuallast ohne Speicher (BSV – Wind – PV – Biomasse – Laufwasser – Geothermie) gekoppelt ist, weil der durch die Stromvermarktung erreichbare Preis an Spotmärkten stark von der Einspeisung erneuerbarer Energien getrieben ist, was als Merit-Order-Effekt erneuerbarer Energien bezeichnet wird.[75] Zunächst wurde für jeden Monat getrennt der Rang der Residuallast jeder einzelnen Stunde berechnet. In einem Monat mit 31 Tagen wurde der

[75] Vgl Neubarth, 2011, S.30

Stunde mit höchster Residuallast also der Rang 1 und der Stunde mit niedrigster Residuallast der Rang 744 zugeteilt. Anschließend wurde eine Verteilungsfunktion entwickelt, in welcher für Ranggruppen von je 40 Stunden der zugehörige Anteil an der Gesamtspeichererzeugung definiert wurde. Beispielsweise wurde festgelegt, dass in den besten 40 Stunden 13,2% und in den schlechtesten 40 Stunden unter 1% der monatlichen Gesamterzeugung stattfindet (Abbildung 11). Für jede Ranggruppe ergibt sich dann die Speicherleistung durch Division der Energiemenge durch die Anzahl vorhandener Stunden.

Prinzipiell könnte auch die monatliche Summenerzeugung durch die installierte Speicherleistung dividiert werden, um monatliche VLH zu berechnen und folglich in genau diesen besten Stunden die volle Leistung des Speichers einsetzen. Dies würde allerdings nicht der Realität entsprechen, weil Speicher naturgemäß Pegelgrenzen aufweisen und weitere betrieblich bedingte Parameter wie beispielsweise Revisionen oder wasserrechtliche Vorgaben zu einer nicht vollständig am Spotmarkt orientierten Einsatzweise führen können. Zudem werden Wasserkraftwerke aufgrund derer schnellen Leistungsänderungsgeschwindigkeiten häufig an Regelenergiemärkten eingesetzt, was dazu führt, dass Kraftwerke durch Leistungsvorhaltung bei sehr guten Marktpreisen auf einen Einsatz verzichten (positive Regelenergie) und/oder bei schlechten Marktpreisen einen Einsatz gewährleisten (negative Regelenergie) müssen.[76] All die genannten Gründe führen zu einer anteilhaften von Spotpreisen unabhängigen Einsatzweise, welche über die angenommene Verteilungsfunktion abgebildet werden soll.

---

[76] Vgl. Bruckner, 2011, S.14

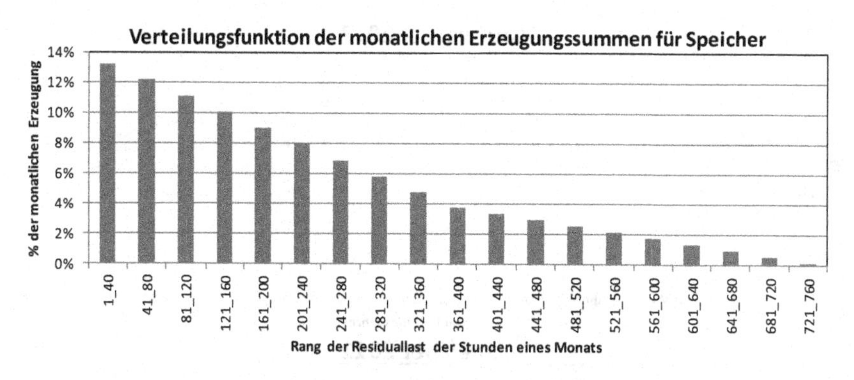

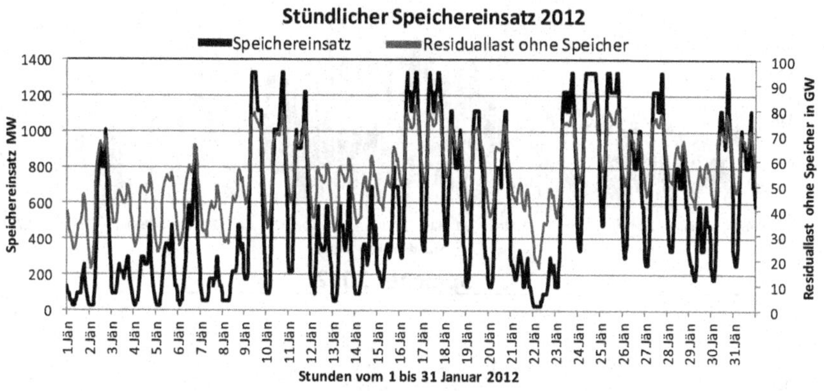

Abbildung 11: Modellierung Speicherkraftwerke 2012 (Quelle: Eigene Darstellung, Daten entnommen aus: EEX Transparency).

Die untere Grafik in Abbildung 11 zeigt den Verlauf der Residuallast ohne Speicher (Sekundärachse rechts) und den daraus resultierenden modellierten stündlichen Speichereinsatz (Primärachse links) im Januar 2012. Für die drei meteorologischen Jahre 2011, 2012 und 2013 ergibt sich bei gleichen Monatssummen aufgrund der unterschiedlichen Lastgänge von BSV sowie der PV- und Wind-Einspeisung natürlich auch eine andere Einsatzweise der Speicherkraftwerke, die in Abbildung 12 zusammen mit dem finalen Profil der Laufwasserkraftwerke dargelegt wird.

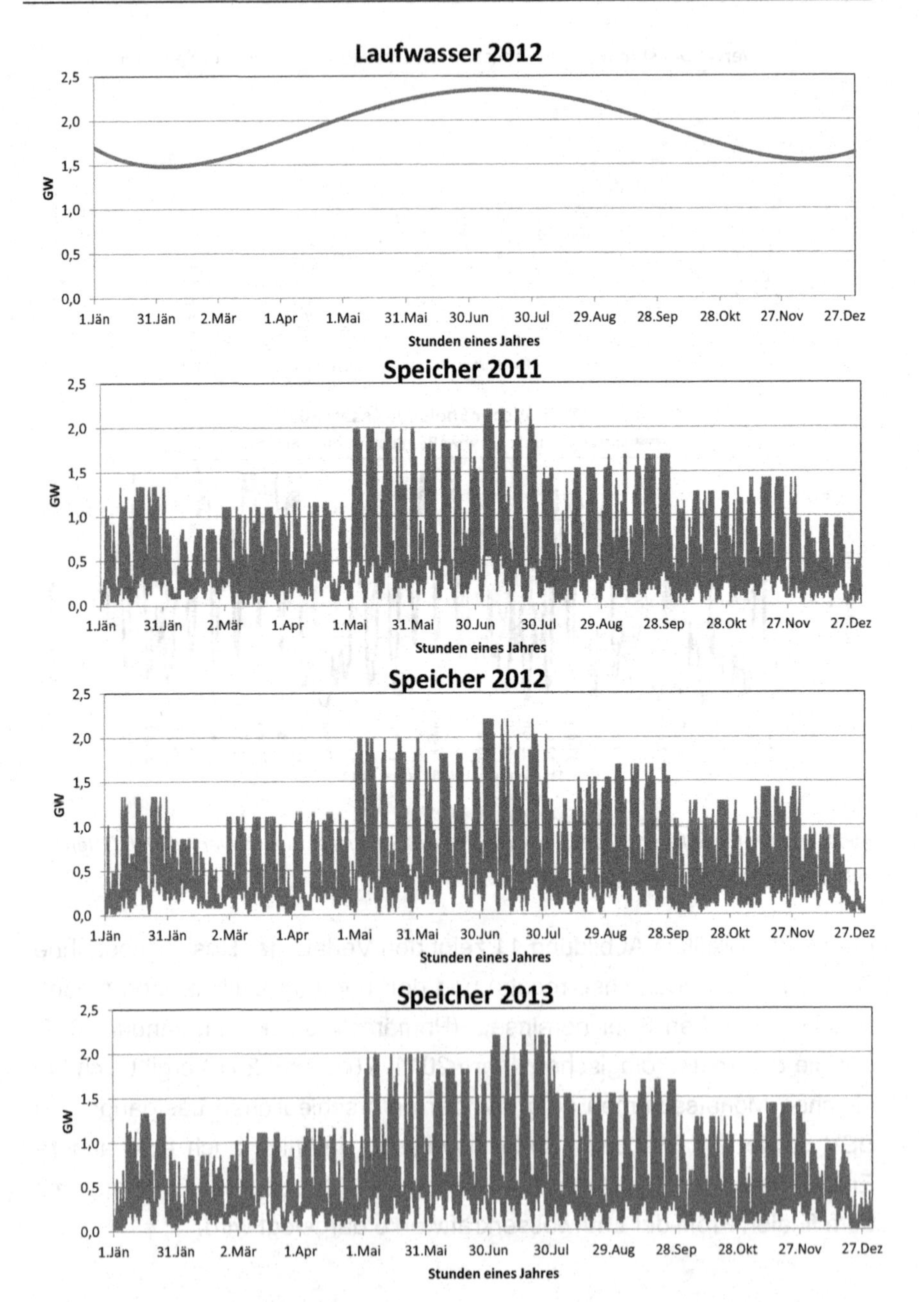

Abbildung 12: Laufwasser und Speicher 2011, 2012 und 2013 (Quelle: Eigene Darstellung).

4.2.7 Ergebnisse Gesamtsystem

In Abbildung 13 sind Ergebnisse in Form der Jahresdauerlinien der Residuallast der Jahre 2011 bis 2013 aufgetragen. Die sehr ähnlichen Verläufe der Jahresdauerlinien beweisen, dass die modellierten Gesamtsysteme trotz erheblicher Unterschiede zwischen den Stundenprofilen der einzelnen meteorologischen Basisjahre in sich stimmig sind.

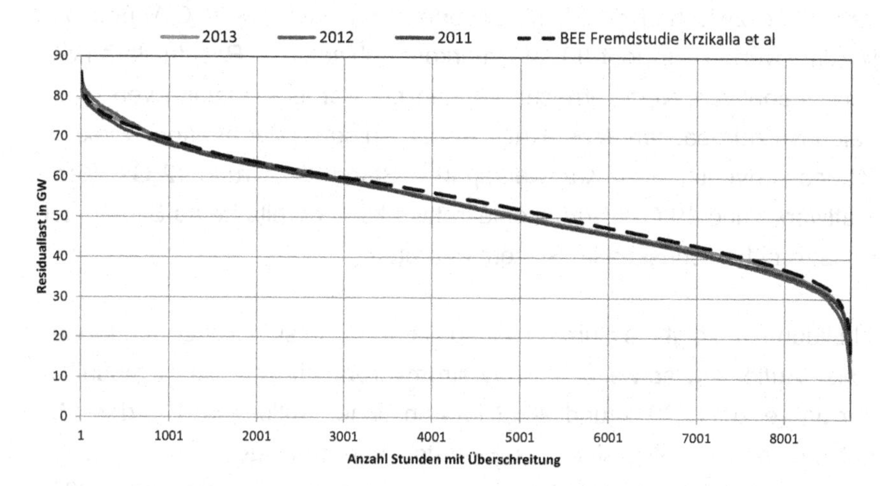

Abbildung 13: Jahresdauerlinie Residuallast 2011, 2012 und 2013 (Quelle: Eigene Darstellung)

Zusätzlich ist die JDL der Studie von Krzikalla et al (schwarz strichlierte Linie) eingezeichnet, welche ebenfalls ein Stromsystem bestehend aus sämtlichen erneuerbaren Erzeugern und dem Stromverbrauch für die vorherrschenden Leistungsverhältnisse aus 2012 simuliert haben. Die Einspeiseprofile EE der Fremdstudie entstammen dabei einem eigenen meteorologischen Modell mit Werten für Windgeschwindigkeiten und Globalstrahlung für eine hohe Anzahl an geographischen Rasterpunkten.[77]Die Ergebnisse der Studie in Form der Nachfragelast, der aggre-

[77] Vgl. Krzikalla et al., 2013, S.2ff.

gierten Erzeugung EE und der Residuallast wurden freundlicherweise nach persönlicher Anfrage in stündlicher Auflösung für die Masterarbeit zur Verfügung gestellt. Die Plausibilität der selbst zusammengestellten Daten kann durch den beinahe identischen Verlauf der Residuallastkurven bestätigt werden.

An der Jahresdauerlinie (JDL) der Residuallast sind besonders die Unterschiede zwischen den Minimalwerten von etwa 10-20 GW und den Maximalwerten von fast 90 GW markant. Obwohl die Residuallast noch keine negativen Werte erreicht, können bei Berücksichtigung von regionalen Netzengpässen, Must-Run-Leistungen sowie der geringen Flexibilität des konventionellen Kraftwerksparks (Stand 2012: rund 12 GW Kernkraftwerke und 19 GW Braunkohlekraftwerke[78]) bereits heute Situationen mit Stromüberschüssen im System auftreten.[79]

Abbildung 14 zeigt die Summeneinspeisung EE in stündlicher und monatlicher Auflösung sowie den Bruttostromverbrauch und die Residuallast der Jahre 2011, 2012 und 2013 in stündlicher Auflösung. Bei den Monatssummen auffällig sind das Eintreten von zumindest einem starken Wintermonat aufgrund einer hohen Windeinspeisung (Dezember 2011 und 2013, Januar 2012) in jedem der drei Jahre und eine relativ große Schwankungsbreiten der monatlichen Erzeugungsmengen. Die stündlichen Lastgänge zeigen, dass die Einspeisespitzen EE gegenwärtig bis zu 40 GW betragen, was bei gleichzeitig niedrigem Bruttostromverbrauch von 50-60 GW zu minimalen Residuallasten von ca. 10-20 GW führt.

---

[78] Vgl. EEX Transparency, URL: http://www.transparency.eex.com/de/daten_uebertragungsnetzbetreiber/stromerzeugung/Installierte%20Erzeugungskapazit%C3%A4t%20%E2%89%A5%20100%20MW [17.06.2014].
[79] Vgl. Krzikalla et al., 2013, S.36f.

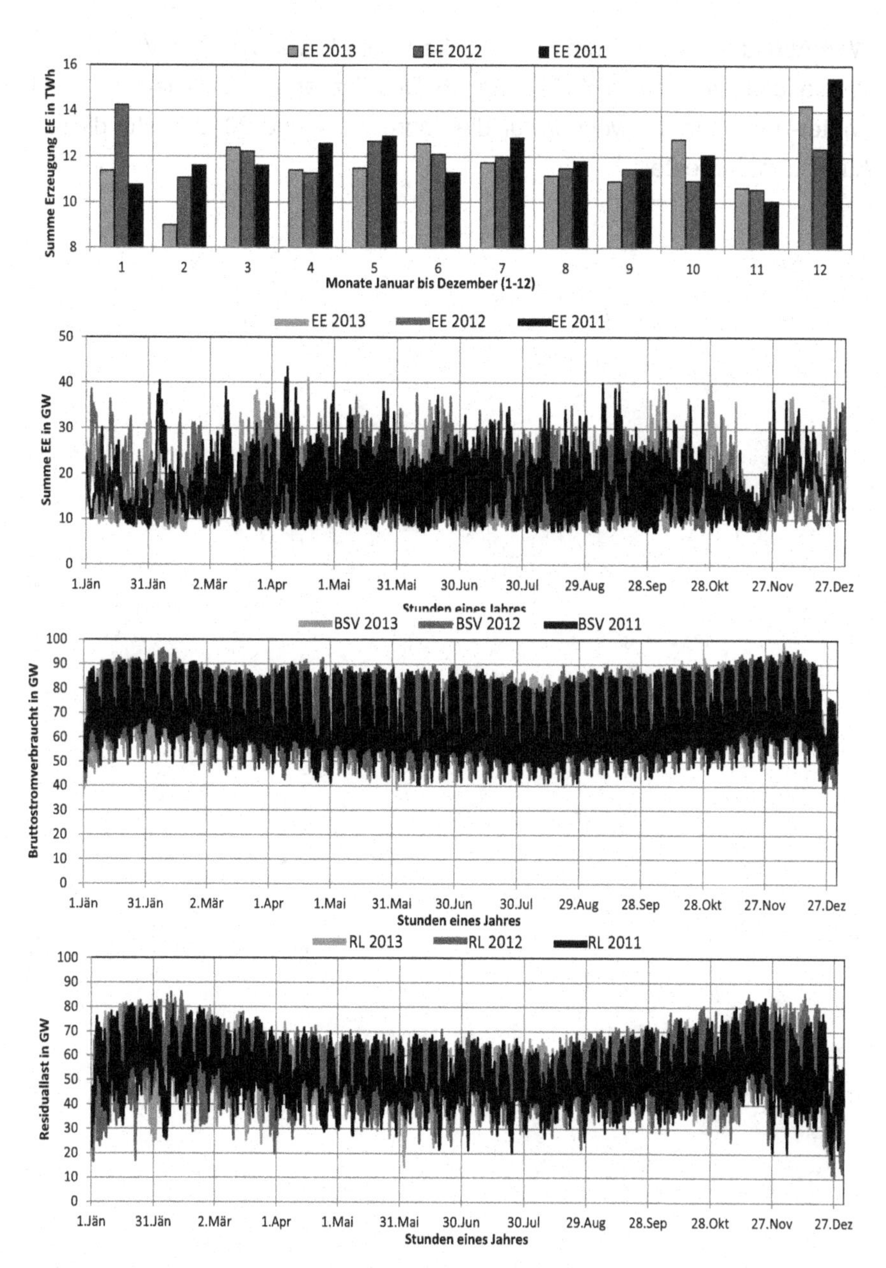

Abbildung 14: Einspeisung EE, BSV und RL 2011, 2012 und 2013 (Quelle: Eigene Darstellung).

Weil Abbildung 14 nur grobe Einblicke in die Höhe und den Verlauf der Profile gibt, werden in Abbildung 15 Detailergebnisse für jeweils zwei Winter- und Sommerwochen für die Jahre 2011 und 2012 in stündlicher Auflösung dargestellt.

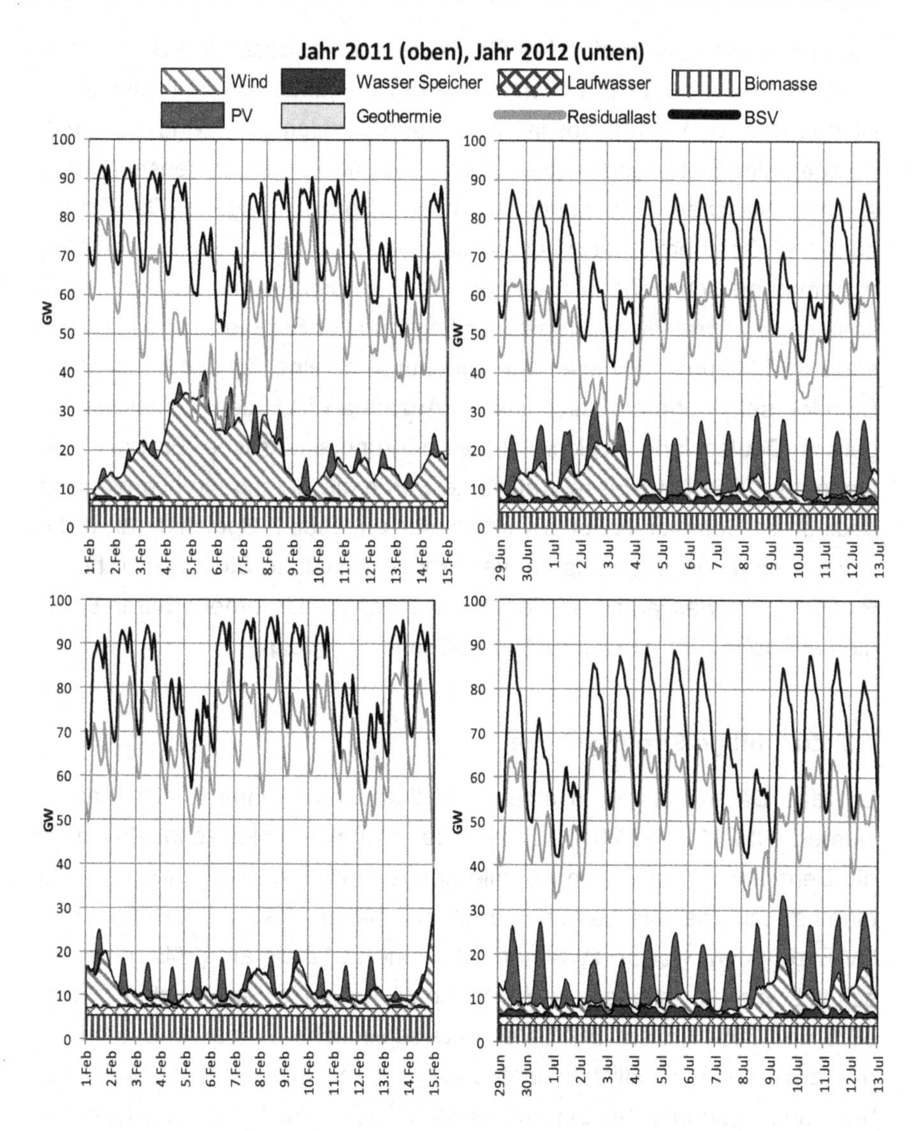

Abbildung 15: Stromsystem 2011 und 2012 Detail (Quelle: Eigene Darstellung).

Am Bruttostromverbrauch kann sehr gut der tagesrythmische Verlauf mit Spitzen im Peak an Werktagen von bis zu 95 GW und Senken an Wochenenden von bis zu 40 GW beobachtet werden. Zudem markant sind die saisonalen Unterschiede der Höhe und des Verlaufs des Profils zwischen Sommer und Winter. Die Grafik zeigt auch, dass der BSV bei derzeitigen Ausbaugrad EE der wichtigste Einflussfaktor auf die Residuallast ist und dessen Verlauf bestimmt. An den Profilen von Wind- und PV-Anlagen sind insbesondere die hohe Volatilität und die immensen Unterschiede zwischen Erzeugungsflauten und Spitzen prägend. Die Erzeugung der Geothermie ist aufgrund der niedrigen Leistungen in den Diagrammen optisch nicht zu erkennen. Bei Biomasse wurde angenommen, dass diese mit relativ gleichmäßiger Leistung zur Stromerzeugung eingesetzt wird. Grund für diese Vereinfachung ist eine für 2012 mit 5.763 Stunden sehr hohe durchschnittliche Anzahl an VLH der Biomasseanlagen in Deutschland, welche auf eine grundlastähnliche Einsatzweise hindeutet.[80] Für Laufwasserkraftwerke wurde die Erzeugung hydrologisch bedingt im Sommer höher als im Winter angesetzt. Speicherkraftwerke wurden so modelliert, dass ein verstärkter Einsatz in Stunden mit hoher Residuallast, was aufgrund des Merit-Order-Effekts erneuerbarer Energien auf hohe Strompreise rückschließen lässt, erfolgt.[81]

4.3 Zukünftige Stromsysteme

Um das Datenvolumen in einem handhabbaren Rahmen zu behalten, wurden mit 2011 und 2012 nur zwei der drei meteorologischen Jahre für die Berechnung der Zukunftsprofile ausgewählt. Die Wahl erfolgte durch eine heuristische Abschätzung der Unterschiede zwischen der Wind- und PV-Erzeugung, welche zwischen 2011 und 2012 als am größten eingeschätzt wurden. Insgesamt wurden somit für jedes Stromsystem (40%, 60% und 80% EE am BSV) vier unterschiedliche Szenarien bestehend aus zwei unterschiedlichen meteorologischen Jahren mit je zwei Ausbaupfaden generiert. In Summe wurden folglich 12 Varianten in der Simulation abgebildet, welche in Tabelle 4 zusammengefasst sind. In den

[80] Vgl. BMU, 2013a, S.18ff.

[81] Vgl. Neubarth, 2011, S.30

Abbildungen und Texten der folgenden Kapitel wird häufig auf die angeführten Namen verwiesen.

Szenario Nr	% EE am BSV	Ausbaupfad Name	Meteorologisches Basisahr	Szenarioname
1	40%	BEE	2011	40%_BEE_2011
2		BEE	2012	40%_BEE_2012
3		OwnGuess	2011	40%_OwnGuess_2011
4		OwnGuess	2012	40%_OwnGuess_2012
5	60%	BEE	2011	60%_BEE_2011
6		BEE	2012	60%_BEE_2012
7		OwnGuess	2011	60%_OwnGuess_2011
8		OwnGuess	2012	60%_OwnGuess_2012
9	80%	BEE	2011	80%_BEE_2011
10		BEE	2012	80%_BEE_2012
11		OwnGuess	2011	80%_OwnGuess_2011
12		OwnGuess	2012	80%_OwnGuess_2012

Tabelle 4: Übersicht über berechnete Szenarien (Quelle: Eigene Darstellung).

4.3.1 Methodik

Die Hochrechnung selbst erfolgte in zwei wesentlichen Schritten. Zunächst wurden über 2 verschiedene Ausbaupfade die installierten Leistungen der einzelnen Energieträger festgelegt und über eine Annahme der jährlichen Volllastbenutzungsstunden (VLH) die jährliche Erzeugung berechnet. Die Leistungen in den Ausbaupfaden wurden so gewählt, dass ein Anteil EE am BSV von 40, 60 und 80% erreicht wird. Der BSV wurde für die drei prozentualen EE-Anteile fixiert und entstammt einer Annahme von Krzikalla et al.[82] Die in den Ausbaupfaden definierten jährlichen Erzeugungsmengen und installierte Leistungen der unterschiedlichen drei Stromsysteme wurden mit Hilfe der tatsächlich in 2011 und 2012 aufgetretenen Einspeiseprofile in Stundenlastgänge umgewandelt. Es wurde also einfach ausgedrückt eine Projizierung der meteorologischen Bedingungen aus 2011 und 2012 auf zukünftige Jahre mit höheren installierten Leistungen der Energieträger vorgenommen.

Über die Verhältnisse zwischen der jährlichen Energieerzeugung im Basisjahr 2012 und dem hochzurechnenden Szenario (z.B.:

[82] Vgl. Krzikalla et al., 2013, S.15

60%_BEE_2012) wurde ein Skalierungsfaktor berechnet, mit dem die vorhandenen stündlichen Profile der Basisjahre 2011 und 2012 hochgerechnet wurden. In den Szenarien mit dem Basisjahr 2011 entsteht folglich eine mit 2012 verglichen etwas höhere EE-Einspeisung, zumal für beide Jahre der gleiche Skalierungsfaktor verwendet wurde und in 2011 (um Leistungszuwachs bereinigt) deutlich mehr Windenergie erzeugt worden ist.

Weil in den Ausbaupfaden eine mit der Zeit zunehmende Volllaststundenanzahl implementiert ist, kann es durch die Skalierung vorkommen, dass bei Wind und PV in vereinzelten Stunden ein Leistungswert erreicht wird, der über der festgelegten installierten Leistung liegt. Deshalb wurden die Profile für diese einzelnen Stunden korrigiert, indem die Erzeugungsleistung auf einen maximalen Wert (in % an der installierten Leistung) beschränkt wurde und die Energiemengen der darüber liegenden Leistungsspitzen auf Stunden, in denen die Einspeisung geringer ist, verteilt wurde. Durch die getroffene Vereinfachung bleibt die Summenbilanz ausgeglichen und es kommt nur zu einer unwesentlichen Verschiebung von Energiemengen. Eine genauere Schilderung dieses Verfahrens mit Beispielen befindet in den folgenden Kapiteln für Wind und PV. Die Plausibilität der erstellten Zeitreihen konnte in einem Vergleich mit den Ergebnissen von Krzikalla et al, welche eine ähnliche Simulation durchgeführt haben, bestätigt werden (Siehe Punkt 4.3.8).[83]

4.3.2 Ausbaupfade

Zunächst wurden hinsichtlich des Beitrags der einzelnen Energieträger zum Erreichen der prozentualen Anteile am BSV zwei unterschiedliche Ausbaupfade erstellt. Der Unterschied zwischen den Ausbaupfaden liegt an den Erzeugungsmengen von Wind und PV, alle anderen Erzeugungstechnologien und der BSV sind in beiden Ausbaupfaden gleich und rich-

---

[83] Vgl. Krzikalla et al., 2013, S.16f.

ten sich nach einer Studie die von Krzikalla et al durchgeführt und vom BEE in Auftrag gegeben wurde. Der erste Ausbaupfad mit dem Namen „Ausbaupfad BEE“ wurde von Krzikalla et al übernommen und basiert auf den Vorstellungen des Bundesverbands für Erneuerbare Energien. Dabei verwendeten Zahlen wurden lediglich linear interpoliert, weil in der Studie ein Energiesystem mit 21%, 47% und 79% EE am BSV repräsentativ für die Jahre 2012, 2020 und 2030 abgebildet wurde.[84] Die in der Studie angenommene Erhöhung der VLH einzelner Technologien durch Faktoren wie technologische Entwicklung, Verbesserung der verwendeten Standorte oder die Ersetzung der ineffizienten Altanlagen durch effizientere Neuanlagen wurde übernommen und ist in Abbildung 16 dargestellt.

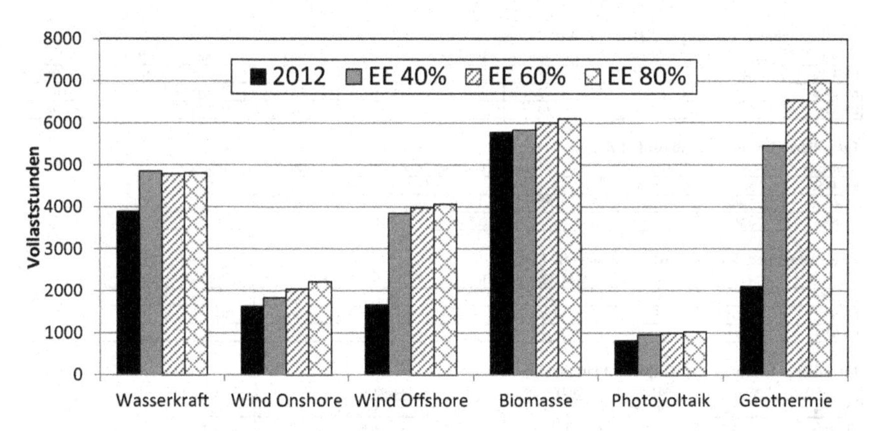

Abbildung 16: Volllaststunden erneuerbarer Stromerzeugung (Quelle: Eigene Darstellung, Daten entnommen aus: BMU, 2013a, S.18ff. und Krzikalla et al., 2013, S.16).

Tabelle 5 zeigt die jährliche Erzeugung und die installierten Leistungen in den beiden Ausbaupfaden. Den Ausbaupfad BEE kennzeichnet insbesondere eine sehr hohe installierte Leistung an PV, welche bei 80% EE bei 121 GW liegt. Dieser Wert liegt jedoch noch deutlich unter dem maximalen technisch-wirtschaftlich möglichen PV-Ausbaupotential von

[84] Vgl. Krzikalla et al., 2013, S.15

Deutschland von über 229 GW.[85] Die Ausbauleistung von Wind bleibt mit maximal 63 GW Onshore und 16 GW Offshore verglichen mit PV relativ mäßig. Das BMU gibt in einem Positionspapier an, dass bei einem Anteil EE von 80% am BSV bis zu 25% nur durch WKA auf See beigesteuert werden könnten.[86] Auch an Land werden die vorhandenen maximalen Potentiale bei weitem nicht ausgenutzt, laut einer Studie des Fraunhofer IWES könnten auf bis zu maximal 2% der Fläche jedes Bundeslandes WKA gebaut werden, was einer Leistung von knapp 200 GW entsprechen würde.[87] Beim Wasserkraftausbau wurde suggeriert, dass Laufwasser- und Speicherkraftwerke im gleichen Leistungsverhältnis wie derzeit vorhanden ausgebaut werden.

Energiemengen Ausbaupfad BEE in TWh

% am BSV	Wasserkraft	Wind Onshore	Wind Offshore	Biomasse	Photovoltaik	Geothermie	Summe	BSV	% EE
EE 40%	24,48	75,19	17,68	52,78	56,48	1,24	227,85	569,61	40,00%
EE 60%	27,80	106,77	40,22	67,92	89,89	3,86	336,45	560,75	60,00%
EE 80%	31,68	140,43	66,04	83,26	124,13	7,18	452,72	565,90	80,00%

Installierte Leistung Ausbaupfad BEE in MW

% am BSV	Wasserkraft	Wind Onshore	Wind Offshore	Biomasse	Photovoltaik	Geothermie	Summe
EE 40%	5.049	41.256	4.602	9.054	59.448	227	119.637
EE 60%	5.803	52.444	10.094	11.313	90.471	589	170.714
EE 80%	6.600	63.474	16.222	13.642	121.110	1.024	222.072

Energiemengen Ausbaupfad OwnGuess in TWh

% am BSV	Wasserkraft	Wind Onshore	Wind Offshore	Biomasse	Photovoltaik	Geothermie	Summe	BSV	% EE
EE 40%	27,06	83,83	21,13	52,78	41,80	1,24	227,85	569,61	40,00%
EE 60%	29,31	115,98	59,76	67,92	59,61	3,86	336,45	560,75	60,00%
EE 80%	31,68	157,07	101,78	83,26	71,75	7,18	452,72	565,90	80,00%

Installierte Leistung Ausbaupfad OwnGuess in MW

% am BSV	Wasserkraft	Wind Onshore	Wind Offshore	Biomasse	Photovoltaik	Geothermie	Summe
EE 40%	5.582	46.000	5.500	9.054	44.000	227	110.363
EE 60%	6.119	56.970	15.000	11.313	60.000	589	149.991
EE 80%	6.600	71.000	25.000	13.642	70.000	1.024	187.266

Tabelle 5: Ausbaupfade (Quelle: Eigene Darstellung, entnommen von: Krzikalla et al., 2013, S.15).

Aufgrund des verglichen mit PV schwachen Ausbaus der Windkraft wurde im zweiten Ausbaupfad mit dem Namen „OwnGuess" ein verstärkter Ausbau von Wind über eigene Entwicklungsannahmen abgebildet. Die installierte Leistung von Wind beim Ausbaupfad OwnGuess bei einem

[85] Vgl. Fraunhofer IWES, 2012, S.15

[86] Vgl. BMU, 2013b, S.7

[87] Vgl. Fraunhofer IWES, 2011, S.56

Anteil EE von 80% beträgt 71 GW Onshore und 25 GW Offshore, bei PV 70 GW. Trotz der deutlich geringeren installierten Gesamtleistung EE werden in diesem Ausbaupfad aufgrund der mit PV verglichen höheren VLH von WKA die gleichen jährlichen Erzeugungsmengen erreicht. Zur Berechnung der jährlichen Erzeugungsmengen im Ausbaupfad OwnGuess wurden die gleichen VLH wie im Ausbaupfad BEE verwendet. Die Leistungen von Biomasse und Geothermie sind exakt gleich wie beim Ausbaupfad BEE, jene der Wasserkraft wurden leicht modifiziert, um mit der Summenerzeugung EE exakt auf die angestrebten Prozentsätze hinzukommen.

4.3.3 Bruttostromverbrauch

Nach Krzikalla et al. wird sich der Stromverbrauch bis zum Jahr 2020 aufgrund von Effizienzverbesserungen leicht reduzieren und anschließend wieder geringfügig steigen, weil Elektromobilität und Wärmepumpen stärker in den Markt dringen.[88] Diese Einschätzung wurde auch für die eigene Simulation übernommen, wodurch sich folgender BSV für die abgebildeten Systeme ergibt:

Stromsystem	2011	2012	2013	% EE am BSV		
				40%	60%	80%
Bruttostromverbrauch	606,0 TWh	606,0 TWh	606,0 TWh	569,6 TWh	560,7 TWh	565,9 TWh

Tabelle 6: Bruttostromverbrauch Hochrechnung (Quelle: Eigene Darstellung).

Die Profile des BSV für zukünftige Stromsysteme wurden über eine einfache Skalierung des Profils von 2011, 2012 und 2013 generiert, weshalb auf eine erneute Anführung einer Grafik mit den stündlichen Stromlasten verzichtet wurde.

[88] Vgl. Krzikalla et al., 2013, S.2

4.3.4 Biomasse, Geothermie, Laufwasser

Die Hochrechnung erfolgte über Multiplikation des Erzeugungswertes von 2012 mit einem Faktor, welcher aus dem Verhältnis zwischen der Jahreserzeugung für das zu modellierende Energiesystem zur Jahreserzeugung im Jahr 2012 berechnet wurde. Für 40% EE ergibt sich bei Biomasse beispielsweise ein Hochrechnungsfaktor von 1,21, der durch Division der Jahreserzeugung von 52,78 TWh bei 40% EE und der Jahreserzeugung von 43,55 TWh aus dem Jahr 2012 entsteht.[89] Abbildung 17 zeigt die berechneten stündlichen Profile von Laufwasser, Biomasse und Geothermie für alle 12 Szenarien.

[89] Vgl. BMU, 2013a, S.18ff.

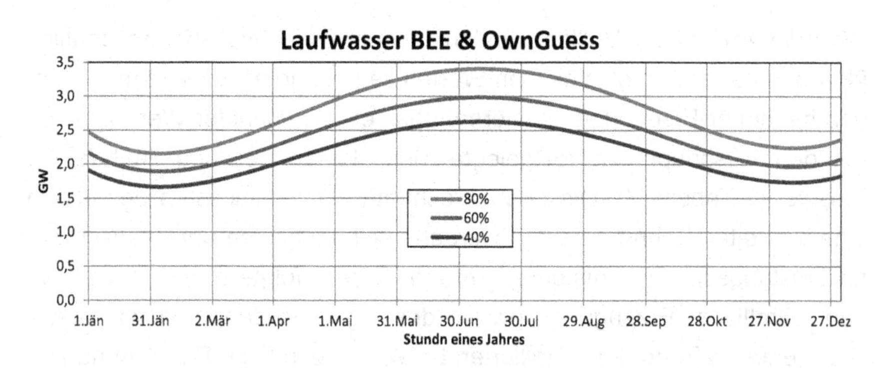

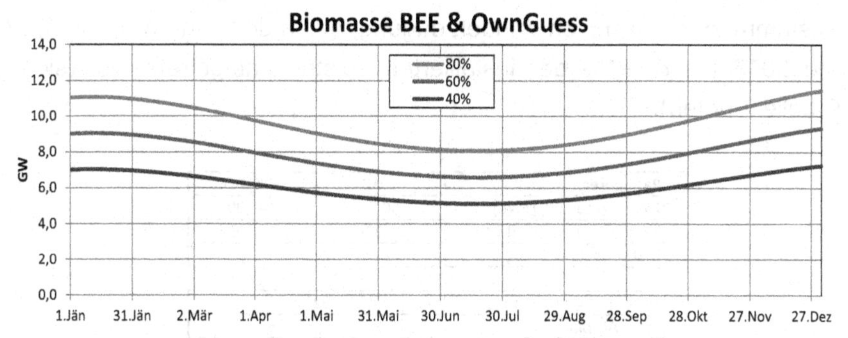

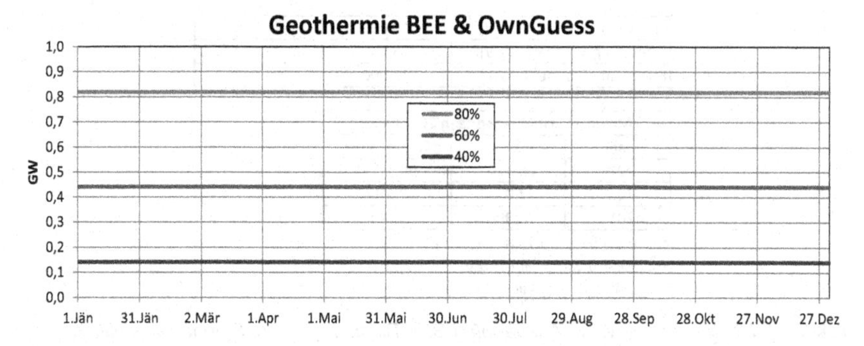

Abbildung 17: Laufwasser, Biomasse und Geothermie Zukunft (Quelle: Eigene Darstellung)

4.3.5 Wind

Die Profile für Wind wurden in zwei wesentlichen Schritten zusammengestellt. Im ersten Schritt wurde wie bei den anderen Energieträgern eine Hochskalierung über die jährlichen Erzeugungsmengen durchgeführt.

Weil die Anzahl an Volllaststunden in den Zukunftsszenarien deutlich über den gegenwärtig erreichten Werten liegt, kann es in einzelnen Stunden mit hoher Erzeugung passieren, dass ein berechneter Wert über der mit den Ausbaupfaden festgelegten installierten Leistung liegt (siehe Beispiel in Tabelle 7). Die hochgerechneten Daten mussten deshalb in einem zweiten Schritt bereinigt werden, weil ansonsten unrealistisch hohe Leistungsspitzen entstehen würden. Dies erfolgte durch „Abschneiden" sämtlicher Erzeugungsspitzen, dessen Höhe den Wert von angenommenen 92% an der installierten Leistung übersteigt. Diese Annahme entstammt der maximalen Winderzeugung, die in den Jahren 2011, 2012 und 2013 mit 89-91% der installierten Leistung aufgetreten ist (siehe Tabelle 7 unten).

Parameter	2012	60%_BEE
Jahreserzeugung [TWh]	50,67	146,99
Installierte Leistung [MW]	31.304	62.539
Faktor Hochrechnung	2,90	

Pmax in % (Annahme)	92%	
Pmax Absolut	28.800	57.535

Erzeugung Stunde 1 [MW]	10.000	29.008
Erzeugung Stunde 2 [MW]	15.000	43.513
Erzeugung Stunde 3 [MW]	20.000	**58.017**

Maximale Ist-Windspitzen 2011-2013		
Jahr	MW	% von P inst
2011	25.426*	90,4%**
2012	27.025*	89,5%**
2013	28.991*	90,9%***

*Quelle: EEX Transparency (max. Einspeisung 2011-2013)

**Quelle: BMU, 2013, S.18ff. (inst.Leistung 2011-2012)

***Quelle: Burger, 2014, S4ff. (inst. Leistung)

Tabelle 7: Hochrechnung Wind Ausbaupfad BEE Beispiel (Quelle: Eigene Darstellung).

Für das Energiesystem mit einem Anteil EE von 60% am BSV beim Ausbaupfad BEE beträgt die maximale Windeinspeisung beispielsweise 57.535 MW, was 92% der installierten Leistung von 62.539 MW entspricht. Beim in Tabelle 7 angeführten Beispiel wäre Stunde 3 somit von 58.017 MW auf 57.535 MW korrigiert worden. Die Erzeugungswerte der angegebenen Stunden 1-3 wurden frei gewählt.

Die dadurch entstehende Differenz zur festgelegten Jahreserzeugung, im Folgenden als Fehlmenge bezeichnet, wurde anschließend auf andere Stunden, in denen weniger starke Windverhältnisse vorherrschen, umgelegt. Diese Umlegung erfolgte nicht gleichmäßig auf alle anderen Stunden, sondern gemäß einer angenommenen Verteilungsfunktion, die in Abbildung 18 (rechtes Diagramm) dargestellt ist. Beispielsweise wird in allen Stunden, in denen 50-59% der maximalen zugelassenen Windleistung erreicht wird, ein Wert addiert, welcher dem Quotient zwischen 10% der gesamten Fehlmenge zur Anzahl an Stunden dieser Kategorie entspricht. Das linke Diagramm in Abbildung 18 zeigt die Höhe der Fehlmengen in TWh, die im Ausbaupfad BEE höchstens 4,5 TWh betragen.

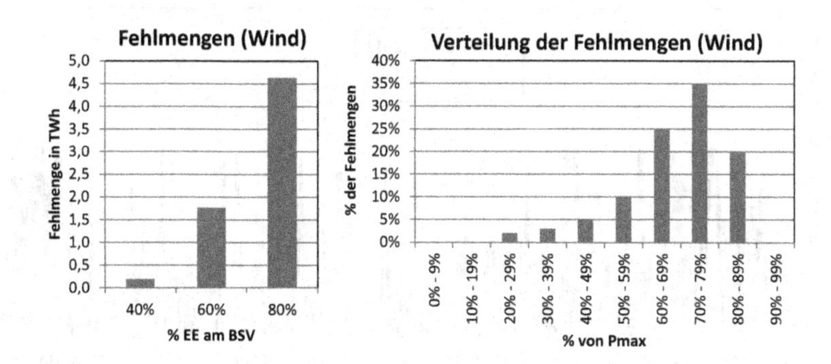

Abbildung 18: Fehlmengen Wind Ausbaupfad BEE 2012 (Quelle: Eigene Darstellung).

In den folgenden zwei Abbildungen werden die stündlichen Profile der Windkrafterzeugung sämtlicher 12 Szenarien dargestellt.

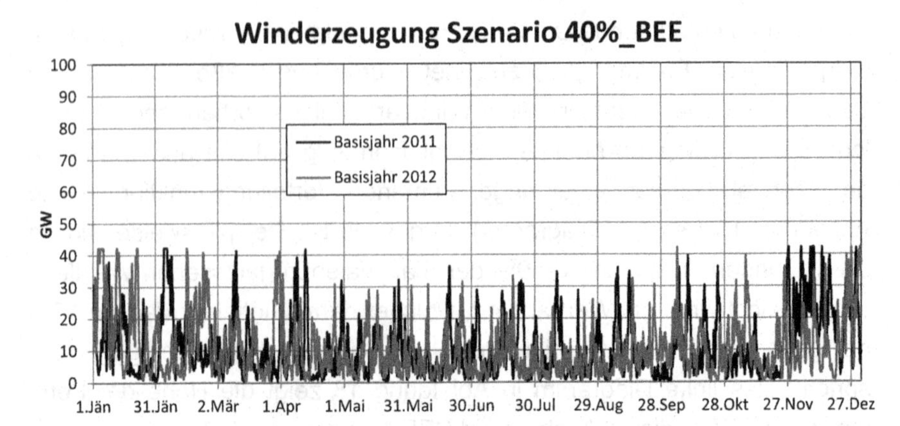

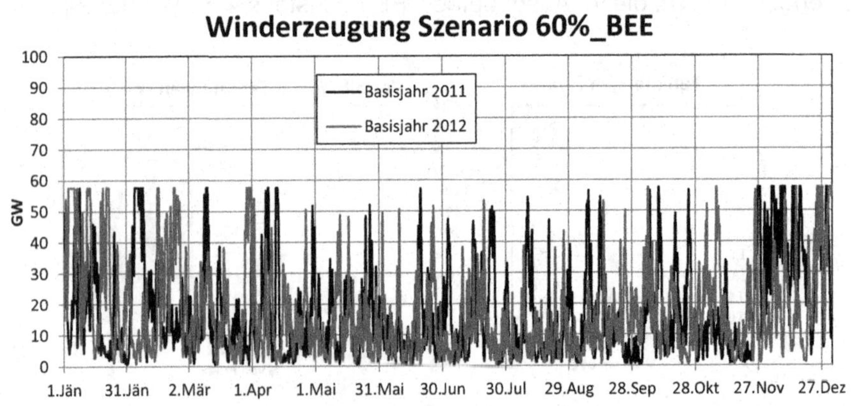

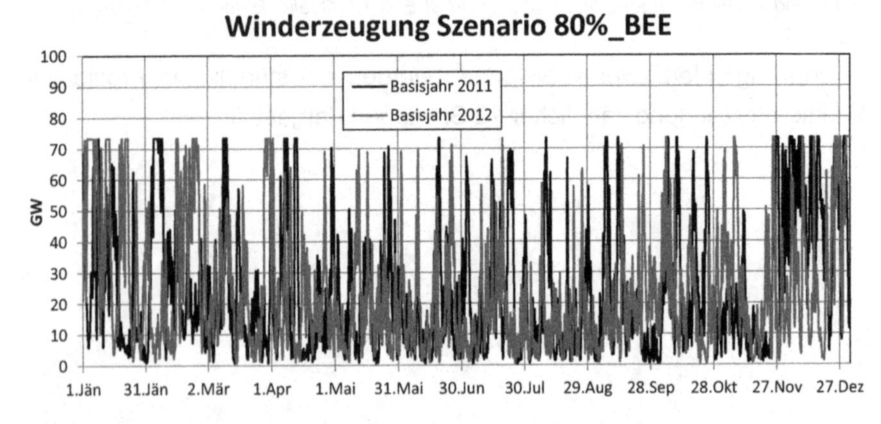

Abbildung 19: Winderzeugung Zukunft BEE (Quelle: Eigene Darstellung).

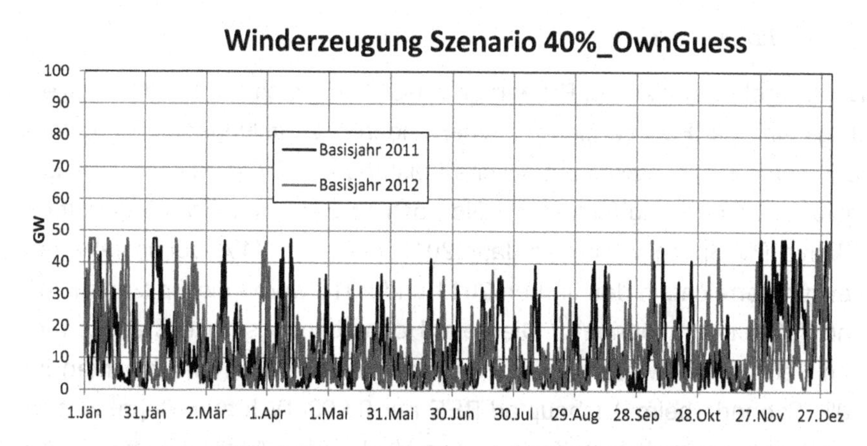

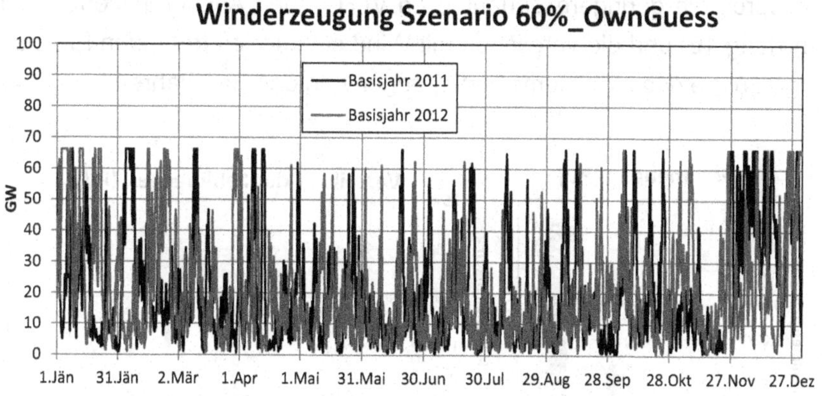

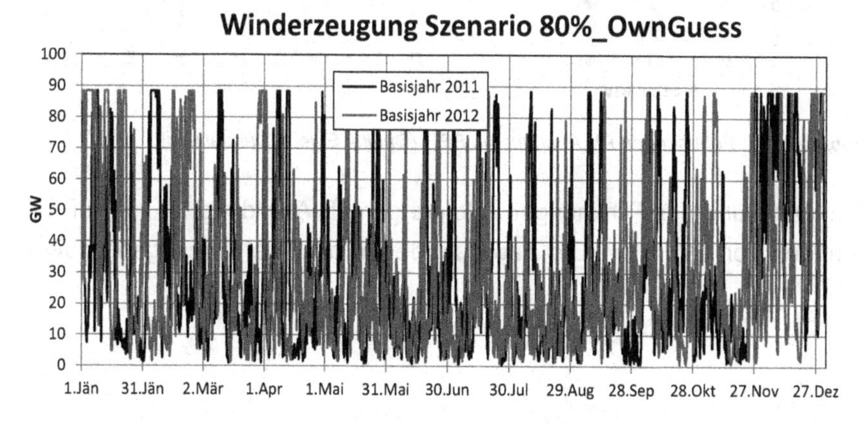

Abbildung 20: Winderzeugung Zukunft OwnGuess (Quelle: Eigene Darstellung).

4.3.6 Photovoltaik

Die Vorgehensweise bei PV war grundsätzlich gleich wie bei Wind, allerdings sind die Fehlmengen mit einer anderen Verteilungsfunktion umgelegt worden. Die maximal mögliche Leistung bei PV wurde mit 75% der installierten Leistung festgelegt. Die höchste bisher wirklich aufgetretene relative PV-Spitze wurde im Jahr 2012 mit etwa 74% der installierten Leistung erreicht, in den Jahren 2011 und 2013 waren die Spitzen mit 67 und 71% etwas niedriger.[90] Die beim Hochrechnungsprozess entstehenden Fehlmengen waren deutlich geringer als bei Wind und machten im 80% Szenario beim Ausbaupfad BEE nur 0,063 TWh aus. Begründet ist dies durch die geringere Zunahme an VLH in den Ausbaupfaden (siehe Abbildung 16) und die verglichen mit Wind seltener auftretenden Einspeisungen nahe des Maximums in den gegenwärtigen Basisjahren.

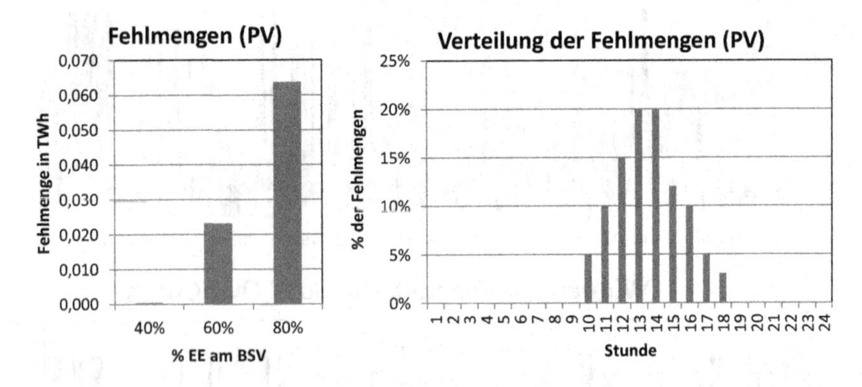

Abbildung 21: Fehlmengen PV Ausbaupfad BEE (Quelle: Eigene Darstellung).

Die Verteilung der Fehlmengen erfolgte gemäß Abbildung 21 nur auf die Stunden von 9-18 Uhr. Die Tage, zu denen die Energiemengen addiert

[90] Vgl. URL: http://www.transparency.eex.com/de/daten_uebertragungsnetzbetreiber/stromerzeugung/tatsaechliche-produktion-solar [08.01.2014]; BMU, 2013a, S.20.; Burger, 2014, S.4

werden, wurden anhand des Kriteriums der PV-Einspeisung in der Stunde 13 selektiert. Es wurden alle Tage ausgewählt, die in dieser Stunde eine PV-Spitze von mindestens 60 und höchstens 80% an der maximal erlaubten Leistung (75% der installierten Leistung) erreichen. In den folgenden zwei Abbildungen werden die stündlichen Profile der Photovoltaikerzeugung sämtlicher 12 Szenarien dargestellt.

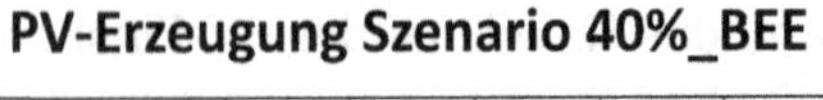

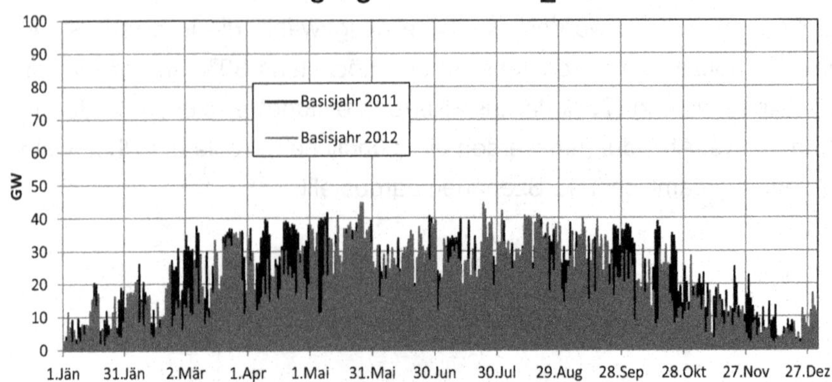

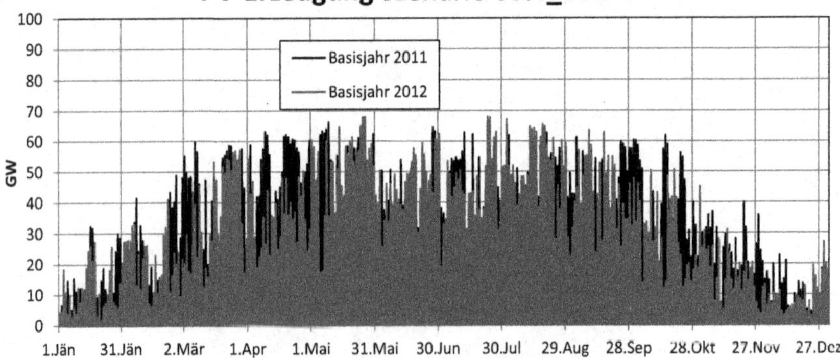

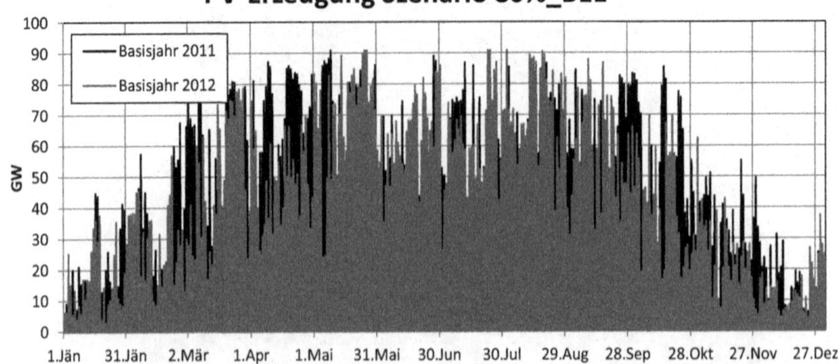

Abbildung 22: Photovoltaikerzeugung Zukunft BEE (Quelle: Eigene Darstellung).

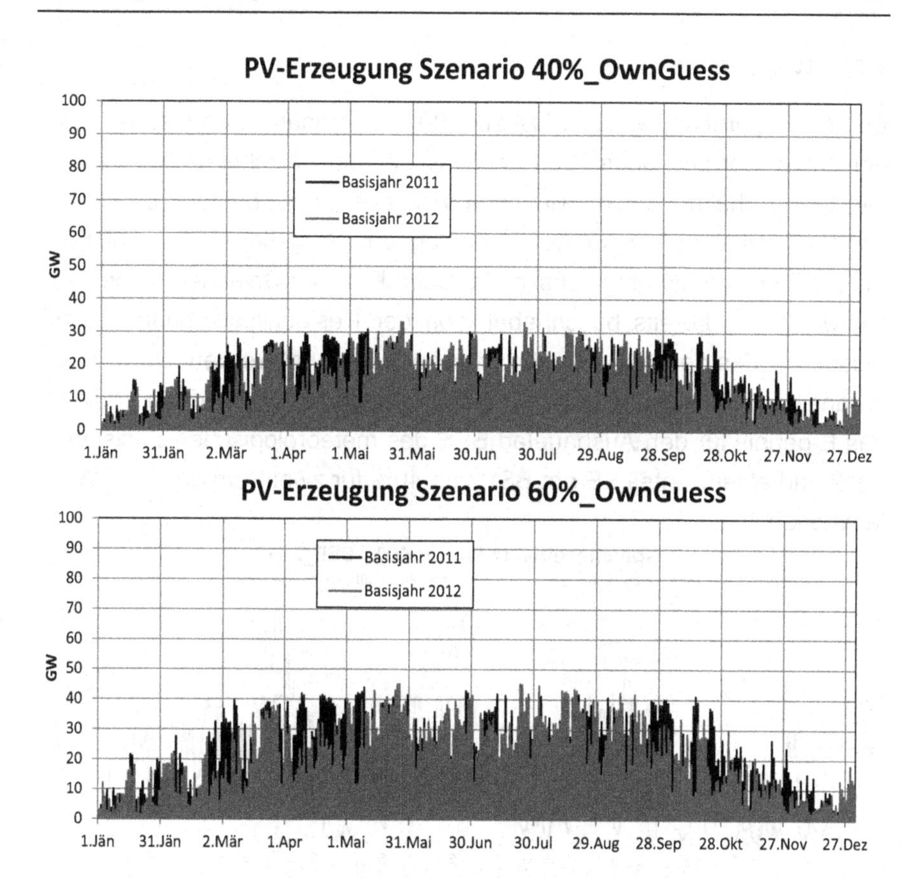

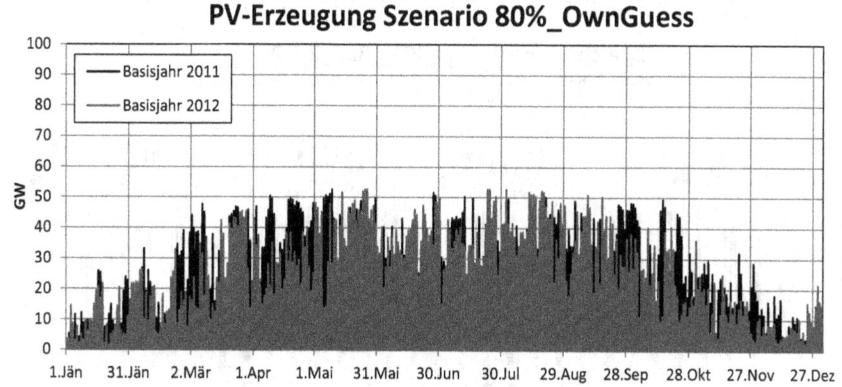

Abbildung 23: Photovoltaikerzeugung Zukunft OwnGuess (Quelle: Eigene Darstellung).

4.3.7 Wasserkraft Speicher

Bei der Hochrechnung der Wasserkraft wurde zunächst unterstellt, dass der Zubau der Leistungen von Laufwasser- und Speicherkraftwerken im gleichen Verhältnis erfolgt, wie jenes das gegenwärtig besteht. Das Profil der Laufwasserkraftwerke wurde analog der Vorgehensweise bei Biomasse und Geothermie hochskaliert. Beim Profil für Speicher ist die Einsatzweise wie bereits beschrieben von der Residuallast abhängig und muss für jedes der 12 Szenarien getrennt berechnet werden. Dabei wurde analog der Erklärung in Punkt 4.2.6 vorgegangen. Abbildung 24 zeigt das Ergebnis für den Ausbaupfad BEE des meteorologischen Basisjahrs 2012 und einem Anteil EE am BSV von 40% für zwei Sommer- und Winterwochen.

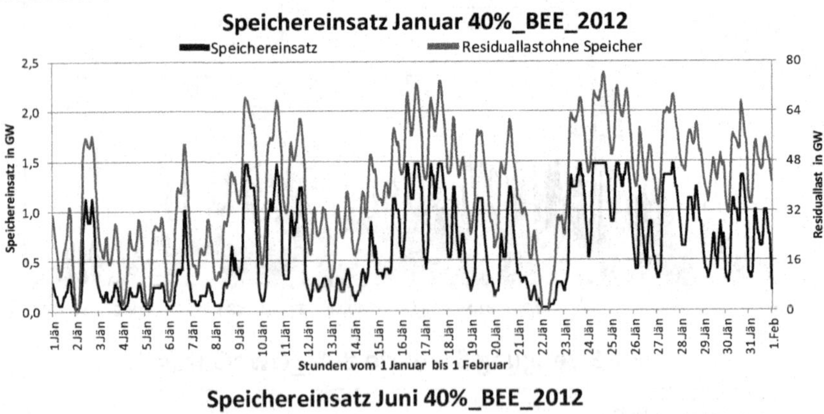

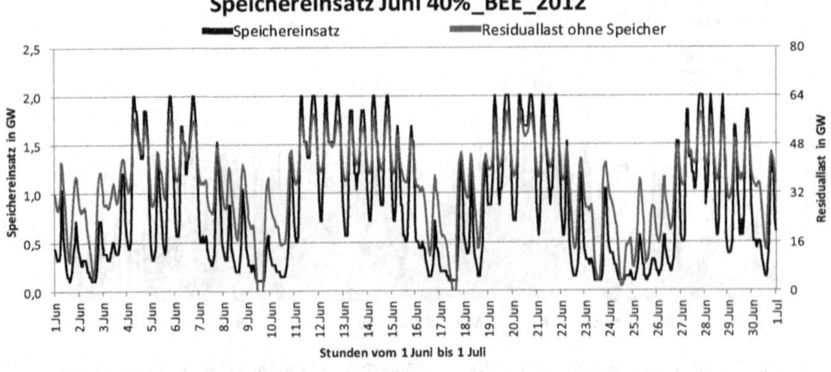

Abbildung 24: Wasser Speicher Detail BEE 2012 (Quelle: Eigene Darstellung).

Gut zu erkennen ist der saisonale Unterschied zwischen der maximalen Speicherleistung, welche im Sommer aufgrund stärkerer Zuflüsse zu Wasserspeichern und folglich einer höheren monatlichen Summenerzeugung deutlich höher ist als im Winter. In den folgenden zwei Abbildungen werden die stündlichen Erzeugungsprofile sämtlicher 12 Szenarien dargestellt.

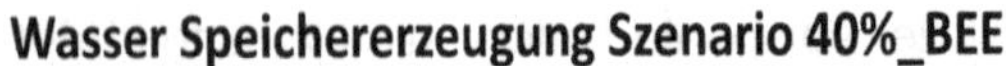

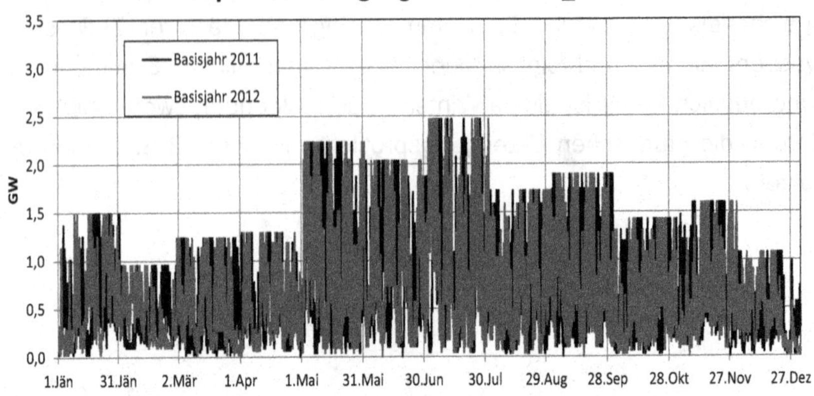

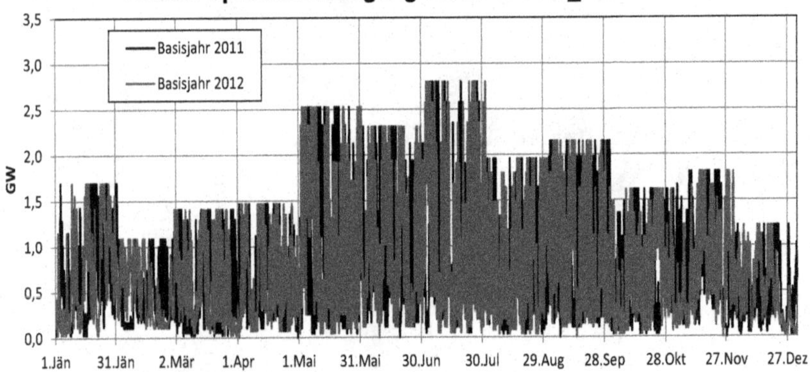

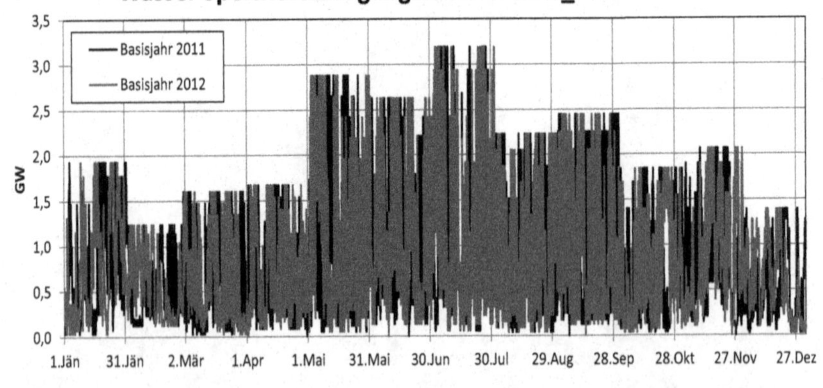

Abbildung 25: Wasser Speicher Zukunft BEE (Quelle: Eigene Darstellung).

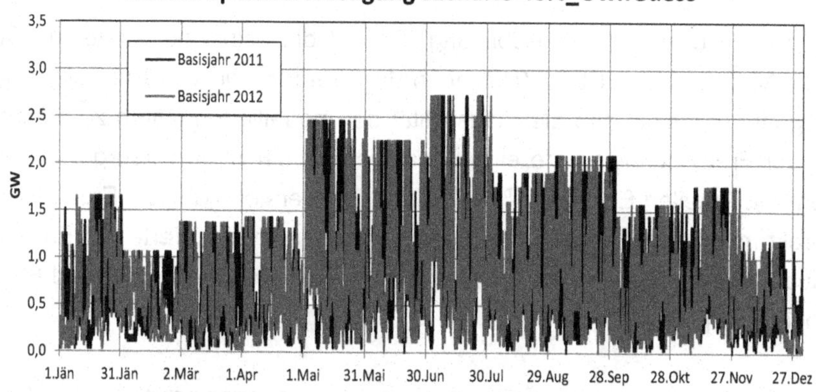

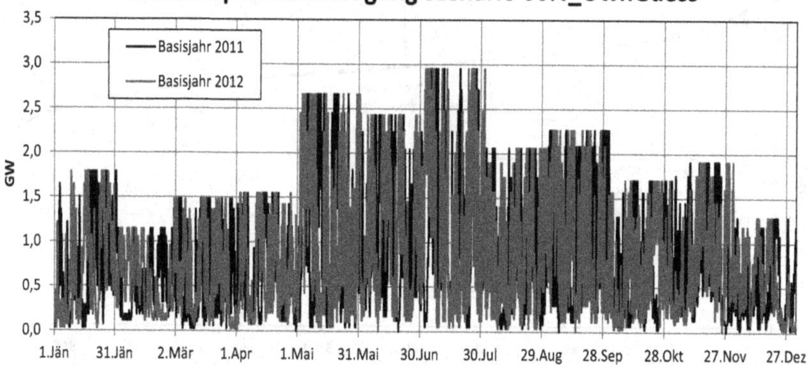

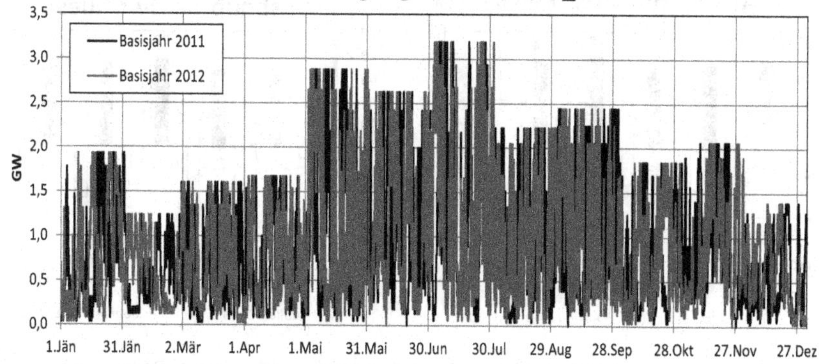

Abbildung 26: Wasser Speicher Zukunft OwnGuesss (Quelle: Eigene Darstellung)

4.3.8 *Ergebnisse Gesamtsystem*

In oberen Diagramm in Abbildung 27 sind die selbst berechneten JDL des Ausbaupfades BEE 2012 jenen der Fremdstudie von Krzikalla et al gegenübergestellt, um die Plausibilität der modellierten Daten zu prüfen. In der Fremdstudie wurde eine Simulation für ein Stromversorgungssystem mit Anteilen EE von 21%, 47% und 79% erstellt. Um die Ergebnisse direkt miteinander vergleichen zu können, wurden die Werte der Fremdstudie auf ein System mit Anteilen EE am BSV von 40%, 60% und 80% linear interpoliert.

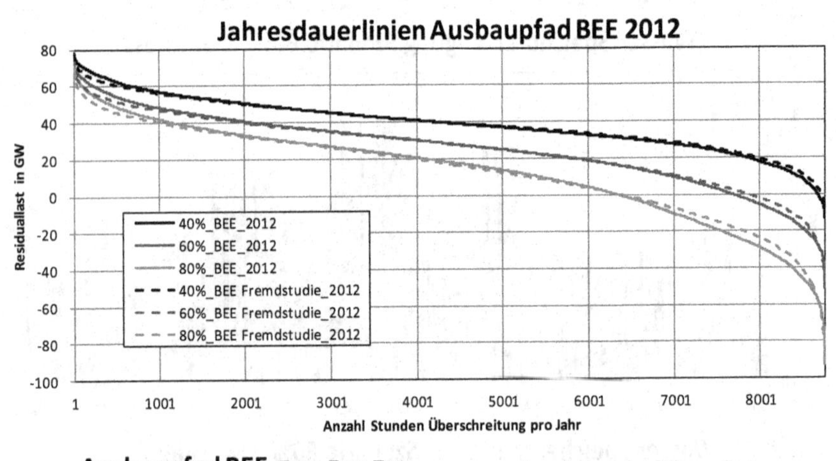

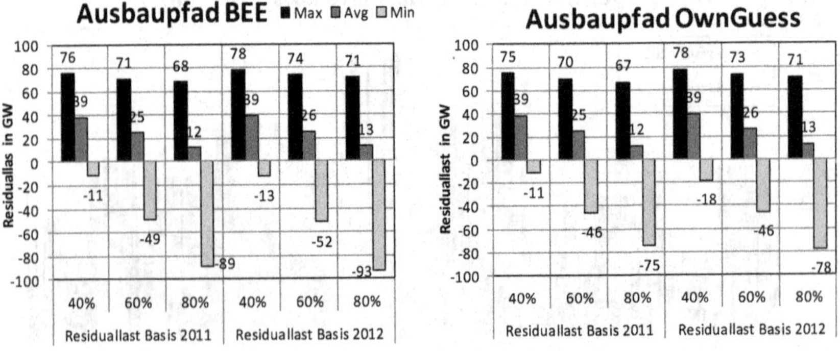

Abbildung 27: Stromsystem Zukunft Residuallastanalyse (Quelle: Eigene Darstellung).

Die JDL zeigen, dass die Ergebnisse kaum Unterschiede aufweisen, obwohl eine völlig unterschiedliche Simulationstechnik verwendet wurde, womit bestätigt werden kann, dass keine gröberen Fehler bei der Handhabung der großen Datenmengen passiert sind. Abgrenzungsmerkmal zur Fremdstudie und Mehrwert der eigenen Arbeit ist einerseits die gewählte Methodik zur Erstellung der Zeitreihen und andererseits die Abbildung mehrerer meteorologisch wirklich aufgetretener Jahre sowie zwei verschiedener Ausbaupfade.

Die bei unterschiedlichen Ausbaupfaden und meteorologischen Basisjahren entstehenden Dauerlinien der Residuallast weisen nur geringe Unterschiede auf, was unter anderem darauf zurückzuführen ist, dass die Residuallast stark vom Profil des BSV abhängt und in allen drei Jahren sowohl Perioden mit hoher als auch niedriger EE-Einspeisung vorkommen. Aus diesem Grund wurde auf eine separate Anführung der JDL des meteorologischen Basisjahres 2011 und des Ausbaupfades OwnGuess verzichtet und eine Fokussierung auf die Extremwerte der Kurven gelegt. Im unteren Diagramm in Abbildung 27 sind die Minima, Maxima und Mittelwerte aller 12 eigens berechneten Szenarien aufgetragen. Bei genauerer Betrachtung fällt auf, dass die Höhe der maximalen negativen Residuallasten beim Ausbaupfad OwnGuess insbesondere bei hohen Ausbaugraden EE wesentlich tiefer ist. Dieser Zusammenhang ergibt sich durch die geringere installierte Leistung von PV, welche in diesem Ausbaupfad durch eine wesentlich kleinere Windleistung mit höheren VLH ersetzt ist.

Zudem wird durch die Diagramme demonstriert, dass die maximale positive Residuallast durch den Ausbau EE nur sehr geringfügig reduziert werden kann. Sogar bei einem Anteil EE von 80% beträgt diese immer noch 67-71 GW. Dies ist auf den sogenannten Kapazitätseffekt zurückzuführen, welcher beschreibt, dass durch den Ausbau von einem MW fluktuierender Technologien wie Wind oder PV nur ein immens kleinerer

Anteil der Grundlast gedeckt werden kann.[91] Das bedeutet, dass im zukünftigen Stromversorgungssystem eine hohe Leistung flexibler Erzeuger und Verbraucher erforderlich sein wird, um den Stromverbrauch in wind- und sonnenarmen Zeiten zu decken.[92] Im Gegensatz dazu nimmt die minimale Residuallast stark ab und erreicht beim 80% Ziel bereits Werte in der Höhe von minus 75-93 GW. Diagramme mit dem stündlichen Verlauf von Bruttostromverbrauch, Summenerzeugung EE sowie der Residuallast sämtlicher Szenarien befinden sich im Anhang unter Punkt 10.1.

Situationen mit negativen Residuallasten treten bereits ab einem Anteil EE von 40%, allerdings in geringem Ausmaß von nur 50-117 Stunden pro Jahr, auf. Mit kontinuierlichem Ausbau steigt auch die Anzahl an Stunden mit Stromüberschüssen rapide an, bei 60% EE werden schon 1.035 bis 1.079 und bei 80% 2.263-2.614 Stunden erreicht. Neben der Gesamtanzahl an Stunden mit überschüssiger Stromerzeugung aus EE stellt sich natürlich auch die Frage, wie lange die Überschussphasen andauern. In Tabelle 8 sind Anzahl an Stunden und Perioden mit negativer Residuallast sowie die minimale, durchschnittliche und maximale Dauer von Überschussphasen für alle 12 Szenarien eingetragen.

Szenarioname	Anzahl Stunden mit RL<0	Perioden mit RL<0			
		Anzahl	Dauer Max	Dauer Avg	Dauer Min
40%_BEE_2011	50	13	9	4	1
40%_BEE_2012	96	17	14	6	1
40%_OwnGuess_2011	58	12	15	5	1
40%_OwnGuess_2012	117	18	16	7	1
60%_BEE_2011	1.035	157	39	7	1
60%_BEE_2012	1.075	155	53	7	1
60%_OwnGuess_2011	1.079	119	58	9	1
60%_OwnGuess_2012	1.057	112	76	9	1
80%_BEE_2011	2.614	270	86	10	1
80%_BEE_2012	2.418	241	87	10	1
80%_OwnGuess_2011	2.463	170	121	14	1
80%_OwnGuess_2012	2.263	197	90	11	1

Tabelle 8: Dauer von Phasen mit Stromüberschüssen (Quelle: Eigene Darstellung).

[91] Vgl. Neubarth, 2011, S.28

[92] Vgl. Krzikalla et al., S.18

Während die durchschnittliche Dauer bei 40% EE ca. 4-7 Stunden beträgt, entstehen bei 60% EE Perioden mit rund 7 bis 9 und bei 80% bereits 10 bis 14 Stunden. Die maximale Periodendauer reicht bei den Szenarien mit 80% EE sogar bis zu 121 Stunden, was einer Dauer von etwa 5 Tagen entspricht und auf eine Phase mit hoher Winderzeugung zurückzuführen ist. An der Anzahl und der Dauer der Perioden sind Unterschiede zwischen den beiden Ausbaupfaden sehr gut zu erkennen. Während beim Ausbaupfad BEE bedingt durch die hohe Leistung der PV und der Charakteristik der Globalstrahlung sehr viele kurze Überschussphasen auftreten, entstehen bei OwnGuess wesentlich weniger Überschussperioden, dafür aber mit längerer Dauer.

In Abbildung 28 werden die stündlichen Profile aller Erzeugungstechnologien und des BSV für je zwei Winter- und Sommerwochen des Szenarios BEE 2011 dargestellt. An dieser Stelle soll gleich angemerkt werden, dass die Achsenskalierung bei 80% EE aus Übersichtsgründen bewusst höher als bei 40 und 60% EE gewählt wurde. Im Anhang unter 10.1 befinden sich die detaillierten Diagramme der restlichen Szenarien. Bei 40% EE ist das Auftreten von negativen Residuallasten nur bei Kombination aus hoher Wind- und PV-Erzeugung mit Schwachlastzeiten (Nacht, Wochenende und Feiertage) möglich und wird folglich primär durch den Bruttostromverbrauch gesteuert. Bei 60% und 80% EE sind die installierten Leistungen bereits derartig hoch, dass die Summenerzeugung EE den Stromverbrauch auch in Zeiten hoher Nachfrage überschreiten kann. Dies ist sehr gut an den Photovoltaikspitzen zu erkennen, die bei hoher Globalstrahlung gepaart mit mäßiger Windleistung bereits die Stromlast überschreiten und für kurzzeitige Stromüberschüsse sorgen.

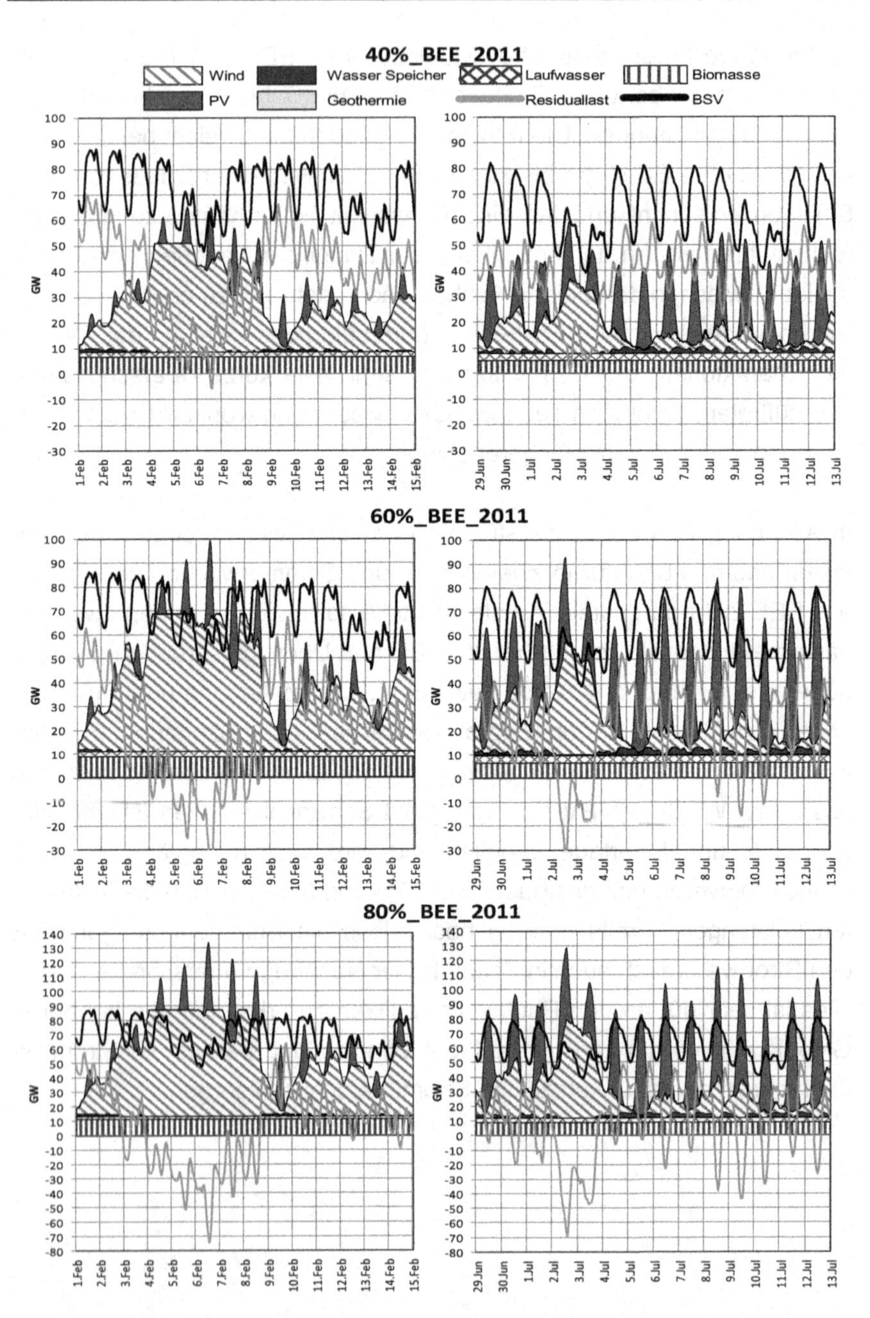

Abbildung 28: Stromsystem Zukunft BEE 2011 Detail (Quelle: Eigene Darstellung).

Beim Ausbaupfad BEE und 80% EE wird an jedem Tag des in der Grafik abgebildeten Sommerzeitraums zumindest in einigen Mittagsstunden allein durch die PV-Einspeisung eine negative Residuallast erreicht. Beim Ausbaupfad OwnGuess (siehe Anhang Abbildung 81) sind die Photovoltaikspitzen deutlich weniger ausgeprägt, weshalb zumindest eine Kombination aus einigermaßen hoher Wind- und Photovoltaikeinspeisung benötigt wird, um zu Peakzeiten negative Residuallasten zu erreichen. Im Winter hingegen ist die Residuallast im Ausbaupfad OwnGuess aufgrund der höheren Windausbauleistung beinahe kontinuierlich tiefer als beim Szenario BEE. Auf der Grafik auch sehr gut zu erkennen ist die im vorherigen Kapitel angesprochene mehrtägige Periode mit hoher Windeinspeisung im Februar des Jahres 2011. Als Abschluss dieses Kapitels werden die wichtigsten Kennzahlen und Ergebnisse aller Szenarien in Tabelle 9 nochmals zusammengefasst.

Szenarioname	Residuallast [MW]		EE Erzeugung [MW]		EE-Erzeugung [TWh]	Stromüberschüsse [TWh]	Anzahl Stunden RL<0	Anzahl Perioden RL<0
	Max	Min	Max	Min				
40%_BEE_2011	75.791	-11.138	80.335	9.124	231,49	0,16	50	13
40%_BEE_2012	77.958	-12.537	73.420	9.423	227,85	0,39	96	17
40%_OwnGuess_2011	75.246	-11.456	76.281	9.486	231,83	0,24	58	12
40%_OwnGuess_2012	77.551	-18.176	70.684	9.775	227,85	0,72	117	18
60%_BEE_2011	70.913	-48.524	124.024	12.145	342,22	12,25	1.035	157
60%_BEE_2012	73.739	-51.638	115.573	12.571	336,45	13,55	1.075	155
60%_OwnGuess_2011	70.251	-45.938	114.474	12.560	343,05	13,43	1.079	119
60%_OwnGuess_2012	73.414	-45.647	105.479	12.919	336,45	14,90	1.057	112
80%_BEE_2011	67.919	-88.947	165.680	15.575	460,81	55,57	2.614	270
80%_BEE_2012	71.491	-93.135	156.000	15.685	452,72	55,79	2.418	241
80%_OwnGuess_2011	67.092	-74.720	147.250	15.958	462,34	58,43	2.463	170
80%_OwnGuess_2012	71.282	-77.586	142.976	15.975	452,72	55,62	2.263	197

Tabelle 9: Stromsystem Zukunft Ergebnisübersicht (Quelle: Eigene Darstellung).

5 Wärmenachfrage in Deutschland

Nach Ausarbeitung des Angebots überschüssigen Wind- und Photovoltaikstroms bei verschiedenen Anteilen EE am BSV soll nun die Wärmenachfrage getrennt betrachtet werden. Dabei wird zunächst eine grobe Übersicht über den Gesamtwärmebedarf Deutschlands gegeben, um im nächsten Schritt detailliert auf den Verbrauch von Fernwärmenetzen einzugehen. Zusätzlich wird geschildert, welcher Anlagenbestand gegenwärtig zur Deckung des Fernwärmebedarfs besteht und Zukunftsszenarien für die Entwicklung von Fernwärmenetzen aufgezeigt. Abschließend wird mit den gewonnenen Erkenntnissen ein stundenscharfer Fernwärmelastgang für Deutschland der Jahre 2011 und 2012 modelliert.

5.1 Endenergieverbrauch nach Nutzungsart

Der Endenergieverbrauch in Deutschland betrug im Jahr 2012 etwa 9.000 Petajoule, was umgerechnet 2.500 TWh entspricht.[93] Ungefähr die Hälfte dieses Anteils wird als Wärme (Prozesswärme, Raumwärme, Warmwasser) verbraucht, der restliche Anteil fällt mit ca. 30% auf Kraftstoffe für den Verkehr und mit ca. 20% auf Strom.[94] Den eindeutig größten Anteil am Endenergieverbrauch hat somit nicht wie häufig vermutet elektrische Energie, sondern Wärme in seinen verschiedenen Anwendungsformen. Das rein theoretische Potential zur Speicherung von Stromüberschüssen im vehement größeren Wärmesektor ist also riesig und könnte neben einer sinnvollen Verwendung der Stromüberschüsse gleichzeitig dazu genutzt werden, den Anteil EE im Wärmesektor, welcher von fossilen Rohstoffen wie Öl oder Gas dominiert wird, zu erhöhen.

[93] Vgl. Arbeitsgemeinschaft Energiebilanzen e.V., 2013, S.5

[94] Vgl. URL: http://www.umweltbundesamt.de/daten/energiebereitstellung-verbrauch/anteile-der-energieformen-strom-waerme-kraftstoffe [02.03.2014].

5.2 Energieverbrauch in Fernwärmenetzen

Unter Nah- und Fernwärme wird Wärme verstanden, welche an einer zentralen Stelle durch Erwärmung von Wasser entsteht und über Rohrleitungssysteme zum Endverbraucher transportiert wird. Eine intensive Anwendung dieser Energieform ist in Deutschland ca. ab 1950 entstanden.[95] Gegenwärtig bestehen in nahezu allen deutschen Städten mit mehr als 100.000 Einwohnern Fernwärmenetze unterschiedlicher Größe. Zu den größten Netzen gehören unter anderem jene der Städte Berlin, Hamburg und Mannheim. Insgesamt existieren etwa 1.400 Netze mit einer Gesamtlänge von ca. 19.000 Kilometern.[96]

Der Anteil von Fernwärme am Endenergieverbrauch betrug in den vergangenen 10 Jahren etwa 5% und somit rund 450 PJ oder 125 TWh.[97] Der Marktanteil von Fernwärme im Wärmesektor liegt bei ca. 10% und spielt verglichen mit Öl (25,4%) und Gas (40,1%) eine nur untergeordnete Rolle.[98] Die von Wärmekraftwerken zu erzeugende Energiemenge zur Deckung dieses Fernwärmebedarfs ist höher als die erwähnten 125 TWh, weil bis zur Übergabe der Wärme beim Endverbraucher Verluste auftreten. Eine Erhebung der Arbeitsgemeinschaft für Wärme und Heizkraftwirtschaft (AGFW) ergab, dass diese Verluste im Schnitt ca. 12% betragen.[99] Abbildung 29 zeigt den historischen Verlauf des Fernwärmeendenergiebedarfs aufgetrennt nach Sektoren sowie den prozentualen Anteil am Endenergieverbrauch. Im Jahr 2012 haben Haushalte ca. 42%, die Industrie ca. 38% und der Sektor GHD ca. 20% des Fernwärmebedarfs ausgemacht.

---

[95] Vgl. Kröfges et al., 2008, S.428

[96] Vgl. Paar et al., 2013, S.22

[97] Vgl. Arbeitsgemeinschaft Energiebilanzen e.V., 2013, S.5

[98] Vgl. Wulf et al., 2012, S.14

[99] Vgl. AGFW, 2013, S.15

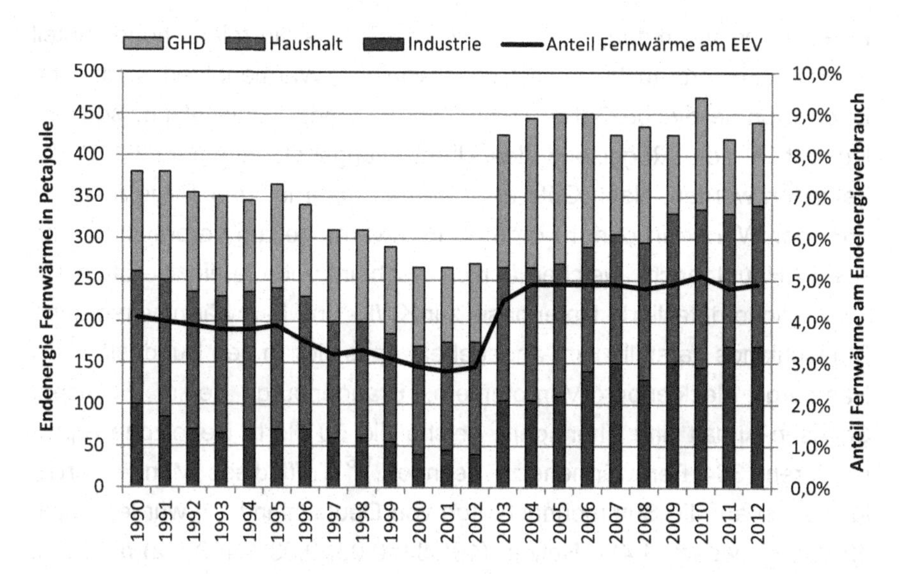

Abbildung 29: Fernwärmebedarf 2003-2012 (Quelle: Eigene Darstellung, Daten entnommen von AGFW, 2013, S.43).

Die installierte Wärmeengpassleistung in Fernwärmenetzen beträgt laut Krzikalla et al.[100] und Forster[101] ca. 65 GW, der BDEW beziffert die Leistung für das Jahr 2011 mit 60 GW.[102] Der Begriff der Wärmeengpassleistung darf keinesfalls mit der Spitzenlast verwechselt werden, welche dem maximalen Verbrauchswert durch Fernwärmekunden entspricht. Die Spitzenlast ist kleiner als die installierte Wärmeengpassleistung, weil die Last zu jeder Zeit durch die vorhandene Wärmeerzeugungsanlagen gedeckt werden muss und folglich Leistungsreserven erforderlich sind, um die Versorgungssicherheit auch bei Ausfällen kontinuierlich gewährleisten zu können.[103]

---

[100] Vgl. Krzikalla et al., 2013, S.36

[101] Vgl. Forster, S.2, 2014

[102] Vgl. BDEW, 2012, S.11

[103] Vgl. Mattausch, 2006, S.33ff.

Es kann die Vermutung angestellt werden, dass ein relativ hoher Anteil des Gesamtverbrauchs in nur sehr wenigen Wärmenetzen stattfindet. Leider konnte diesbezüglich keine Zahl für ganz Deutschland, sondern lediglich für die Regelzone des Übertragungsnetzbetreibers 50 Hertz, gefunden werden. Nach Götz et al werden innerhalb der Regelzone ca. 76% der Wärme in den 10 größten Fernwärmenetzen verbraucht.[104] Im AGFW Hauptbericht, welcher jährlich erscheint und die einzige öffentlich zugängliche detaillierte Datenbasis zur KWK- und Fernwärmeversorgung Deutschlands darstellt, wird angegeben, dass sich in den Bundesländern Hamburg, Mecklenburg-Vorpommern, Brandenburg, Berlin, Sachsen, Sachsen-Anhalt und Thüringen, welche die 50 Hertz Regelzone repräsentieren, 384 Fernwärmenetze befinden.[105] Trifft diese Mengenverteilung auch auf die Summennachfrage von Deutschland zu, würden in ca. 42 von insgesamt 1.400 Netzen (10/384=0,03; 0,03*1.400=42) rund drei Viertel der Gesamtfernwärmenachfrage stattfinden. Für die Technologie P2H würde dies bedeuten, dass durch die Installation von EHK in nur wenigen Fernwärmenetzen bereits große Mengen an überschüssigen Strom integriert werden könnten.

5.3 Verbrauchsprofile von Fernwärmenetzen

Der Verbrauch von Wärme in Fernwärmesystemen wird wesentlich von der Außentemperatur beeinflusst. Temperaturunempfindliche Bestandteile des Lastgangs, wie der Bedarf an Warmwasser und Prozesswärme, haben in den meisten Netzen einen geringeren Einfluss auf den Gesamtbedarf.[106] Zur Beleuchtung typischer Lastprofile wurde der stündliche Fernwärmelastgang einer mitteuropäischen Stadt, welche freundlicherweise über den Zeitraum von einem Kalenderjahr inklusive der gemessenen Tagesmitteltemperaturen zur Verfügung gestellt wurden, analysiert. Aus Datenschutzgründen wird der Name der Stadt nicht genannt und von

[104] Vgl. Götz et al., 2013a, S.6

[105] Vgl. AGFW, 2013, S.30ff.

[106] Vgl. Wünsch et al., 2011, S.15

nun an als „Musterstadt“ bezeichnet. Als weitere Schutzmaßnahme werden nur die relativen Profilverläufe in % der Maximallast des jeweiligen Jahres und nicht in MW veranschaulicht. Weil das Fernwärmenetze gegebenenfalls Sonderheiten aufweisen könnte, die nicht dem Durchschnitt entsprechen, wurde das Profile zusätzlich mit einem von Wünsch et al veröffentlichten typischen stündlichen Fernwärmelastgang verglichen.[107] Das meteorologische Herkunftsjahr der Lastkurven wird in der Veröffentlichung nicht angegeben. Abbildung 30 zeigt den Vergleich dieser typischen Lastkurve mit jenen von Musterstadt sowie die stattgefundenen Tagesmitteltemperaturen.

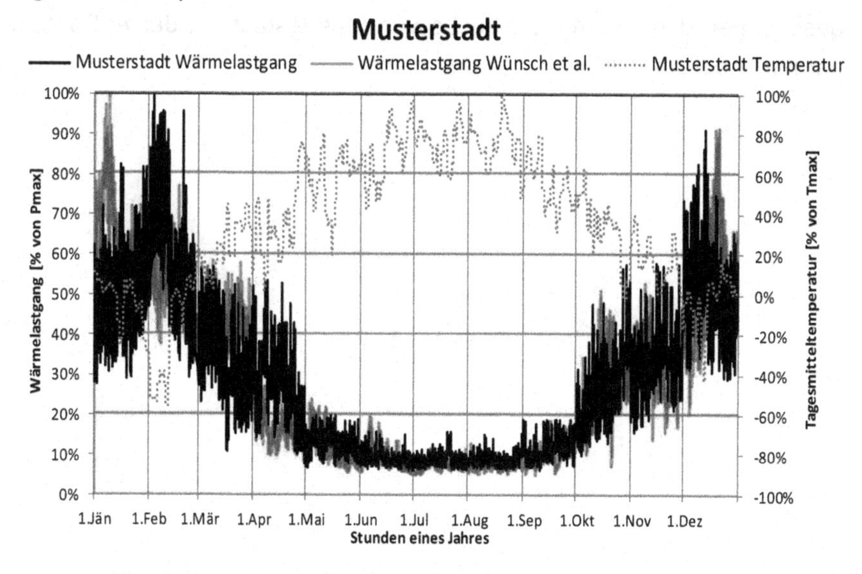

Abbildung 30: Typischer stündlicher Fernwärmelastgang (Quelle: Eigene Darstellung, Daten entnommen von Wünsch et al., 2011, S.15).

Es ist zu erkennen, dass die Lastgänge von Musterstadt und Wünsch et al nicht dem gleichen meteorologischen Jahr entstammen können, weil die Lastspitzen eindeutig zu anderen Zeitpunkten auftreten. Dennoch stimmig ist der saisonale Verlauf der Abnahmeleistung, welcher in den

[107] Vgl. Wünsch et al., 2011, S.15

Sommermonaten ein Minimum von etwa 5-10% und im kältesten Wintermonat in nur wenigen Stunden Werte von über 90% erreicht. Weil die Lastgänge hinsichtlich der saisonalen Spitzen und Senken sehr gut mit jenem von Wünsch et al übereinstimmen, wird davon ausgegangen, dass die Charakteristik des Fernwärmenetzes von Musterstadt einem durchschnittlichen Fernwärmenetz sehr nahe kommt und deshalb auch für die Durchführung von Regressionsanalysen geeignet ist.

Wie sehr der Wärmeverbrauch mit der Außentemperatur korreliert zeigt eine einfache Regressionsanalyse der Zusammenhänge zwischen Tagessummen des Wärmeverbrauchs von Musterstadt mit der Außentemperatur (Abbildung 30).

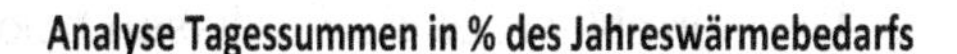

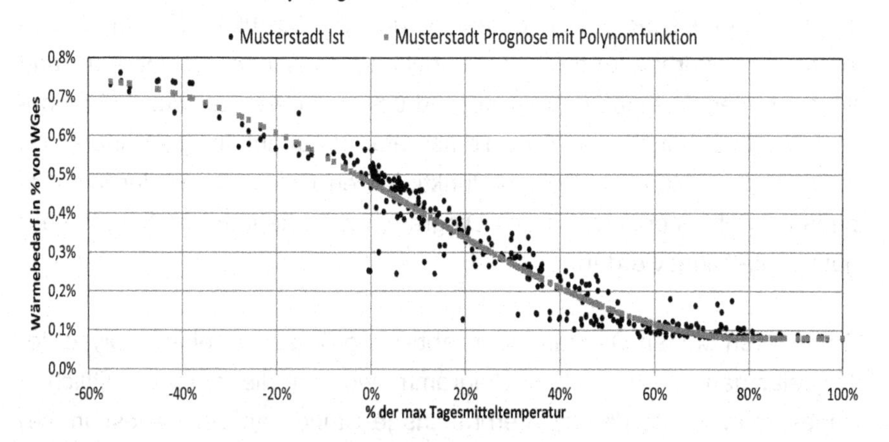

Analyse Tagesprofil Stunde 1 bis Stunde 24

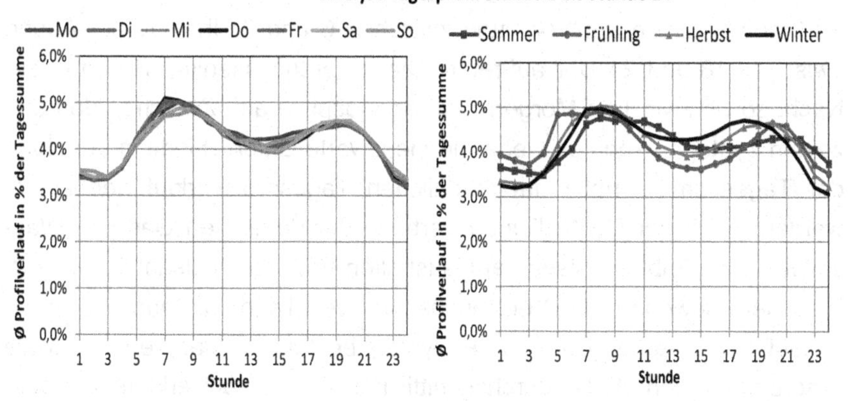

Abbildung 31: Temperaturabhängigkeit und Tagesprofil Musterstadt (Quelle: Eigene Darstellung).

Jeder der 365 Punkte im Diagramm[108] entspricht den Temperatur- und Verbrauchsverhältnissen eines Tages. Auf der y-Achse aufgetragen ist der prozentuale Anteil der Tagessumme des Wärmeverbrauchs am Gesamtwärmeverbrauch des Jahres. Die x-Achse kennzeichnet die Differenz zwischen der tagesmittleren Außentemperatur und einer Innentem-

[108] Weil das Jahr 2012 ein Schaltjahr mit 366 Tagen ist, wurde der 29 Februar aus den Daten entfernt

peratur von 20°C. Die Korrelation zwischen diesen beiden Parametern ist am Diagramm sehr gut zu erkennen und beträgt 95%. Es wurde versucht, den vorhandenen Zusammenhang zwischen Temperatur und Wärmebedarf in einer Formel auszudrücken, in welcher der Wärmebedarf (y) als abhängige und die Temperatur als unabhängige Variable (x) definiert sind. Mit einer Polynomfunktion 3ten Grades kann der Wärmebedarf von Musterstadt, wie im Diagramm zu erkennen ist, bereits sehr gut nachgebildet werden.

Die unteren beiden Diagramme in Abbildung 31 zeigen eine Analyse der Tageslastgänge. Am linken Diagramm werden die durchschnittlichen Tagesprofilverläufe (% des Verbrauchs je Stunde an der Tagessumme) für jeden Typtag getrennt dargestellt. Es ist sehr gut zu erkennen, dass Verbrauchsspitzen am Vormittag zwischen 6 und 9 Uhr und am Abend zwischen 18 und 21 Uhr auftreten. Die Verbrauchssenken finden in der Nacht sowie zwischen Morgen- und Abendspitze auf. Zwischen den einzelnen Typtagen konnten weder nennenswerte Unterschiede in der Höhe der Tagessumme noch am stündlichen Tagesprofilverlauf beobachtet werden. Auch der BGW (Bundesverband der deutschen Gas und Wasserwirtschaft) gibt an, dass bei Haushalten und haushaltsähnlichen Verbrauchern sowohl in der Verbrauchshöhe des Tages als auch im Profilverlauf keine Abhängigkeit vom Typtag besteht.[109] Das rechte untere Diagramm illustriert die durchschnittlichen Tagesprofilverläufe getrennt nach Jahreszeiten.[110] Die Charakteristik der Tagesspitzen bleibt in allen Jahreszeiten erhalten, geringfügige Unterschiede ergeben sich aber in der Ausprägung der Verbrauchsspitzen- und Senken, was auf eine Abhängigkeit des Profilverlaufs von der Außentemperatur hinweist.[111]

---

[109] Vgl. Bundesverband der deutschen Gas- und Wasserwirtschaft, 2007, S.86

[110] Winter = Dez-Feb, Sommer = Jun-Aug, Herbst = Sep-Nov, Frühling = Mär-Mai

[111] Vgl. Ritter et al., 2012, S.17

5.4 Anlagenbestand zur Deckung des Fernwärmebedarfs

Bei Erzeugungsanalgen für Fernwärme wird zwischen Heizwerken und Heizkraftwerken unterschieden. In Heizkraftwerken, häufig auch als KWK-Kraftwerke bezeichnet, wird anders als bei reinen Heizwerken neben Wärme zusätzlich noch Strom produziert, was in einem hohen Brennstoffausnutzungsgrad resultiert.[112] Nach Ihle und Prechtl beträgt der Anteil von KWK an der Gesamtfernwärmeerzeugung ca. 70-75%[113], Paar et al. beziffert den Anteil in einer Studie für den AGFW mit 82-83% deutlich höher.[114] Der BDEW gibt den Anteil der KWK an der Wärmeversorgung für 2011 mit 69% an.[115]

Als Brennstoffe für Heiz- und Heizkraftwerke stehen eine Reihe fossiler und biogener Brennstoffe wie Erdgas, Flüssiggas, Heizöl, Kohle, Holzbrennstoffe, Pflanzenöl, Biodiesel, Deponiegas, Müll oder erneuerbare Energien wie Geothermie und Solarthermie zur Verfügung.[116] Dass nur einige der genannten Brennstoffe im großen Stil eingesetzt werden zeigen die beiden oberen Kuchendiagramme in Abbildung 32 getrennt für Heizwerke und Heizkraftwerke für das Jahr 2012. Bei beiden nimmt Erdgas mit einem Anteil von 67% bei Heizwerken und 42% bei Heizkraftwerken eine klare Vorreiterrolle ein.[117] Genauso wie bei den Brennstoffen besteht bei den Möglichkeiten einzusetzender Technologien bei der KWK eine hohe Brandbreite, die von einfachen Verbrennungsmotoren, die häufig als Blockheizkraftwerke bezeichnet werden, bis hin zu Gasturbinen, Gas- und Dampfturbinen, Brennstoffzellen und Stirlingmotoren reicht.[118] Bei der Literaturrecherche konnte eine Auftrennung der Anzahl eingesetzter Technologien und dessen Anteil an der Gesamtwärmeer-

---

[112] Vgl. Kröfges et al., 2008, S.429

[113] Vgl. Ihle und Prechtl, 2010, S.481

[114] Vgl. Paar et al., 2013, S.22

[115] Vgl. BDEW, 2012, S.11

[116] Vgl. Krimmling, 2011, S.28ff.

[117] Vgl. AGFW, 2013, S.24f.

[118] Vgl. Schmitz und Schaumann, 2005, S.7

zeugung für das Jahr 2012 für Verbandsmitglieder des AGFW ausfindig gemacht werden (Abbildung 32, untere zwei Diagramme).

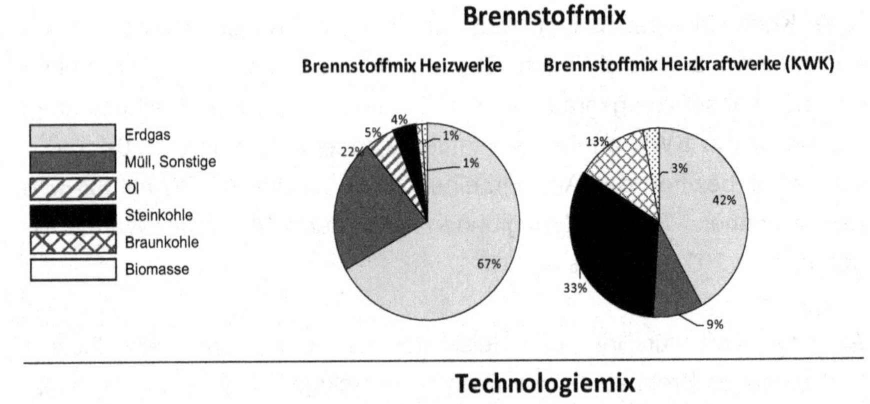

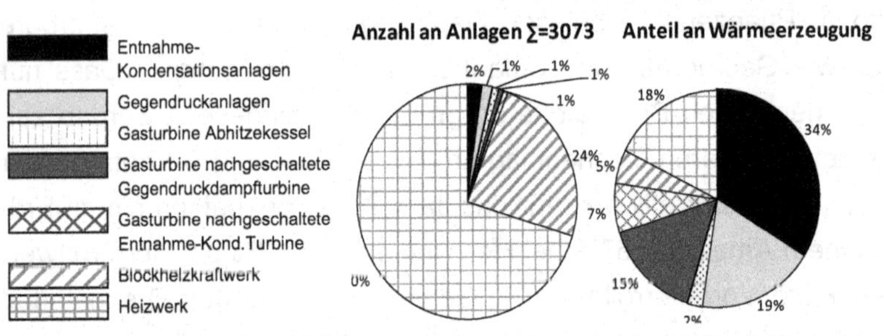

Abbildung 32: Brennstoff- und Technologiemix in Fernwärmenetzen (Quelle: Eigene Darstellung. Daten entnommen aus AGFW, 2012, S.17ff.).

Insgesamt gibt es ca. 3.073 beim AGFW registrierte Wärmeerzeugungsanlagen. Obwohl mit 2.157 Heizwerken (70%) eine hohe Anzahl an Einheiten besteht, wird von diesen mit ca. 18% ein nur geringer Anteil des Wärmebedarfs gedeckt, weshalb die durchschnittliche Leistung je Anlage relativ gering sein dürfte. Das gleiche Bild zeigt sich bei den Blockheizkraftwerken, die mit 730 Stück (24%) ebenfalls stark vertreten sind aber nur 5% des Gesamtwärmebedarfs aufbringen. Im Gegensatz dazu tragen die mit 186 Anlagen mengenmäßig schwach vertreten Entnahme-Kondensationsanlagen, Gegendruckanlagen, Gasturbinen sowie Gas-

und Dampfturbinen einen sehr hohen Anteil an der Wärmeaufbringung. Mit nur 186 zentralen Kraftwerken, was 6% der Gesamtanzahl an Wärmeerzeugungsanlagen entspricht, wurden 77% des gesamten Wärmebedarfs bereitgestellt.[119]

5.5 Zukünftige Entwicklung des Fernwärmebedarfs

Es gibt eine Vielzahl verschiedener Szenarien für die zukünftige Entwicklung des Fernwärmebedarfs. In nahezu allen untersuchten Szenarien wird davon ausgegangen, dass der Endenergiebedarf für Raumwärme, Warmwasser und Prozesswärme um 30-70% reduziert werden kann.[120] Eine weitere Gemeinsamkeit ist die Annahme einer deutlichen Erhöhung des Anteils erneuerbarer Energien in der Fernwärmeversorgung und am Gesamtendenergieverbrauch.[121] Ob der Endenergieverbrauch in Fernwärmenetzen in den einzelnen Szenarien zu- oder abnimmt, entscheidet sich einerseits durch die Annahme über die bereits erwähnte Reduktion des Energiebedarfs für Raumwärme, Warmwasser und Prozesswärme und andererseits durch den Ausbau von vorhandenen sowie die Erschließung neuer Nah- und Fernwärmenetze. Vorangetrieben wird dieser Ausbau derzeit durch die gesetzliche Förderung von KWK-Anlagen, Wärmenetzen und Wärmespeichern.[122] Es bestehen deshalb sowohl Szenarien für eine steigende als auch für eine sinkende Entwicklung des Endenergieverbrauchs von Fernwärme (Abbildung 33).

[119] Vgl. AGFW, 2013, S.17
[120] Vgl. Paar et al., 2013, S.31
[121] Vgl. Paar et al., 2013, S.36
[122] Vgl. Schulz und Brandstätt, 2013, S.51f.

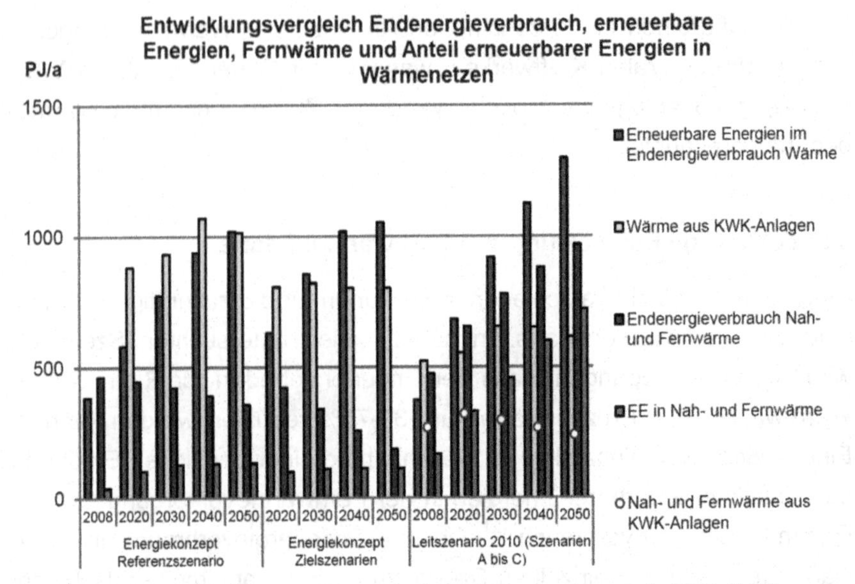

Abbildung 33: Zukunftsszenarien Fernwärmebedarf (Quelle: Paar et al., 2014, S.36).

Während der Endenergieverbrauch für Fernwärme in den Szenarien „Energiekonzept Referenzszenario" und „Energiekonzept Zielszenarien" fällt, kommt es im Szenario „Leitszenario 2010" zu einer deutlichen Erhöhung.[123] Aufgrund der weit gestreuten Szenarien über die Entwicklung der Fernwärme wurde für die weitere Abhandlung in dieser Masterarbeit angenommen, dass sich der Endenergiebedarf für Fernwärme zukünftig in etwa auf dem gleichen Niveau wie in den Jahren 2011 und 2012 bei ca. 450 PJ (125 TWh) befinden wird.[124] Die Reduktion des Endenergiebedarfs bei Privathaushalten und in der Industrie durch Effizienzsteigerungen wird in diesem Fall durch den Ausbau und die neue Erschließung von Nah- und Fernwärmenetzen kompensiert.

[123] Vgl. Paar et al., 2013, S.36

[124] Vgl. Arbeitsgemeinschaft Energiebilanzen e.V., 2013, S.5

5.6 Stündlicher Fernwärmelastgang Deutschland

Abschließend gilt es, mit den gewonnenen Erkenntnissen ein stündliches Profil für den bundesweit aggregierten Fernwärmelastgang für die Jahre 2012 und 2011 zu modellieren.

5.6.1 Methodik

Um die Plausibilität der Ergebnisse zu gewährleisten, wurden mit dem Standardlastprofilverfahren (SLP Modell) und einem selbst entwickelten Regressionsverfahren (REG Modell) zwei unterschiedliche und voneinander getrennte Ansätze zur Modellierung der stündlichen Zeitreihen gewählt. Bei beiden Varianten wurde der jährliche Fernwärmebedarf, welcher aus Statistiken bekannt ist, über einen Top-Down Ansatz zunächst auf Tagessummen und im nächsten Schritt auf Stundenwerte heruntergebrochen.

5.6.1.1 SLP Modell

Bei dem Ansatz „SLP Modell" wurde ein in der Praxis anerkanntes Standardlastprofilverfahren, welches vom BGW (Bundesverband der deutschen Gas- und Wasserwirtschaft) veröffentlicht wurde, angewandt. Diese Methode wurde von der TU München zur Berechnung des Bedarfs von nicht-leistungsgemessenen Gaskunden entwickelt.[125] Weil die Gaslieferung in diesem Verfahren abhängig vom Kundentyp hauptsächlich zur Erzeugung von Wärme berücksichtigt wird, können damit nach Ritter et al. zuverlässige Lastprofile für den Wärmesektor erstellt werden.[126] Insgesamt wurden in dem Verfahren für 14 typische Kundentypen (z.B.: Ein- oder Mehrfamilienhaushalt, Einzelhandel, Großhandel, Metall, Papier & Druck, etc.) Standardlastprofile generiert, welche über wissen-

---

[125] Vgl. BDEW, 2013, S.94

[126] Vgl. Ritter et al., 2012, S.6

schaftliche Analysen einer Vielzahl von leistungsgemessenen Verbrauchern der jeweiligen Abnahmegruppen ermittelt wurden.[127]
Benötigte Eingangsgrößen, um das „SLP Modell" anwenden zu können, sind eine repräsentative Temperaturzeitreihe, der Gesamtenergiebedarf über einen definierten Zeitraum sowie eine Aufteilung des Gesamtenergiebedarfs nach Kundentyp.[128] Im Verfahren wurden für jede Abnahmegruppe unterschiedliche Temperaturabhängigkeiten über sogenannte Sigmoidfunktionen, welche den Zusammenhang zwischen Außentemperatur und Tagessumme des Verbrauchs darstellen, abgebildet. Zudem wurden kundenspezifische Wochentagsfaktoren, welche die Abhängigkeit des Gas- bzw. Wärmebedarfs vom Typtag darstellen, ausgearbeitet. Um abschließend ein stündliches Profil berechnen zu können, werden typtag- und außentemperaturabhängige Tagesprofileverläufe angegeben.[129]

Zur Berechnung eines stündlichen aggregierten Fernwärmelastgangs für Deutschland müssen möglichst reale Verbrauchsgruppen gewählt werden. Weil nicht bekannt ist, welche Kundentypen welchen Anteil am Gesamtfernwärmebedarf haben, ist nur eine vereinfachende Berechnung über öffentlich zugängliche Cluster möglich. Hier wurde eine Aufteilung in die drei Sektoren Haushalte, Industrie und GHD gewählt, welche in Statistiken veröffentlicht wird (siehe Abbildung 29, S.77). Für jeden der drei Sektoren wurden also ein eigenes für Deutschland aggregiertes Profil berechnet, wobei dem Sektor Haushalte 42%, der Industrie 38% und GHD 20% des gesamten Fernwärmeverbrauchs zugeteilt wurden.

5.6.1.2 REG Modell

Im eigenen Regressionsmodell wurden die an Musterstadt erkannten und in Kapitel 5.3 erläuterten Zusammenhänge angewandt, um wie im Standardlastprofilverfahren den Gesamtfernwärmebedarf eines definierten

[127] Vgl. BDEW, 2013, S.94
[128] Vgl. Ritter et al., 2012, S.6ff.
[129] Vgl. Bundesverband der deutschen Gas- und Wasserwirtschaft, 2007, S.45ff.

Zeitraums über Außentemperaturen und Typtage zunächst auf Tagessummen und dann über Tagesprofilverläufe auf Stundenwerte herunterzubrechen. Beim „REG Modell" wird also unterstellt, dass der charakteristische Lastgang von Musterstadt dem durchschnittlichen deutschen Fernwärmenetz nahe kommt und deshalb eine Übertragung der erkannten Zusammenhänge auf ganz Deutschland einer zulässigen Approximation entspricht. Eine Aufteilung in Kundengruppen bzw. Sektoren wie beim SLP Modell wurde bei diesem Verfahren nicht getroffen. Gerade aufgrund der unterschiedlichen Anteile von Haushaltskunden, gewerblicher Kunden und Industriekunden in Fernwärmenetzen sowie den individuellen Witterungsbedingungen von Musterstadt ist die wissenschaftliche Gültigkeit dieser Variante fraglich. Dennoch kann das Verfahren wertvolle Ergebnisse liefern, die insbesondere zum Vergleich und zur Plausibilisierung des berechneten Stundenlastgangs mit dem „SLP Modell" nützlich sind.

5.6.2 Temperatur

Wichtigste Basis für die Generierung der Stundenwerte beider Modelle ist die Verwendung von Temperaturdaten, welche für das untersuchte Netzgebiet möglichst repräsentativ sind.[130] Weil ein Fernwärmelastgang für ganz Deutschland gebildet werden soll, müsste idealerweise eine Temperaturzeitreihe gewichtet nach den Fernwärmeverbrauchszentren verwendet werden, wofür einerseits Temperaturwerte verschiedener Messstellen und andererseits geografisch gesplittete Fernwärmeverbrauchsdaten erforderlich sind. Im Hauptbericht des AGFW des Jahres 2012 wird die Wärmenetzeinspeisung in Fernwärmenetzen geclustert nach Bundesland angegeben.[131] Temperaturdaten in Form von Tagesmittelwerten werden auf der Website des Deutschen Wetterdienstes von 78 Messstationen vom heutigen Tag bis Jahrzehnte in die Vergangenheit kostenlos

[130] Vgl. BDEW, 2013, S.15
[131] Vgl. AGFW, 2013, S.9

zur Verfügung gestellt.[132] Weil die Daten über die geografische Aufteilung der Fernwärmenetzeinspeisung nur nach Bundesland zur Verfügung stehen, wurde für jedes Bundesland eine repräsentative Temperaturstation des Deutschen Wetterdienstes ausgewählt. Durch einfaches Ausmultiplizieren des prozentualen Fernwärmeverbrauchs je Bundesland mit der Tagesmitteltemperatur der dazugehörigen Messstation entsteht eine gewichtete geometrische Reihe, welche der nach Fernwärmelast gewichteten deutschen Tagesmitteltemperatur entspricht. In Abbildung 34 links oben ist der Anteil der Bundesländer an der Gesamtfernwärmeeinspeisung Deutschlands[133] visualisiert. In der Deutschlandkarte rechts oben ist für jedes Bundesland eine repräsentative Temperaturmessstation des Deutschen Wetterdienstes eingezeichnet. Die verwendete gewichtete Tagesmitteltemperatur berechnet sich durch das Summenprodukt zwischen dem prozentualen Fernwärmeanteilen und Tagesmitteltemperaturen über alle Bundesländer. Den stärksten Einfluss auf das Ergebnis haben die Tagesmitteltemperaturen der Messstation in Düsseldorf, weil im Bundesland Nordrhein-Westfalen mit über 20% die höchste Fernwärmeeinspeisung stattfindet.[134] Für 2011 wurde die Bildung der Temperaturzeitreihen analog wie hier für 2012 beschrieben durchgeführt.

[132] Deutscher Wetterdienst, URL: http://www.dwd.de [29.03.2014].

[133] Vgl. AGFW, 2013, S.9

[134] Vgl. AGFW, 2013, S.9

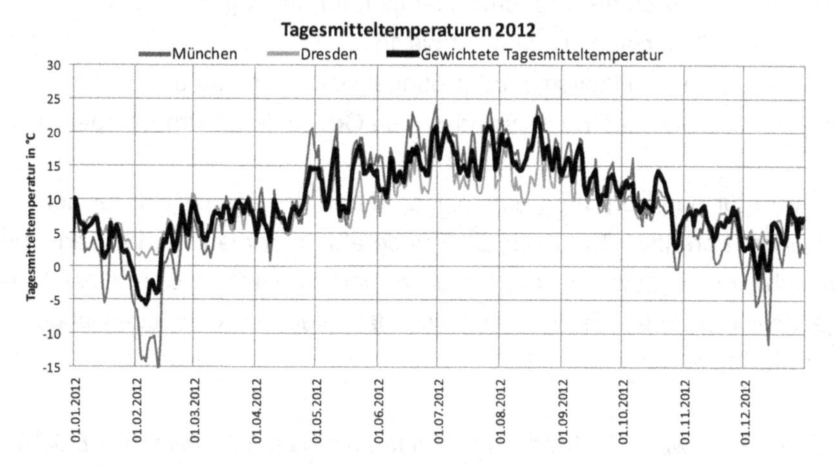

Abbildung 34: Tagesmitteltemperatur Deutschland gewichtet (Quelle: Eigene Darstellung, Daten entnommen aus: AGFW, 2013, S.9 und DWD, URL: http://www.dwd.de [29.03.2014]).

Die Vorgehensweise der Berechnung kann auch durch Formel 1 ausgedrückt werden. Im unteren Diagramm in Abbildung 34 sind die Tagesmitteltemperaturen der Messstationen von zwei Bundesländern[135] sowie die

[135] Eine Darstellung aller Bundesländer im Diagramm würde die Lesbarkeit wesentlich verschlechtern

mit Formel 1 berechnete gewichtete Tagesmitteltemperatur für das Jahr 2012 dargestellt. Insbesondere an der Kälteperiode im Februar 2012 sind die Unterschiede zwischen den Temperaturen der Bundesländer sehr gut zu erkennen.

Formel 1: Gewichtete Tagesmitteltemperatur Deutschland (Quelle: Eigene Darstellung).

$$T_{(fw,\,d)} = \sum_{n=1}^{16} T_{(n,d)} * P_{(n)} \qquad \sum_{n=1}^{16} P_{(n)} = 1$$

$T_{(fw,d)}$......... Gewichtete Tagesmitteltemperatur am Tag d
n............... Bundesland Nummer 1 bis 16
$T_{(n,d)}$.......... Tagesmitteltemperatur Bundesland n am Tag d
$P_{(n)}$ .... Anteil des Bundeslandes n an Gesamtfernwärmeeinspeisung

Es wird für das Verfahren empfohlen, neben der Temperatur für den zu prognostizierenden Tag auch die Temperaturen der letzten drei Tage mit verschiedenen Gewichtungsfaktoren zu berücksichtigen. Über diese Vorgehensweise kann die Wärmespeicherfähigkeit von Gebäuden abgebildet werden (siehe Formel 2).[136]

Formel 2: Gewichtete Tagesmitteltemperatur bis d-3 (Quelle: Vgl. BDEW, 2013, S.16).

$$T_{(d)} = \frac{1*T_{(fw,d)}+0{,}5*T_{(fw,d-1)}+0{,}25*T_{(fw,\,d-2)}+0{,}125*T_{(fw,d-3)}}{1+0{,}5+0{,}25+0{,}125}$$

$T_{(d)}$.................... Angesetzte Tagesmitteltemperatur am Tag d
d-1/2/3 .... Tagesmitteltemperatur vom Tag, Tag-1, Tag-2, Tag-3

[136] Vgl. BDEW, 2013, S.15f.

5.6.3 Jährliche Fernwärmenetzeinspeisung

Der erste Schritt bei beiden Modellen ist die Fixierung der Jahressummen der Fernwärmenetzeinspeisung für die Jahre 2011 und 2012. In Statistiken zumeist veröffentlich wird der historische Endenergiebedarf für Fernwärme, welcher noch keine Verluste, die von der Erzeugung der Fernwärme bis zur Abgabe an den Kunden auftreten, beinhaltet. In einer Statistik der Arbeitsgemeinschaft für Energiebilanzen wird dieser Endenergieverbrauch für Fernwärme für 2011 mit 117 TWh und 2012 mit 122 TWh ausgewiesen.[137]

Jahr	Endenergiebedarf Fernwärme	Fernwärmenetzeinspeisung	Faktor
2008	121 TWh	142 TWh	1,17
2010	131 TWh	152 TWh	1,16
2011	117 TWh	**135 TWh**	1,16
2012	122 TWh	**142 TWh**	1,16
Quelle	Vgl. Abeitsgemeinschaft Energiebilanzen e.V., 2013, S.5	Vgl. BDEW, 2012, S.11	

Tabelle 10: Fernwärme Einspeisung und Endenergieverbrauch (Quellen: Abeitsgemeinschaft Energiebilanzen e.V., 2013, S.5 ; BDEW, 2012, S.11).

Weil für die Technologie P2H nicht die Abgabe beim Kunden sondern die Erzeugung der Wärmekraftwerke entscheidend ist, wurde eine Statistik des BDEW, in welcher die Fernwärmenetzeinspeisung für die Jahre 2008-2011 angegeben wird, verwendet.[138] In Tabelle 10 werden die Zahlen beider Quellen gegenübergestellt. Für die Jahre 2008-2011 liegt der angegebene Wert der Fernwärmenetzeinspeisung konstant um ca. 16% höher als der Endenergiebedarf, was darauf schließen lässt, dass dieses Verhältnis auch auf das Jahr 2012 zutreffen wird.[139] Über eine einfache Hochrechnung mit diesem Faktor ergibt sich für 2012 eine Fernwärme-

[137] Vgl. Abeitsgemeinschaft Energiebilanzen e.V., 2013, S.5

[138] Vgl. BDEW, 2012, S.11

[139] Vgl. BDEW, 2012, S.11

netzeinspeisung von 142 TWh, für 2011 liegt der Wert von 135 TWh ohnehin direkt in der Statistik vor.

Die Umwälzung dieser Energiemengen auf Tage und Stunden erfolgte beim SLP Modell nicht für jedes Jahr getrennt, sondern für den Gesamtzeitraum. Es wurde also die 2-Jahressumme von 277 TWh (135+142) zunächst auf Tage und dann auf Stunden umgewälzt. Großer Vorteil dieser Variante ist eine zusätzliche Plausibilitätskontrolle des Berechnungsverfahrens an Sich und der zusammengestellten gewichteten Tagesmitteltemperatur Deutschlands, weil durch Anwendung des SLP-Verfahrens eine Aufteilung der Energiemengen auf die beiden Jahre entstehen müsste, die zumindest größenordnungsmäßig den Angaben in der Statistik entspricht. An dieser Stelle soll vorweg verraten werden, dass die mit dem SLP-Modell berechnete Jahressumme für 2011 135,9 TWh und für 2012 141,1 TWh betrug und somit nur geringfügig um ca. 1 TWh, was einer Abweichung von deutlich weniger als 1% entspricht, von den offiziellen Zahlen differiert. Im Gegensatz zum SLP Modell wurde die jährliche Fernwärmenetzeinspeisung beim REG Modell exakt nach den jährlichen Angaben der Statistik umgewälzt (142 TWh in 2012, 135 TWh in 2011).

5.6.4 Tägliche Fernwärmenetzeinspeisung

Die tägliche Fernwärmenetzeinspeisung wurde mit Hilfe der generierten Temperaturzeitreihe getrennt für das SLP und REG Modell berechnet. In den nächsten beiden Gliederungspunkten wird die Vorgehensweise zur Berechnung der Tagessummen zunächst getrennt für beide Modelle geschildert. Anschließend werden die Ergebnisse für beide Modelle in einem gemeinsamen Gliederungspunkt miteinander verglichen.

5.6.4.1 SLP Modell

Zunächst wird die Methodik des „SLP-Modells" zur Generierung von Tagessummen des Fernwärmeverbrauchs geschildert. Im Standardlastprofilverfahren erfolgt die Ermittlung der Tagessumme und in weiterer Folge des stündlichen Lastgangs der Fernwärmeeinspeisung mit Hilfe von Formel 3.

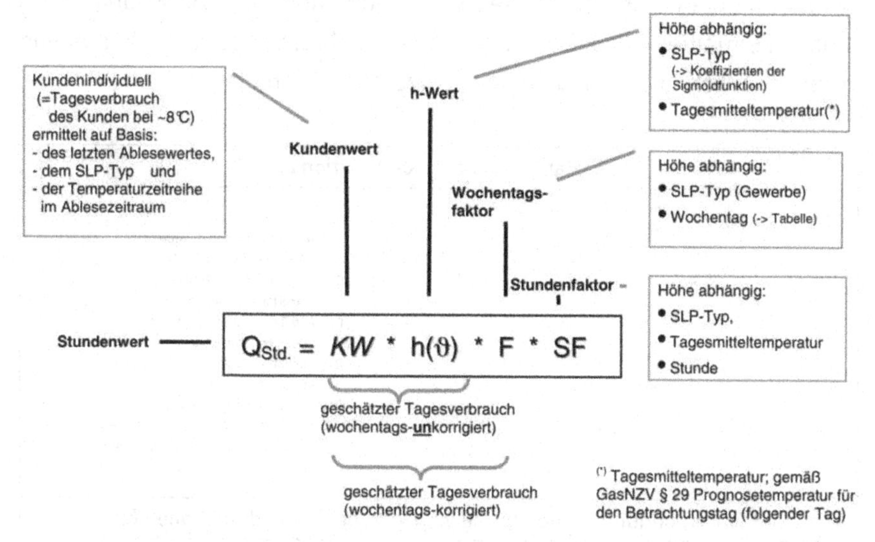

Formel 3: Stündlicher Fernwärmelastgang (Quelle: Bundesverband der deutschen Gas- und Wasserwirtschaft, 2007, S.67).

Als erste Komponente der Formel soll der sogenannte h-Wert beleuchtet werden. Der h-Wert beschreibt die Höhe des Energiebedarfs in Abhängigkeit der Außentemperatur und des Kundentyps und wird mit Hilfe einer sogenannten Sigmoidfunktion berechnet.[140] Diese Temperatur-Regressionskurven wurden für eine hohe Anzahl an verschiedenen Kundentypen, beispielsweise einen Einfamilienhaushalt, einen Gewerbebetrieb oder verschiedenste Industriebetriebe generiert. Zudem wird bei der für die verschiedenen Kundentypen angeführten Sigmoidfunktionen zwi-

[140] Vgl. Ritter et al., 2012, S.9

schen diversen Standortbedingungen unterschieden. Mit Hilfe dieser Standortbedingungen kann das Verbrauchsverhalten des Kunden in Hinsicht auf den Grad der Temperaturabhängigkeit (hoher Heiz- oder Prozessgasanteil) noch exakter abgebildet werden.[141] Ein Kunde mit hohem Prozessgasanteil würde beispielsweise immer Sommer einen für seine Verbrauchsgruppe überdurchschnittlichen und im Winter bei kalten Temperaturen unterdurchschnittlichen Verbrauch aufweisen. Abbildung 35 (1) drückt die mathematische Funktion zur Berechnung des h-Werts aus und veranschaulicht die Bedeutung der einzelnen Parameter.

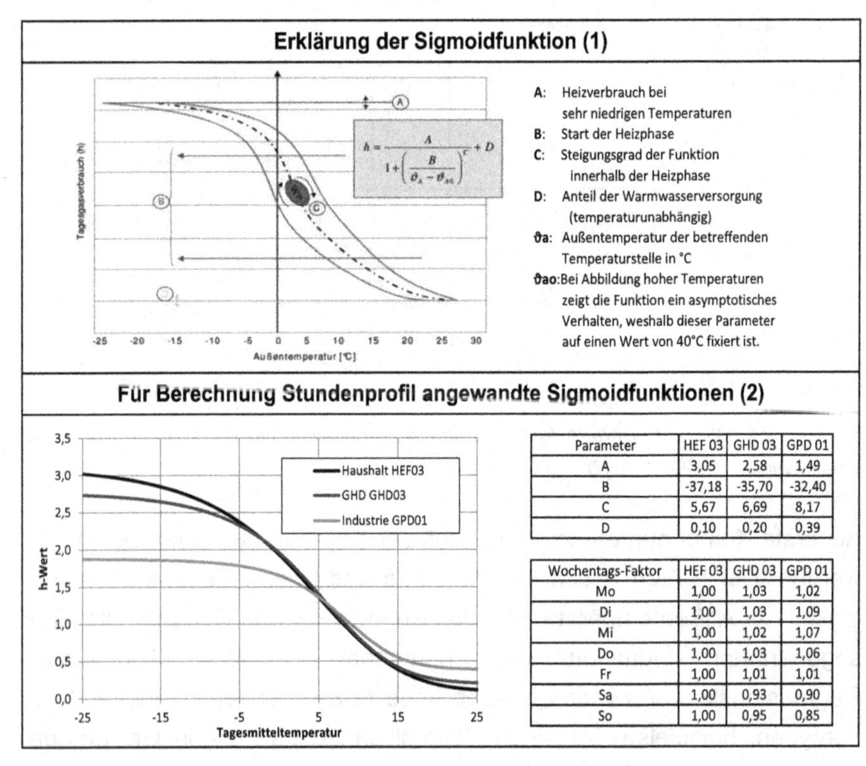

Parameter	HEF 03	GHD 03	GPD 01
A	3,05	2,58	1,49
B	-37,18	-35,70	-32,40
C	5,67	6,69	8,17
D	0,10	0,20	0,39

Wochentags-Faktor	HEF 03	GHD 03	GPD 01
Mo	1,00	1,03	1,02
Di	1,00	1,03	1,09
Mi	1,00	1,02	1,07
Do	1,00	1,03	1,06
Fr	1,00	1,01	1,01
Sa	1,00	0,93	0,90
So	1,00	0,95	0,85

Abbildung 35: Erklärung und Anwendung der Sigmoidfunktion (Quelle: BDEW, 2013, S.96; Bundesverband der deutschen Gas- und Wasserwirtschaft, 2007, S.86ff.).

[141] Vgl. Bundesverband der deutschen Gas- und Wasserwirtschaft, 2007, S.80

Die Sigmoid-Parameter A bis D sind für unterschiedliche Kundentypen fixiert, die einzige veränderbare Komponente der Formel ist die tagesmittlere Außentemperatur.[142] In Bezug auf das zu erstellende Summenlastprofil für Deutschland müssen also möglichst passende Sigmoidparameter zur Abbildung des täglichen Fernwärmebedarfs gefunden werden. Weil nicht bekannt ist, welche Kundentypen welchen Anteil am Gesamtfernwärmebedarf haben, ist nur eine vereinfachende Berechnung über öffentlich zugängliche Cluster möglich. Hier wurde eine Aufteilung in die drei Sektoren Haushalte, Industrie und GHD gewählt, Abbildung 35 (2) zeigt die gewählten Sigmoidparameter sowie Wochentagsfaktoren dieser drei Bereiche.

Für Haushalte wurde ein typisches durchschnittliches Lastprofil angesetzt, das mit dem Namen HEF03 klassifiziert wird und durch einen hohen Heizgasanteil geprägt ist. An verschiedenen Wochentagen gibt es keine Differenzierung hinsichtlich der Höhe des Profils, was an den Wochentagsfaktoren erkannt werden kann.[143] Für den Sektor GHD wurde ein Summenlastprofil veröffentlicht, welches mit dem Namen GHD03 gekennzeichnet wird. Verglichen mit den Haushalten besteht eine etwas geringere Temperaturabhängigkeit, welche am tieferen Wert für den Spitzenverbrauch (Parameter A) und dem höheren Warmwasseranteil (Parameter D) zu erkennen ist. Zudem besteht im Gewerbebereich, geprägt durch das werktagrhythmische Verhalten vieler Betriebe, eine Abhängigkeit des Wärmebedarfs vom Wochentag.[144]

Als schwieriger hat sich das Finden eines geeigneten Profils für die Industrie herausgestellt, weil in der Veröffentlichung des BGW kein deutschlandweites Summenlastprofil für die Industrie ausgearbeitet wurde. Grund hierfür sind einerseits die Großen Unterschiede zwischen dem

[142] Vgl. BDEW, 2013, S.96
[143] Vgl. Bundesverband der deutschen Gas- und Wasserwirtschaft, 2007, S.86
[144] Vgl. Bundesverband der deutschen Gas- und Wasserwirtschaft, 2007, S.142

Verbrauchsverhalten verschiedener Industrietypen und andererseits die Tatsache, dass Industriekunden zumeist leistungsgemessen sind und deshalb bei Gas- und Wärmeversorgern wenig Bedarf für Standardlastprofile besteht.[145] Ritter et al. geben in einer Veröffentlichung zur Wärmelastgangprognose an, dass der Wärmeverbrauch der Industrie durch einen hohen Grundlastanteil und eine geringe Wochentags- und Temperaturabhängigkeit gekennzeichnet ist.[146] Ein Profil das auf diese Beschreibung zutrifft trägt den Namen GPD01 und beschreibt das Verbrauchsverhalten des Industriebereichs Papier und Druck mit hohem Prozessgasanteil.[147] Es wurde die Annahme getroffen, dass die Sigmoidparameter dieses Kundentyps eine repräsentative Abbildung des durchschnittlichen deutschen Industriebetriebs darstellen, womit auch die h-Werte des Sektors Industrie berechnet werden können.

Um mit Hilfe von Formel 3 die tägliche Fernwärmeeinspeisung zu berechnen, muss nur noch der Kundenwert KW für die drei Sektoren Haushalte, GHD und Industrie ermittelt werden. Der Kundenwert ist eine für den gewählten Zeitraum konstante Größe und entspricht dem Tagesverbrauch des Kunden, der bei einer Tagesmitteltemperatur von etwa 8°C oder einem h-Wert von 1 auftreten würde.[148] Im Standardlastprofilverfahren kann der Kundenwert von nicht leistungsgemessenen Kunden ermittelt werden, indem der Summenverbrauch des gewählten Zeitraums (277 TWh von 01.01.2011 bis 31.12.2012) durch das Summenprodukt aus h-Wert und Wochentagsfaktor dividiert wird (Formel 4).

---

[145] Vgl. Ritter et al., 2012, S.11f.

[146] Vgl. Ritter et al., 2012, S.11f.

[147] Vgl. Bundesverband der deutschen Gas- und Wasserwirtschaft, 2007, S.134

[148] Vgl. BDEW, 2012, S.56

Formel 4: Kundenwert KW (Quelle: Bundesverband der deutschen Gas- und Wasserwirtschaft, 2007, S.64)

$$KW = \frac{Q_N}{\sum_{d=1}^{n} (F_{(d)} * h_{(d)})}$$

n.................Zeitraum des Verbrauchs in n-Tagen

Q_N...............Summenverbrauch im Zeitraum n

$F_{(d)}$..............Wochentagsfaktor am Tag d

$h_{(d)}$..............h-Wert am Tag d

Um die Kundenwerte in Anwendung auf den zu erstellende Fernwärmelastgang korrekt berechnen zu können, muss zunächst eine Annahme über die Aufschlüsselung des Summenverbrauchs Q_N auf die drei Sektoren getroffen werden. Es wurde dabei unterstellt, dass 42% in Haushalten, 38% in der Industrie und 20% im Bereich GHD verbraucht werden. Diese Annahme bezieht sich auf Angaben des AGFW, welcher eine Aufschlüsselung für den Fernwärmeverbrauch dieser drei Sektoren angibt (siehe Abbildung 29, S.77).[149]

5.6.4.2 REG Modell

Beim REG Modell erfolgte die Verteilung der Jahres- auf Tagesmengen gemäß dem in Punkt 5.3 herausgefundenen Zusammenhängen zwischen Wärmebedarf und Tagesmitteltemperatur. Mit der in Abbildung 31 dargestellten Regressionsformel (Polynomfunktion 3ten Grades) konnte der tägliche prozentuale Anteil am Gesamtfernwärmebedarf der Jahre 2011 und 2012 berechnet werden, womit gleichzeitig auch die absoluten Tagessummen bekannt sind.

[149] Vgl. AGFW, 2013, S.43

Geringfügig korrigiert wurde die Polynomfunktion ab Überschreitung einer Tagesmitteltemperatur von 20°C. Ab Erreichen dieses Wertes wurde eine Tagessumme von 0,09% des Jahresfernwärmebedarfs angesetzt, was dem Mindestbedarf durch Warmwasserbereitung und Prozesswärme im Sommer entspricht. Dieser manuelle Eingriff ist erforderlich, weil die Polynomfunktion ab einer Tagesmitteltemperatur von ca. 20°C einen Wendepunkt aufweist, bei dem der minimale Tagesbedarf erreicht wird und mit steigender Temperatur wieder zunimmt, was natürlich falsch ist. Eine weitere Korrektur musste nach Einsetzen der deutschlandweit gewichteten Tagesmitteltemperatur (Abbildung 34, Formel 1) in die Regressionsformel durchgeführt werden. Aufgrund der Unterschiede zwischen der eigens gebildeten Temperaturzeitreihe und den klimatisch bedingten tieferen Ist-Temperaturen von Musterstadt beträgt die Summe der Tagesmengen, die durch Einsetzen der Temperaturzeitreihe in die Regressionsformel für jeden Tag der Jahre 2011 und 2012 berechnet wurden, leicht weniger als die im Vorhinein fixierten 135 TWh für 2011 und 142 TWh für 2012. Um diesen geographisch bedingten Fehler auszumerzen, wurde die kalkulierten Tagessummen vereinfachend mit einem eigenen Faktor für 2011 und 2012 (fixierter Jahresbedarf / Jahresbedarf der durch Anwendung der Regressionsformel entsteht) hochgerechnet.

5.6.4.3 Ergebnisse

Die berechneten Tagesmengen für das SLP- und REG Modell sind in Abbildung 36 dargestellt. Das obere Diagramm zeigt die kumulierten Tagessummen der drei Sektoren des SLP Modells gegenübergestellt zur Tagessumme des REG Modells (schwarze Linie) für den gesamten Zeitraum Anfang 2011 bis Ende 2012.

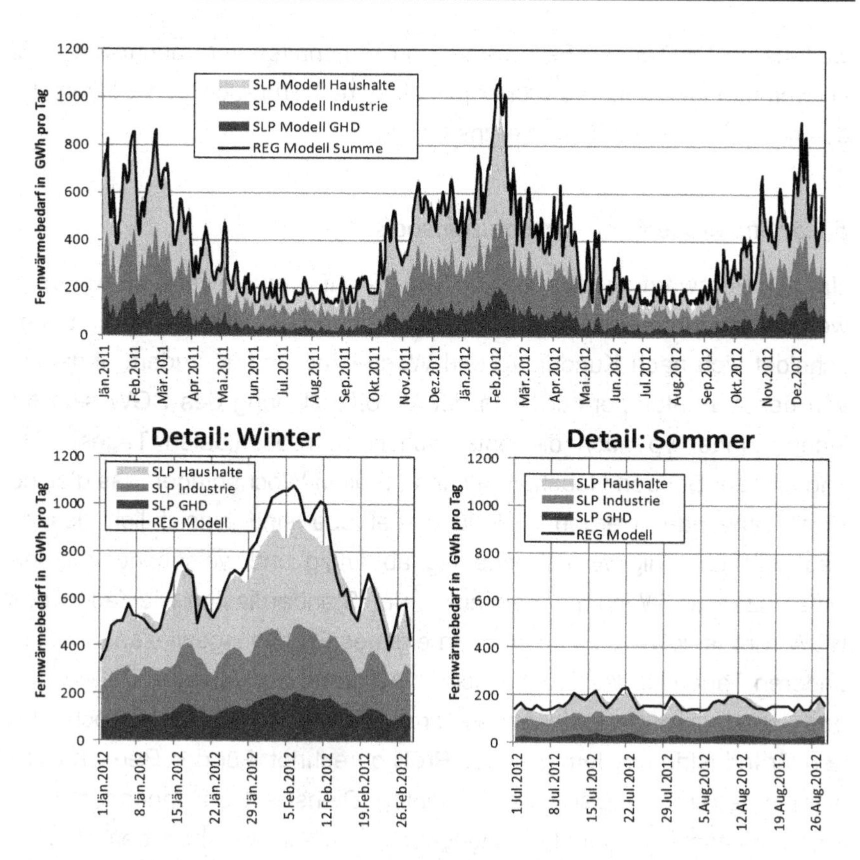

Abbildung 36: Tagessummen Fernwärmebedarf (Quelle: Eigene Darstellung).

Es ist zu erkennen, dass bei beiden Verfahren trotz unterschiedlicher Vorgehensweise sehr ähnliche Werte entstehen, womit die Plausibilität der berechneten Tagessummen bestätigt werden kann. Der Minimalwärmebedarf im Sommer liegt bei beiden Modellen bei etwa 150-200 GWh, der Spitzenbedarf im Winter bei ca. 800-1.000 GWh. Die größten Unterschiede zwischen den beiden Modellen bestehen in der Kälteperiode im Februar 2012 (siehe Detaildiagramm Abbildung 36 unten links), was auf die klimatischen Merkmale von Musterstadt zurückzuführen ist. Bei genauer Betrachtung kann auch die Temperaturempfindlichkeit der drei Sektoren an den Diagrammen erkannt werden. Während im Winter der weitaus größte Teil der Fernwärme von Haushalten verbraucht wird, fällt im Sommer der temperaturunempfindlichere Verbrauch des Sektors Industrie verhältnismäßig stärker ins Gewicht.

5.6.5 *Stündliche Fernwärmenetzeinspeisung*

Um den Fernwärmeverbrauch von Tages- auf Stundenwerte zu wandeln, werden prozentuale Tagesprofilverläufe benötigt. Dieses Profil unterscheidet sich nach Kundentyp und Wochentag und ist zudem abhängig von der Außentemperatur.[150] In der Veröffentlichung des BGW sind für jeden Kundentyp auch die entsprechenden prozentualen Tagesprofile angegeben. Bei den Haushalten kann an allen Wochentagen das gleiche Profil verwendet werden.[151] Industriebetriebe sind hinsichtlich dessen Tagesprofils wenig vom Wochentag abhängig und weisen nur geringe Differenzen an Wochenenden auf.[152] Im Standardlastprofilleitfaden des BGW wird lediglich für Samstag ein eigenes Profil ausgewiesen, an allen anderen Tagen ist das Profil gleich.[153] Aufgrund der geringen Differenzen des Samstagprofils wurde dieses vernachlässigt und an allen Wochentagen für Industrie mit dem gleichen Profil gerechnet. Für den Bereich GHD werden getrennt Tagesprofile für Montag, Dienstag bis Donnerstag, Freitag, Samstag und Sonntag angegeben.[154] Weil zwischen den Profilen von Montag bis Freitag keine markanten Unterschiede festgestellt werden konnten, wurden die drei Profile über eine Gewichtung[155] zu einem Werktagesprofil zusammengefasst. Abbildung 37 zeigt alle verwendeten Tagesprofile für die drei Sektoren grafisch aufbereitet. Die Abhängigkeit von der Temperatur wird in 5°C-Schritten[156] angegeben und zeigt bei

[150] Vgl. Bundesverband der deutschen Gas- und Wasserwirtschaft, 2007, S.86ff.

[151] Vgl. Bundesverband der deutschen Gas- und Wasserwirtschaft, 2007, S.90f.

[152] Vgl. Ritter et al., 2012, S.12

[153] Vgl. Bundesverband der deutschen Gas- und Wasserwirtschaft, 2007, S.136f.

[154] Vgl. Bundesverband der deutschen Gas- und Wasserwirtschaft, 2007, S.144f.

[155] Montagsprofil*1/5 + Dienstags-Donnerstagsprofil*3/5 + Freitagsprofil*1/5

[156] z.B.: Profil 1 bei Tagesmitteltemperatur <-15°C, Profil 2 bei >=-15°C und <-10°C, etc.

allen drei Kundentypen und unterschiedlichen Wochentagsprofilen ein ähnliches Muster: Je höher die Temperatur desto tiefer ist die Last in der Nacht und umso ausgeprägter die Lastspitzen am Vormittag bzw. Abend.[157]

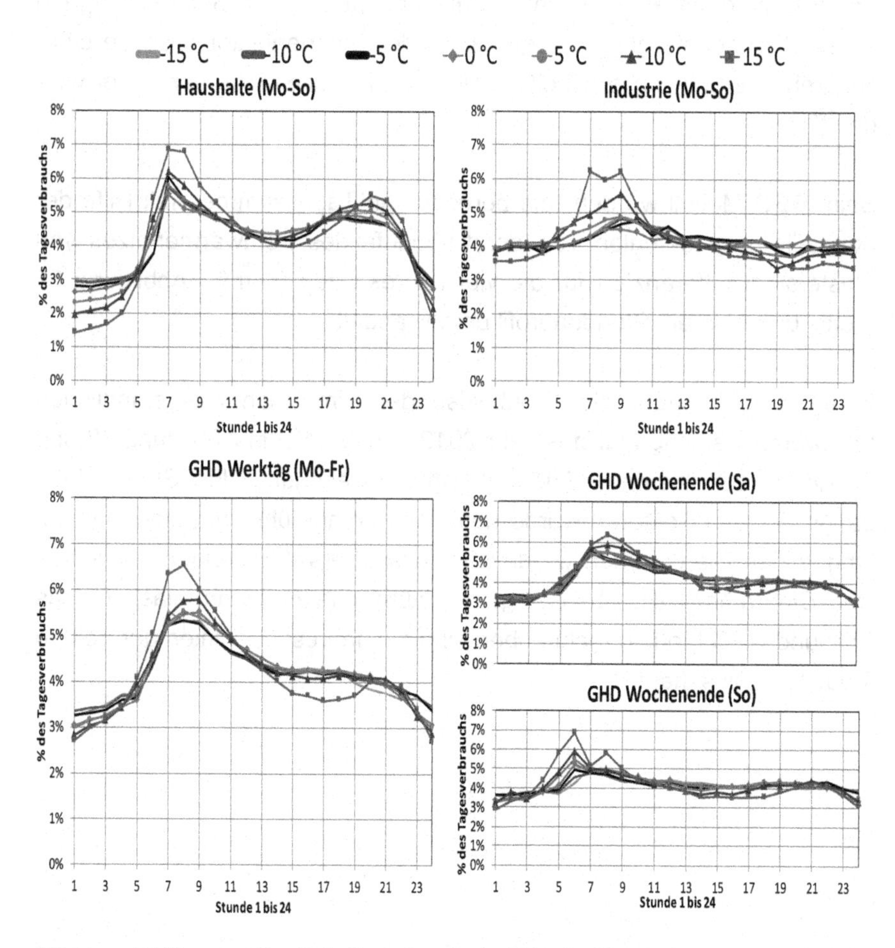

Abbildung 37: Tagesprofilverläufe Fernwärmebedarf (Quelle: Eigene Darstellung, Daten entnommen aus: Bundesverband der deutschen Gas- und Wasserwirtschaft, 2007, S.86ff.).

[157] Vgl. Bundesverband der deutschen Gas- und Wasserwirtschaft, 2007, S.86ff.

Ein kleiner Nachteil bei der Vorgehensweise nach dieser Methode ist das Auftreten von Sprüngen im Lastgang beim Tageswechsel, weil die Stunden 24 und 1 bei unterschiedlichen Tagesmitteltemperaturen zwei aufeinanderfolgender Tage einen unterschiedlichen prozentualen Anteil an der Tagessumme aufweisen können. Um einen stufenfreien Stundenlastgang zu erhalten könnte alternativ ein gleitender Stundenfaktor mit Hilfe einer linearen Interpolation ermittelt werden, worauf allerdings verzichtet wurde.[158]

Beim REG Modell wurden die berechneten Tagessummen mit Hilfe der ermittelten prozentualen Tagesprofilverläufe des Fernwärmenetzes von Musterstadt differenziert für die vier Jahreszeiten (gemäß Abbildung 31 rechts unten) in ein Stundenprofil umgewandelt.

Eine Übersicht über die Ergebnisse der Simulation des stündlichen Fernwärmelastgangs für das Jahr 2012 und 2011ist in Abbildung 38 und Abbildung 39 illustriert. Eine getrennte Berechnung des Stundenlastgangs der drei Sektoren wurde natürlich durchgeführt, auf eine Darstellung in den Diagrammen wurde aber aus Übersichtsgründen verzichtet. Das Diagramm links oben zeigt die stündliche Fernwärmelast für das SLP und REG Modell, rechts oben sind die Jahresdauerlinien der beiden Modelle veranschaulicht.

[158] Vgl. Bundesverband der deutschen Gas- und Wasserwirtschaft, 2007, S.73f.

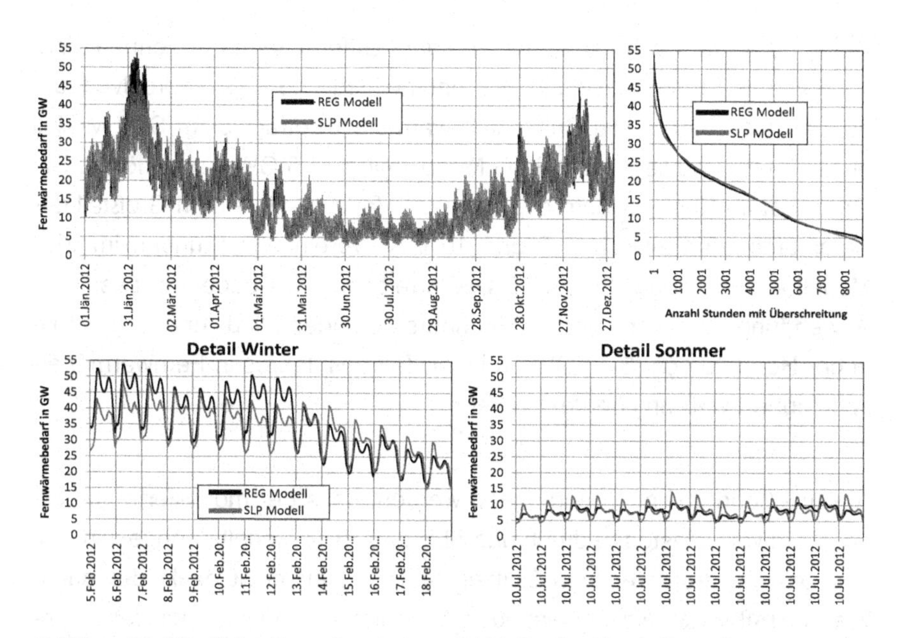

Abbildung 38: Stündlicher Fernwärmelastgang 2012 (Quelle: Eigene Darstellung).

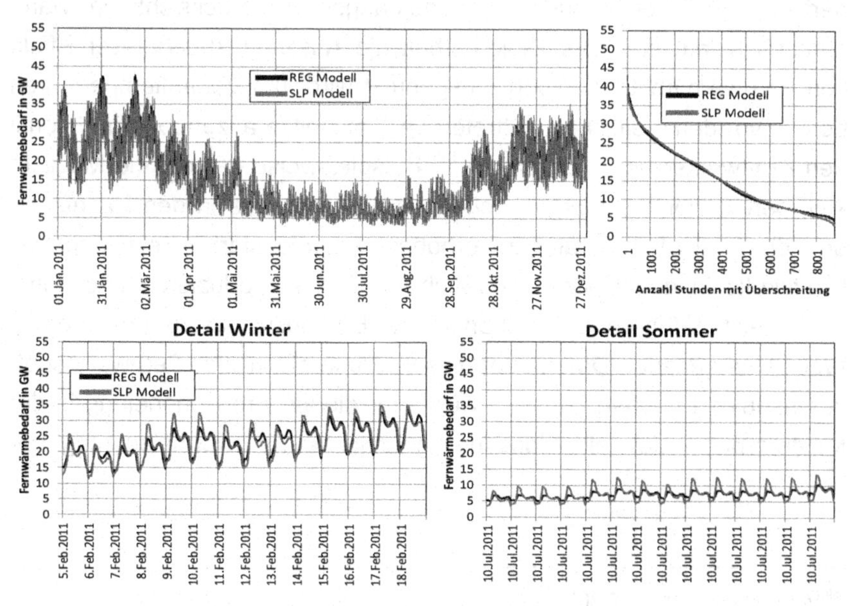

Abbildung 39: Stündlicher Fernwärmelastgang 2011 (Quelle: Eigene Darstellung).

Während an den Jahresdauerlinien kaum Differenzen zu erkennen sind, können am Stundenlastgang die unterschiedlichen Tagesprofilverläufe beobachtet werden. Die Spitzenfernwärmelast beträgt beim SLP Modell etwa 50 GW und liegt beim REG Modell mit ca. 55 GW etwas höher. Die Grundlast im Sommer beträgt bei beiden Varianten in einem Großteil der Sommerstunden zwischen 5 und 10 GW, vereinzelte Stunden im SLP Modell können sogar bis zu 15 GW erreichen. Das bedeutet, dass bei Anwendung der Technologie P2H überschüssiger Wind- und Solarstrom in der Höhe von ca. 5-10 GW zu jeder Zeit des Jahres in Fernwärmenetze integriert werden könnte.

Abschließend soll noch angemerkt werden, dass der modellierte stündliche Fernwärmelastgang durch das SLP und REG Modell in Angesicht auf das zeitliche Auftreten von Spitzen und Senken nicht exakt der durch Wärmekraftwerke einzuspeisenden Leistung entspricht, weil das Fernwärmenetz einen Puffer darstellt und folglich bei genauer Abbildung eine geringfügige Verschiebung des Lastgangs zu berücksichtigen wäre. Mattausch trifft in seiner Diplomarbeit die Aussage, dass dieser Effekt von Fernwärmenetzbetreibern ausgenutzt wird, um Vorlauftemperaturen bereits vor dem zeitlichen Auftreten der Lastspitze anzuheben und somit den Kraftwerkseinsatz zu glätten.[159] Beispielsweise besteht die Möglichkeit, bereits vor der morgendlichen Verbrauchsspitze in den Nachtstunden die Vorlauftemperatur zu erhöhen, um die starke Belastung des Kraftwerks in den Spitzenverbrauchsstunden zu reduzieren und somit eine gleichmäßigere und schonendere Betriebsweise zu erreichen.[160] Weil keine genauen Daten über diesen „Puffereffekt" des Fernwärmenetzes akquiriert werden konnten, wurde für die weitere Abhandlung in der Masterarbeit unterstellt, dass der modellierte Fernwärmelastgang der

[159] Vgl Mattausch, 2006, S.30f.
[160] Vgl Mattausch, 2006, S.30f.

einzuspeisenden Fernwärmeleistung entspricht. Für weitere Berechnungen wurden ausschließlich die Ergebnisse des SLP Modells verwendet.

6 Status Quo Elektroheizer in Fernwärmenetzen

Inhalt dieses Kapitels ist einerseits die Ausarbeitung technischer und rechtlicher Grundlagen von Elektrodenheißwasserkesseln (EHK) und Wärmespeichern und anderseits das Aufzeigen gegenwärtiger Einsatz- und Vermarktungsmöglichkeiten.

6.1 Elektrodenheißwasserkessel

Wichtigste Komponente für das P2H-System ist der sogenannte Elektrodenheißwasserkessel (EHK), in dem die Umwandlung von Strom zu Wärme vollzogen wird.

6.1.1 Kesselarten und Funktionsweise

Prinzipiell wird bei EHK zwischen zwei Kesseltypen, nämliche sogenannten Elektrodurchlauferhitzern und Elektrodenkesseln, unterschieden. Der Elektrodurchlauferhitzer ist bis Größen von etwa 2 MW anwendbar und funktioniert wie eine übliche elektrische Widerstandsheizung. Großer Nachteil dieser Technologie ist eine sehr aufwendige Leistungsregelung, die zusätzlich nur durch das Fahren einer Mindestlast gewährleistet werden kann.[161] Weil Fernwärmenetze, in denen derartig klein dimensionierte Kessel eingesetzt werden würden, hinsichtlich deren Anzahl und der dort verbrauchten Energiemengen für das Gesamtpotential von P2H kaum relevant sind[162] und zudem bei kleinen Leistungen verhältnismäßig hohe spezifische Investitionskosten[163] vorherrschen, wird diese Technologie im weiteren Ablauf der Masterarbeit nicht näher untersucht.

Klarer Fokus liegt auf dem zweiten Kesseltyp, den sogenannten Elektrodenkesseln, welche mit Leistungen von 1 bis 50 MW erhältlich sind. Bei

---

[161] Vgl. Gäbler und Lechner, 2013, S.11

[162] Siehe Kapitel 5.2 und 5.4

[163] Siehe Kapitel 6.1.4

diesem Anwendungsprinzip ist eine stufenlose Leistungsregelung innerhalb des gesamten Leistungsspektrums ohne Mindestleistung möglich.[164] Die Grafiken in Abbildung 40 zeigen das Funktionsprinzip eines EHK und ein Foto eines in Saarbrücken realisierten 10 MW EHK, an dem die relativ geringen Außenmaße des Kessels (ca. 3m Höhe, 1,5-2m Durchmesser) durch die Relation zur Körpergröße eines Menschen abgeschätzt werden können.

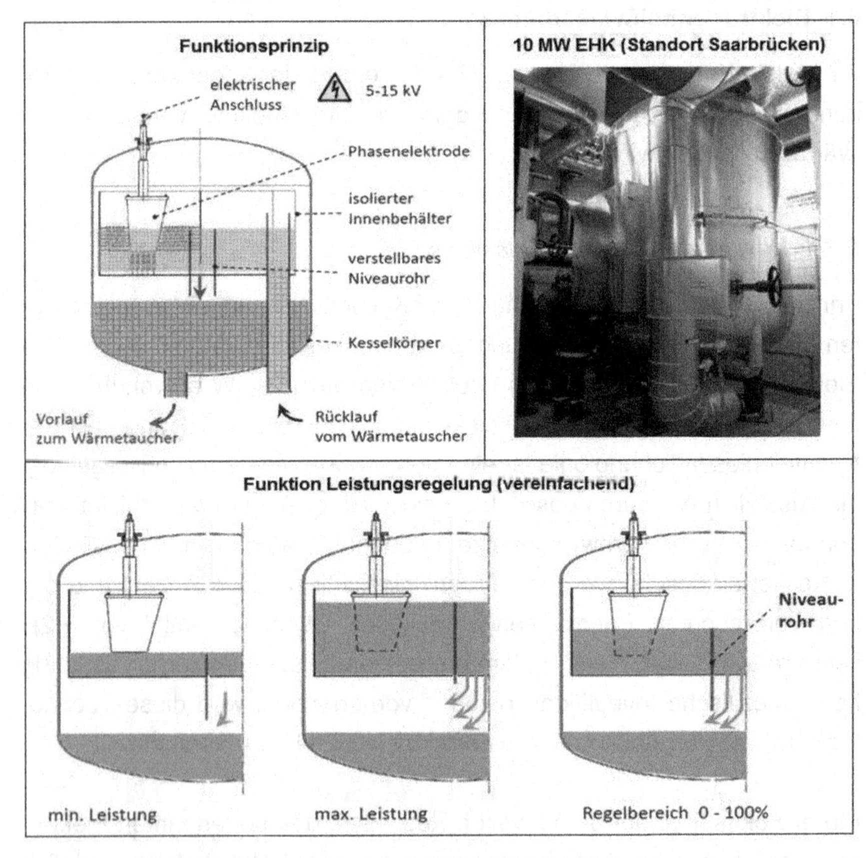

Abbildung 40: EHK Funktionsprinzip (Quelle: Hinz, 2014, S.6ff.)

[164] Vgl. Gäbler und Lechner, 2013, S.12

Der Strom wird beim EHK von zumeist drei feststehenden Phasenelektroden zum Nullpunkt geleitet. Durch den direkten Stromdurchgang erwärmt sich das Wasser, welches einen elektrischen Widerstand darstellt. Um die Leistung des Kessels stufenlos und unter Einhaltung einer vorgegebenen Vorlauftemperatur regeln zu können, wird der Weg des Stromes von den Phasenelektroden zum Nullpunkt verändert. Dieser Vorgang geschieht durch Übertauchen der Phasenelektroden mit isolierten Innenbehältern (Isolierschirme) in vertikaler Richtung. Die Leistungsregelung geschieht also über die Veränderung der jeweils aktiven Elektrodenoberfläche. Der Stromfluss wird automatisch unterbrochen, sobald das Wasserniveau unter die Eintauchtiefe der Elektroden absinkt. Die Isolierschirme können über einen Verstellantrieb vertikal im Kessel bewegt werden. Eine eigens integrierte Regelung sorgt dafür, dass ein Über- oder Unterschreiten des eingestellten Temperatursollwerts verhindert wird. Zusätzliche Regelventile- und Armaturen sorgen für die Gewährleistung eines sicheren und durchgängigen Betriebs.[165]

6.1.2 *Hydraulische Einbindung und Netzanschluss*

Für EHK ist ein Netzanschluss auf Mittelspannungsebene (5-15 kV) erforderlich.[166] Abbildung 41 zeigt einen vereinfachenden hydraulischen Plan eines EHK der Firma Vapec, der freundlicherweise für die Masterarbeit zur Verfügung gestellt wurde.[167]

[165] Vgl. Klöpper Therm, 2014, S.3

[166] Vgl. Vapec, 2014a, S.1ff.

[167] Vgl. Vapec, 2014a, S.15

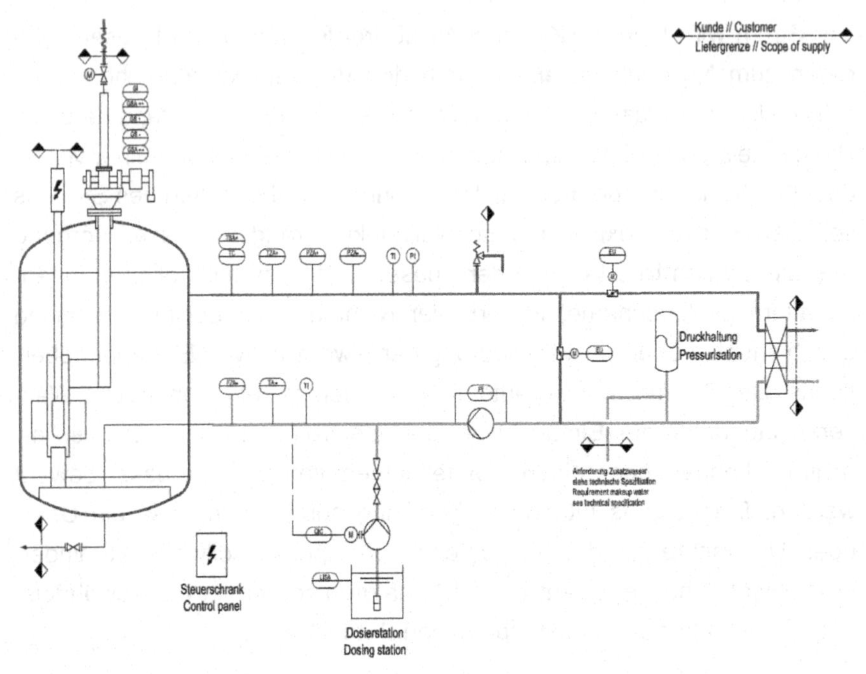

Abbildung 41: EHK hydraulische Einbindung (Quelle: Vapec, 2014a, S.15)

Die hydraulische Einbindung kann aufgrund des geringen Platzbedarfs im bestehenden Kesselhaus erfolgen. Der Liefer- und Leistungsumfang von Kesselherstellern beinhaltet üblicherweise den EHK, sämtliche erforderliche Regelungskomponenten (Pumpensysteme, Dosierbehälter, Ausdehnungsgefäße, Ventile, Messstellen für Temperatur, Durchfluss, Druck, etc.) inklusive dem Wärmetauscher, wo die Übergabe der erzeugten Wärme in das bestehende Fernwärmesystem geschieht.[168]

6.1.3 Regelbarkeit

Die Angaben über die Schnelligkeit der Leistungsregelung variieren zwischen den unterschiedlichen Kesselherstellern. Nach Angaben des Kesselherstellers Parat regelt der Kessel von Kaltzustand bis Volllast in unter

[168] Vgl. Vapec, 2014a, S.15

15 Minuten und von Niedriglast (weniger als 2% der Volllast) auf Volllast in weniger als 30 Sekunden.[169] Gäbler und Lechner geben an, dass die Regelbarkeit von EHK jedenfalls ausreicht, um die derzeitigen Präqualifikationsbedingungen für Regelenergieprodukte einzuhalten.[170]

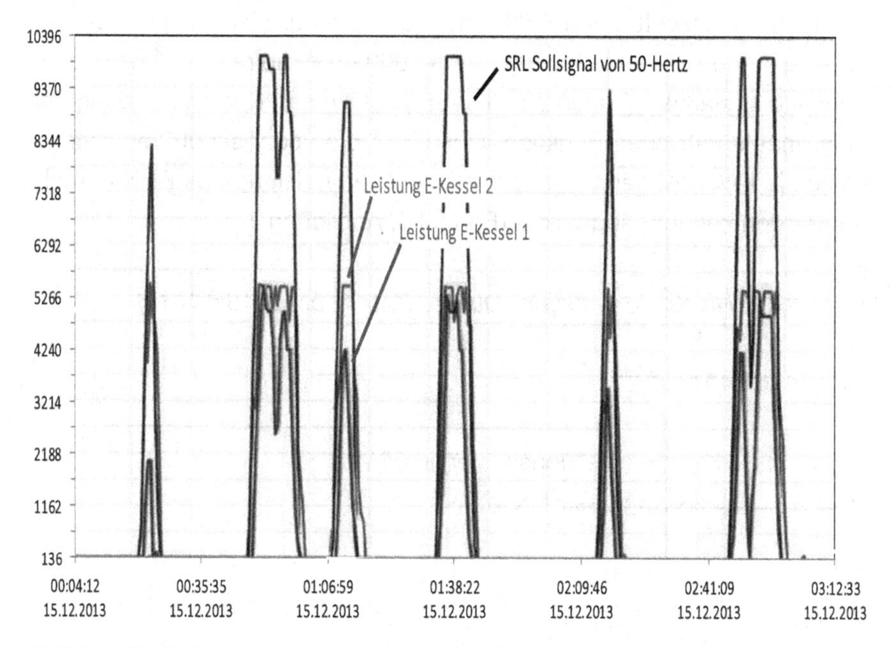

Abbildung 42: EHK Nachweis Regelbarkeit (Quelle: Stadtwerke Schwerin, 2014, S.15)

Erste Auswertungen von den Stadtwerken Schwerin, die im Jahr 2013 drei EHK mit je 5MW Leistung installierten, zeigen, dass die Änderungsgeschwindigkeiten sogar deutlich höher als die von den ÜNB‘s geforderten Mindestkriterien für SRL sind (Abbildung 42). [171] Die Auswertung zeigt einerseits das Sekundärregelleistungs-Sollsignal des ÜNB 50 Hertz in und die Reaktion von zwei EHK auf dieses Signal. Es ist an der Zeitachse zu erkennen, dass die Leistungen der beiden Kessel dem Signal

[169] Vgl. Parat, o.J., S.1

[170] Vgl. Gäbler und Lechner, 2013, S.16

[171] Vgl. Stadtwerke Schwerin, 2014, S.15

binnen weniger Minuten folgen und in Summe dem Sollsignal entsprechen.

6.1.4 Kosten

Die Investitionskosten von EHK sind stark von der elektrischen Leistung abhängig und können zwischen 50 und 600 €/kW betragen.[172] Götz et al. haben die starken Skaleneffekte auf Basis einer Kostenerhebung mit einer mathematischen Funktion, in welcher die spezifischen Investitionskosten je kW in Abhängigkeit der elektrischen Leistung des EHK berechnet werden können, abgebildet (Formel 5, Abbildung 43).

Formel 5: EHK Kostenfunktion (Quelle: Götz et al., 2013b, S.10)

$$Ik_{EHK} = 451{,}45 * P_{EHK}^{-0{,}536}$$

Ik_{EHK} .... Spez. Investitionskosten in €/kW,
P_{EHK} .... Leistung des EHK in MW

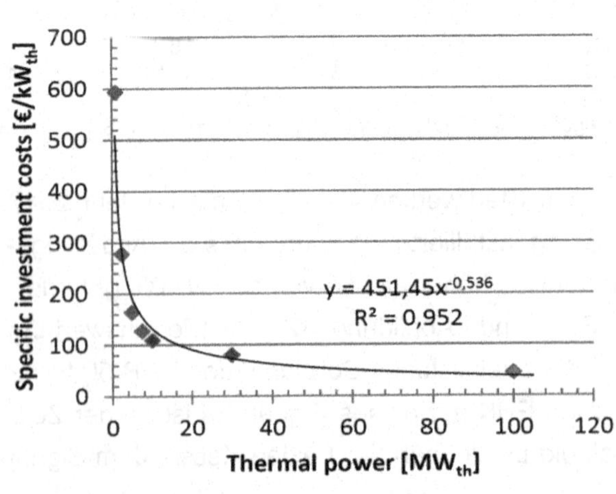

Abbildung 43: EHK Investitionskosten (Quelle: Götz et al., 2013b, S.10).

[172] Vgl. Götz et al., 2013b, S.10

Bei der Errichtung von EHK fallen mit Netzanschluss, der hydraulischen Einbindung in das Fernwärmenetz und der erforderlichen Leittechnik zur Einbindung des EHK in Regelenergiepools zusätzliche Kostenkomponenten an. In der Fachliteratur konnten leider keine Angaben über die grobe Spannweite der Kosten für die hydraulische Einbindung und Leittechnik gefunden werden, diese sollten sich aber in einem überschaubaren Bereich befinden. Hier ist es generell sehr schwierig, belastbare Aussagen über Kosten zu treffen, weil Kesselhersteller bzw. Kesselvertriebsunternehmen einen unterschiedlichen Leistungsumfang anbieten, der vom alleinigen EHK bis hin zur vollen Einbindung inklusive Inbetriebnahme reichen kann. Das Entgelt für den Netzanschluss auf Mittelspannungsebene wird individuell vom zuständigen Verteilnetzbetreiber berechnet und kann ebenfalls nicht pauschal angegeben werden. Hier wird entscheidend sein, ob bereits ein Netzanschluss am Standort vorhanden ist (z.B.: bei KWK Anlagen) und aus welchem Blickwinkel der Netzbetreiber die Anlage betrachtet. Bei Einstufung als „normaler Verbraucher" müsste im Gegensatz zur Einstufung als Regelenergiedienstleister und somit Netzunterstützer die vollen Netzanschlussentgelte bezahlt werden. Beispielsweise wird in Österreich für Verbraucher in der Netzebene 5 (Mittelspannung) ein pauschales Netzbereitstellungsentgelt von 133 €/kW für die Ermöglichung des Netzanschlusses verlangt.[173] Des Weiteren muss von Verbrauchern in Österreich zusätzlich ein individuelles Netzzutrittsentgelt für die erstmalige Herstellung des Netzanschlusses bezahlt werden.[174] Bei Betrachtung dieser Zahlen wird klar, dass die Wirtschaftlichkeit der sehr günstigen EHK bei voller Belastung mit Entgelten für den Netzanschluss wesentlich verschlechtert wird.

---

[173] Vgl. URL: http://www.e-control.at/de/industrie/strom/strompreis/netzentgelte/netzbereitstellungsentgelt [01.05.2014].

[174] Vgl. URL: http://www.e-control.at/de/industrie/strom/strompreis/netzentgelte/netzzutrittsentgelt [01.05.2014].

Die Lebensdauer von Elektrodenheißwasserkesseln wird von Groscurth und Bode mit ca. 20 Jahren angegeben.[175] Ein Produktmanager des Kesselherstellers VAPEC gab nach persönlicher Kontaktaufnahme an, dass die Lebensdauer mindestens 20-25 Jahre beträgt, was der Mindestanforderung der Kunden entspricht. In der Praxis werden die Anlagen nach seinen Erfahrungen bei fachgerechter Wartung allerdings mit bis zu über 30 Jahren wesentlich länger eingesetzt. Die Betriebskosten für Wartung und Instandhaltung sind gering und wurden mit etwa 1-1,5% der Investitionskosten beziffert.[176]

6.1.5 Realisierte Anlagen

Die Anzahl installierter EHK in Deutschland hat sich in jüngster Vergangenheit dynamisch weiterentwickelt, was an einer Reihe von fertiggestellten Einzelprojekten erkannt werden kann. Unter anderem wurde in den letzten zwei Jahren Anlagen von den Stadtwerken Flensburg, Schwerin, Lemgo, Forst und Saarbrücken errichtet, die zur Erbringung von Regelenergie betrieben werden.[177] Der Kesselhersteller VAPEC gibt auf seiner Homepage an, dass zum Stand des Jahres 2014 bereits 70 MW Regelleistung allein durch deren Kessel am deutschen Markt bereitgestellt werden.[178]

P2H-Vorreiter und Pionier ist das Land Dänemark, wo EHK bereits seit Jahrzehnten im großen Stile zur Regelung des Stromsystems eingesetzt werden. Im Jahr 2013 waren laut Gäbler und Lechner bereits 325 MW an EHK installiert.[179]

---

[175] Vgl. Groscurth und Bode, 2013, S.12
[176] Vgl. Vapec, 2014b, S.1
[177] Vgl. Forster, 2014, S.1ff.
[178] Vgl. URL: http://www.vapec.ch/elektrokessel/power-to-heat/ [28.04.2014].
[179] Vgl. Gäbler und Lechner, 2013, S.15

6.2 Thermische Wärmespeicher

Durch den Einsatz von thermischen Wärmespeichern kann die Erzeugung und der Verbrauch von Wärme in Fernwärmenetzen zeitlich voneinander entkoppelt werden.[180] Thermischen Wärmespeicher werden in drei große Gruppen, nämlich sensible Wärmspeicher, thermochemische Wärmespeicher und latente Wärmespeicher, unterschieden. In Fernwärmenetzen werden primär sensible Speicher in Form von großen Flüssigkeitstanks eingesetzt, weshalb die anderen beiden Speichergruppen nicht weiter untersucht werden.[181] Die Aufnahme und Abgabe von Energie erfolgt bei sensiblen Energiespeichern durch die Änderung der Temperatur eines Speichermediums, in den meisten Fällen Wasser oder wasserähnliche Substanzen.[182]

6.2.1 Physikalische Grundlagen

Die physikalische Grundgleichung für die Berechnung der zu- oder abgeführten Wärmemenge von thermischen Speichern ist in Formel 6 angeführt.

Formel 6: Grundgleichung thermischer Energiespeicher (Quelle: Zahoransky, 2004, S.5)

$$Q = m * c_p * \Delta T$$

Q .... Zu- oder abgeführte Wärmemenge [J]
m .... Masse des Speichermediums [kg]
c_p .... Spezifische Wärmekapazität [J/(Kg*K)], c_p Wasser = 4.200 J/(Kg*K)
ΔT .. Temperaturdifferenz [K]

---

[180] Vgl. Wünsch et al., 2011, S.5
[181] Vgl. Hewicker et al., 2013, S.69ff.
[182] Vgl. Rummich, 2009, S.75

Wärmespeicher in Fernwärmenetzen werden gegenwärtig eingesetzt, um den Einsatz von Spitzenlastkesseln zu reduzieren und kosten- und brennstoffintensive Kraftwerksanfahrvorgänge zu vermeiden. KWK Anlagen können zusätzlich von Wärmespeichern profitieren, weil durch die zeitliche Entkopplung zwischen Wärmeerzeugung und Verbrauch eine stromgeführte Fahrweise der Anlage ermöglicht wird.[183] Zudem kann durch Wärmespeicher die nötige Flexibilität für Teilnahme von KWK-Kraftwerken an Regelenergiemärkten geschaffen werden.[184]

6.2.2 Speicherarten und Größen

Wärmespeicher werden abhängig von der Größe und den individuellen Bedürfnissen des Fernwärmenetzbetreibers entweder aus Stahl- oder Betonkonstruktionen, welche das heiße Wasser umschließen und Wärmeverluste durch Dämmstoffe in der Außenwand möglichst minimieren, gebaut. In der Praxis werden Wärmespeicher mit Volumen von wenigen 10 bis mehrere 10.000 m³ errichtet. Der größte Wärmespeicher Europas wurde 2008 von der EVN AG in Österreich in Betrieb genommen und hat ein Volumen von 50.000 m³.[185] Im Abbildung 44 befindet sich eine Auflistung und kurze Beschreibung einiger großer in Europa gebauten und in Betrieb genommenen Wärmespeicher.

[183] Vgl Krzikalla et al., 2013, S.53f.

[184] Vgl. Wünsch et al., 2011, S.8

[185] Vgl. Gäbler und Lechner, 2013, S.13f.

Ausgeführte Wärmespeicher (Bauweise: Stahl)

Standort	Technische Daten	Bemerkungen
Wärmespeicher Dresden	6.600 m³ Druckspeicher 40 * 165 m³	Standort: Dresden Verschaltung von 40 Standard-Druckbehältern
Wärmespeicher Halle (Saale)	6.700 m³ bis 98 °C drucklos 22 m Höhe 22 m Ø 30 / 50 cm Isolierung (Wand/Dach)	Standort HKW Dieselstraße Betreiber: EVH GmbH zus. 500 m³ Ausgleichsvol. enthalten schwimmende obere Düse (patentiert) Spitzenlast für Gegendruck GuD Inbetriebnahme 2006
Fernwärmespeicher Linz (Österreich)	34.500 m³ bis 97 °C 65 m Höhe 27 m Ø 50 cm Isolierung	Standort: FHKW Linz-Mitte Betreiber: Linz AG u. a. zur Spitzenlastabdeckung untere Speichertemperatur 55 °C Inbetriebnahme 2004
Fernwärmespeicher Theiß (Österreich)	50.000 m³ drucklos 30 m Höhe 50 m Ø	Standort: Kraftwerk Theiß Betreiber: EVN AG größter Speicher Europas ehemaliger Öltank Inbetriebnahme 2008

Ausgeführte Wärmespeicher (Bauweise: Beton, meist als Saisonspeicher)

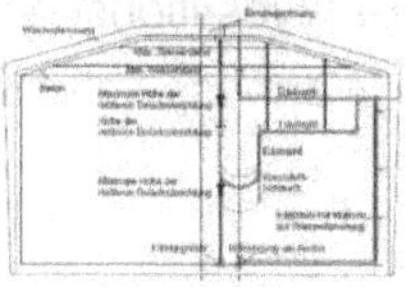

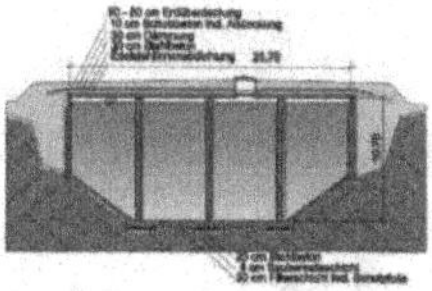

Standort	Technische Daten	Bemerkungen
Wärmespeicher Hannover	2.795 m³ drucklos Betonbehälter 11 m Höhe 19 m Ø Blähglasdämmung	Standort Kronsberg erstmals mit Hochleistungsbeton ohne weitere Auskleidung (diffusionshemmend) Be- und Entladung auf 3 Ebenen Wasserverluste jährlich 4-10 m³ Umgebungstemp. Erdreich nach 4 Jahren stabil bei 18-30 °C Baukosten ca. 240 €/m³ Inbetriebnahme ca. 2000
Wärmespeicher Hamburg	4.500 m³ drucklos Betonbehälter Edelstahlauskleidung 11 m Höhe 26 m Ø	Standort Bramfeld Baukosten ca. 213 €/m³ Inbetriebnahme 1996
Wärmespeicher Friedrichshafen	12.000 m³ drucklos Betonbehälter Edelstahlauskleidung 20 m Höhe 32 m Ø Ist-Betrieb: 40-85 °C Mineralfaserdämmung	Standort Wiggenhausen-Süd seit 2005 ca. 25 % höhere Wärmeverluste (Ursache vermutlich Durchfeuchtung) Umgebungstemp. Erdreich seit IBN steigend, in 2008 bei ca. 30-40 °C Baukosten ca. 114 €/m³ Inbetriebnahme 1996

Abbildung 44: Kenndaten realisierter Wärmespeicher (Quelle: Gäbler und Lechner, 2013, S.13 f.).

Unabhängig vom Konstruktionsmaterial muss bei Wärmespeichern zwischen drucklosen und druckbehafteten Speichern unterschieden werden. Bei den drucklosen Speichern liegt die maximale Speichertemperatur leicht unter der Siedetemperatur von Wasser bei 95 bis 99°C.[186] Der für die speicherbare Energiemenge ausschlaggebende Temperaturhub ergibt sich durch die Vor- und Rücklauftemperaturen im Fernwärmenetz. Bei einem Temperaturhub von 40°C, was beispielsweise durch eine Vorlauftemperatur von 100°C und eine Rücklauftemperatur von 60°C gewährleistet werden kann, könnten in einem drucklosen Speicher pro m³ bis zu 46,6 KWh an Wärme gespeichert werden.[187] Diese einfache Berechnung deckt sich mit den Ergebnissen von Wünsch et al., die angeben, dass in drucklosen Wärmespeichern pro m³ ca. 45 KWh nutzbare Wärme gespeichert werden können.[188]

In druckbehafteten Speichern kann das Speichermedium durch die hohen Drücke im Speicher ohne zu verdampfen auf eine Temperatur von 120 bis 130°C erhöht werden, wodurch eine um 30 bis 40 % höhere Speicherkapazität pro Speichervolumen als bei drucklosen Speichern möglich ist. Dem gegenüber stehen wesentlich höhere Investitionskosten und eine komplexere hydraulische Einbindung des Wärmespeichers in das Fernwärmenetz.[189]

6.2.3 Kosten

Ähnlich wie bei den EHK bestehen bei Wärmespeichern hinsichtlich derer spezifischer Kosten in €/m³ Skaleneffekte in Abhängigkeit der Gesamtgröße des Speichers.[190] Für Speicher zwischen 0 und 20 m³ wurde von

[186] Vgl. Wünsch et al., 2011, S.8

[187] Berechnung durch Einsetzen in Formel 6 und umwandeln von Joule in KWh

[188] Vgl. Wünsch et al., 2011, S.21

[189] Vgl. Wünsch et al., 2011, S.8f.

[190] Vgl. Beer, 2011, S.13

Gebhardt et al. eine Kostenfunktion aus den Preisen vieler einzelner Pufferspeicher mit Temperaturen bis zu 95°C gebildet. Bei einem Speichervolumen von 1m³ betragen die Kosten nach Formel 7 sehr hohe 1.458€/m³, bei 10m³ nur mehr 629€/m³.[191]

Formel 7: Kostenfunktion Wärmespeicher < 20m² (Quelle: Gebhardt et al., 2002, S.351)

$$Ik = \frac{18{,}179 * V^{0{,}6347}}{V}$$

Ik.... Investitionskosten Wärmespeicher [€/m³]
V .... Volumen [Liter]

Bei der Angabe der spezifischen Investitionskosten bei größeren Speichervolumen, die für Fernwärmenetze wesentlich interessanter wären, gibt es relativ große Unterschiede zwischen verschiedenen Literaturquellen. Schulz und Brandstätt[192] hat ebenso wie Beer[193] nach eigenen Erhebungen versucht, die Kosten von drucklosen Wärmespeichern mit Größen bis zu 50.000m³ abzubilden. Weil in deren Veröffentlichungen leider keine mathematisch ausgedrückte Funktion der Kosten in Abhängigkeit des Volumens angegeben ist, wurden Stichpunkte aus den veröffentlichten Grafiken entnommen, mit denen im nächsten Schritt eine möglichst exakte polynomische Funktion gebildet wurde. Da sich die Investitionskosten bei beiden Forschern ab ca. 5.000 m³ nur mehr sehr wenig und relativ linear verändern, wurden getrennt Funktionen für Speicher von 20 bis 5.000 m³ und 5.000 bis 50.000 m³ berechnet.

[191] Vgl. Gebhardt et al., 2002, S.351
[192] Vgl. Schulz und Brandstätt, 2013, S.24
[193] Vgl. Beer, 2011, S.13

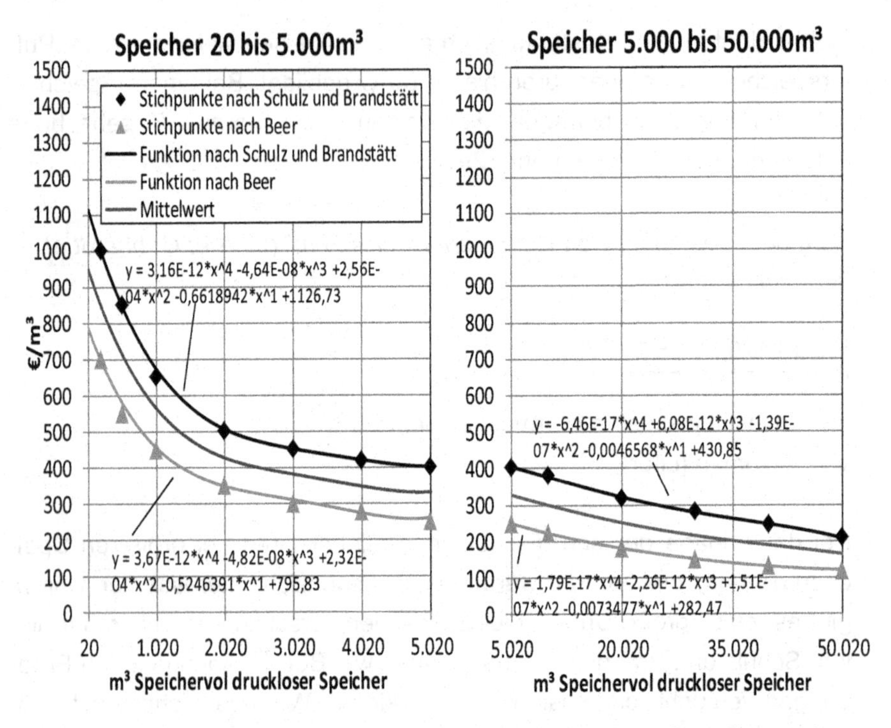

Abbildung 45: Wärmespeicher Investitionskosten (Quelle: Eigene Darstellung. Daten entnommen aus: Schulz und Brandstätt, 2013, S.24 und Beer, 2011, S.13)

In Abbildung 45 sind sowohl die entnommenen Stichpunkte als auch die selbst gebildeten Funktionen dargestellt. Es ist zu erkennen, dass beide Funktionen hinsichtlich der Kostenreduktion mit zunehmenden Volumen einen sehr ähnlichen Verlauf haben, allerdings gehen Schulz und Brandstätt von wesentlich höheren spezifischen Investitionskosten aus als Beer. Weil nicht bekannt ist, welche der Veröffentlichungen in Anbetracht der Höhe der Investitionskosten besser liegt, wurde der Mittelwert der beiden Funktionen als gültige Kostenfunktion angesehen und für weitere Berechnungen dieser Masterarbeit verwendet.

Über die jährlichen Betriebskosten von Wärmespeichern konnten in der Fachliteratur leider keine Angaben gefunden werden, es wird deshalb angenommen, dass diese ähnlich wie bei EHK im Bereich von ca. 1-2% der Investitionskosten liegen. Die Lebensdauer der Speicher hängt einerseits von der Anzahl an Speicherzyklen, andererseits von dessen Alter und der eingesetzten Materialien ab[194] und wird mit 25 Jahren angegeben.[195]

6.2.4 Rechtliche Aspekte

Eines der größten Hemmnisse für den Einsatz von Elektroheizern in Fernwärmenetzen ist die derzeitige vollständige Belastung mit Netzentgelten und Umlagen, die im Falle eines Einsatzes neben den Marktpreisen für Strom bezahlt werden müssen (Tabelle 11).[196]

Entgelte und Abgaben auf Strom zur Verwendung in Elektroheizern (Stand 2013)	
Komponente	**ct/KWh**
Übertragungsnetzentgelt	2,2*
Verteilnetzentgelt	
Systemabgabe	
Konzessionsabgabe	0,11
EEG-Umlage	5,277
KWK-Umlage	0,06
Offshore Umlage	0,25
§19 Umlage	0,05
Stromsteuer	2,05
Gesamt	**9,997**

*nur Arbeits- exklusive Leistungspreis

Tabelle 11: Entgelte und Abgaben auf Strom für EHK (Quelle: Schulz und Brandstätt, 2013, S.59)

---

[194] Vgl. URL:
http://www.energie-lexikon.info/energiespeicher.html [01.05.2014].

[195] Vgl. Groscurth und Bode, 2013, S.12

[196] Vgl. Krzikalla, 2013, S.37

Stellt sich am Großhandelsmarkt beispielsweise ein Preis von 0 €/MWh ein, was auf ein eindeutiges Überangebot erneuerbarer Energien hindeutet, könnte das Stromnetz durch den Einsatz von Elektroheizern gestützt werden.[197] Aus wirtschaftlicher Sichtweise wird ein Anlagenbetreiber seinen EHK trotz des niedrigen Strompreises nicht einsetzen, weil Netzentgelte und Umlagen in Höhe von ca. 100 €/MWh bezahlt werden müssen und somit mit dem EHK höhere Kosten als bei Erzeugung der benötigten Wärme mit den bestehenden Wärmekraftwerk entstehen würden.

Welche Kostenkomponenten für den Strombezug in der Praxis wirklich anfallen ist stark individuell abhängig, weil in Deutschland Sonderregelungen für eine Reduzierung der Konzessionsabgabe und Netzentgelte für Strom zur Verwendung in Elektroheizern bestehen. Zudem besteht die Möglichkeit, bei Nutzung von sogenanntem Eigenstrom (Strom der vor Ort vom Anlagenbetreiber selbst erzeugt wurde) in bestimmtem Ausmaß eine Befreiung der EEG- und KWK-Umlage, der Stromsteuer und je nach technischer Ausführung auch Netzentgelte und Konzessionsabgaben zu bewirken.[198] Trotz dieser eventuell nutzbaren Sonderregelungen gibt es in Deutschland keine konkrete gesetzliche Regelung, wo der Bezug von Strom mit Elektroheizern gehandhabt wird. Durch das vorher angeführte Beispiel wird jedenfalls schnell klar, dass ein EHK auch bei Reduzierung einiger der in Tabelle 11 aufgezählten Kostenkomponenten derzeit nur bei sehr hohen negativen Strompreisen am Großhandelsmarkt vermarktet werden könnte und somit ein wirtschaftlicher Betrieb nur durch weitere Erlösquellen, wie etwa einer Teilnahme an Regelenergiemärkten, möglich ist.[199]

---

[197] Vgl. Krzikalla et al., 2013, S.37

[198] Vgl. Schulz und Brandstätt, 2013, S.59

[199] Vgl. Götz et al., 2013a, S.10ff.

6.3 Einsatz von Elektroheizern am Großhandelsmarkt

Grundsätzlich kann der Strom für EHK über den Großhandelsmarkt, beispielsweise am Spotmarkt der Börse EEX, bezogen werden. Wie im vorherigen Kapitel erwähnt ist dies aufgrund der Problematik von zu bezahlenden Netzentgelten und Abgaben nur in Stunden mit hohen negativen Preisen wirtschaftlich sinnvoll.[200] Würden Elektroheizer theoretisch gesetzlich vollständig von Netzentgelten und Abgaben befreit werden, könnte ein Einsatz von Elektroheizern immer dann erfolgen, wenn Strompreise tiefer als die individuellen Grenzkosten eines Heizwerkes oder Heizkraftwerkes sind.

Am vereinfachenden Beispiel eines Gasheizwerkes ohne Wärmespeicher mit Gasbezugskosten von 20 €/MWh und einem Wirkungsgrad von 80% würde eine elektrische Wärmeerzeugung aus Sichtweise des Betreibers ab Unterschreitung eines Strompreises von 25 €/MWh wirtschaftlich sinnvoll sein. Eine Jahresdauerlinie der niedrigsten Spotmarktpreise des Jahres 2013 (Abbildung 46) zeigt, dass dieser Grenzpreis in 1.492 Stunden unterschritten worden wäre. In 64 Stunden war der Strompreis negativ, womit der Kraftwerksbetreiber bei Einsatz des Elektrokessels sogar Geld bezahlt bekommen hätte.[201]

[200] Vgl. Götz et al., 2013a, S.10

[201] Vgl. URL: http://www.epexspot.com/de/marktdaten/auktionshandel/auction-table [01.05.2014].

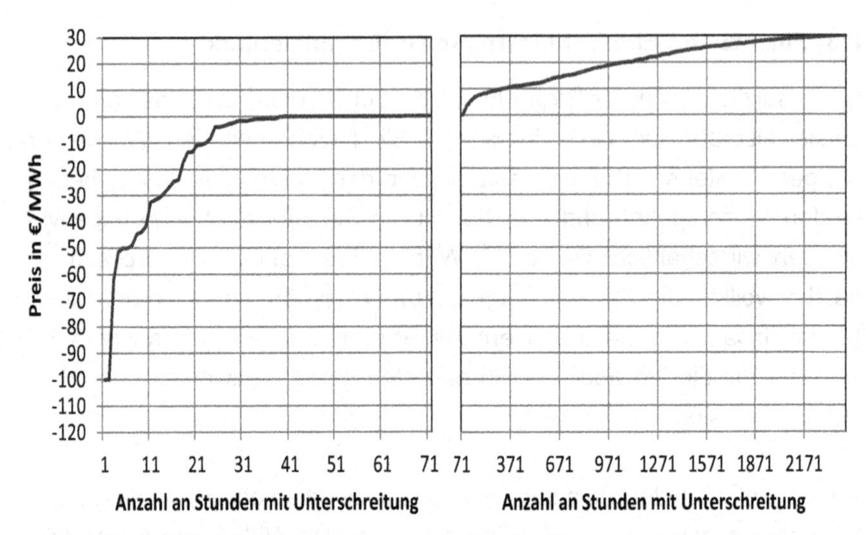

Abbildung 46: EPEX Spot Preise 2013 geordnet (Quelle: Eigene Darstellung, Daten entnommen aus: URL: http://www.epexspot.com/de/marktdaten/auktionshandel/auction-table [01.05.2014]).

Die Einsparung des Heizwerkbetreibers gegenüber der konventionellen Erzeugung der Wärme würde der Differenz zwischen seinen Grenzkosten von 25€/MWh und dem Spotmarktpreis entsprechen. Das Mittel aller Preise unterhalb 25€/MWh lag 2013 bei 14,3 €/MWh, womit pro mit dem EHK erzeugter MWh 10,7€/MWh eingespart werden würde.[202] Beträgt die jahresmittlere Wärmenachfrage 25 MW und wird ein EHK mit gleicher Leistung installiert, hätten in den Stunden mit Unterschreitung des Grenzpreises durchschnittlich etwa 17 MW durch den EHK (η~100%) zur Wärmelastdeckung beigetragen werden können. Ermittelt wurde dieser Wert mit Hilfe des in Punkt 5.6 ermittelten typischen Wärmelastgangs. In jeder Stunde des Jahres mit einem Strompreis < 25 €/MWh wurde das Minimum aus Wärmenachfrage eines Lastgangs mit einem Jahresmittel von 25 MW und der Leistung des EHK von 25 MW gebildet. Es entsteht

[202] Vgl. URL: http://www.epexspot.com/de/marktdaten/auktionshandel/auction-table [01.05.2014].

eine durchschnittliche Leistung von deutlich unter 25 MW, weil der EHK im Sommer bei niedriger Wärmenachfrage ohne Vorhandensein eines Wärmespeichers nicht mit seiner vollen Leistung eingesetzt werden kann. Im ganzen Jahr hätten also 17 MW * 1.492 h = 25.364 MWh der gesamten Wärmenachfrage von 219.000 MWh beigetragen werden können. Die Einsparung pro Jahr würde bei 10,7 €/MWh dann 271.395 € betragen, was bei spezifischen Investitionskosten von 100 €/kW zu einer statischen Amortisationszeit von 9,21 Jahren führen würde. Dieses stark vereinfachende Beispiel zeigt, dass ohne Belastung durch Netzentgelte und Steuern bereits heute ein wirtschaftlicher Betrieb am Großhandelsmarkt möglich wäre.

6.4 Einsatz von Elektroheizern am Regelenergiemarkt

Der derzeitige Anreiz der Errichtung eines EHK liegt einzig und allein bei der Teilnahme an lukrativen Regelenergiemärkten. Im folgenden Kapitel werden die theoretischen Grundlagen zu Regelenergie kurz dargelegt und die Märkte in Österreich und Deutschland analysiert, um abschließend den realen Betrieb eines beispielhaften EHK am Regelenergiemarkt zu simulieren und wirtschaftlich zu bewerten. Die Analysen und Simulationen wurden auf negative Sekundärregelleistung (SRL) eingeschränkt, weil negative SRL in der Fachliteratur als deutlich lukrativste Regelenergieart für Elektroheizer identifiziert wird.[203]

6.4.1 Grundlagen zu Regelenergie

Um eine gleichmäßige Frequenz und Spannung im Stromnetz, welche für die nötige Systemsicherheit und Stabilität sorgt, aufrecht zu erhalten müssen Angebot und Nachfrage innerhalb einer Regelzone kontinuierlich im Gleichgewicht gehalten werden. Die ÜNB sind für die Gewährleistung

---

[203] Vgl. Stadtwerke Schwerin, 2014, S.7

dieses Balanceakts innerhalb ihrer Regelzone verantwortlich.[204] Dies geschieht mit der sogenannten Wirkleistungs-Frequenz-Regelung, welche die Abweichungen der Soll-Frequenz von 50 Hz kontinuierlich korrigiert. Die Regelung erfolgt in 3 Stufen bzw. über die Erbringung von drei unterschiedlichen Regelenergiearten, der Primärregelleistung (PRL), Sekundärregelleistung (SRL) und Tertiärregelleistung (TRL).[205]

6.4.1.1 Primärregelleistung

Die erste Stufe der Frequenzregelung, die sogenannte Primärregelung, wird aus bereits rotierenden Maschinen bereitgestellt, um die Frequenz in Echtzeit zu stabilisieren und geringfügige Abweichungen vom Sollwert von 50 Hz zu korrigieren. Dieser vollautomatische Korrekturvorgang geschieht durch den Einsatz von Turbinenreglern, die den Arbeitspunkt einer Maschine bei einer Frequenzabweichung nach oben oder unten verlegen. Je stärker die Frequenz vom Sollwert abweicht, umso mehr PRL wird aktiviert. Die maximale PRL-Aktivierung muss spätestens 30 Sekunden nach Auftreten einer Sollwertabweichung von allen teilnehmenden Maschinen erreicht werden und für zumindest 30 Minuten gehalten werden können. Steigt die Abweichung im Drehstromverbundnetz auf mehr als 0,2 Hz an, ist die PRL ausgeschöpft und die nächste Stufe der Netzregelung, die SRL, wird aktiviert.[206]

6.4.1.2 Sekundärregelleistung

SRL wird aktiviert wenn die Abweichung der Sollfrequenz länger als 30 Sekunden dauert bzw. wenn dies im Vorhinein angenommen wird.[207] Durch die Aktivierung der SRL wird die PRL entlastet und wieder verfügbar gemacht und Sollwertabweichungen mit längerer Dauer von bis zu 15

---

[204] Vgl. Theobald et al., 2003, S.1
[205] Vgl. Theobald et al., 2003, S.1
[206] Vgl. URL: http://www.apg.at/de/markt/netzregelung/primaerregelung/faq [02.05.2014].
[207] Vgl. URL: http://www.apg.at/de/markt/netzregelung/sekundaerregelung/faq [02.05.2014].

Minuten korrigiert.[208] Die maximal aktivierbare Leistung muss nach spätestens 5 Minuten zur Verfügung stehen, was somit als wesentliches Präqualifikationskriterium für teilnehmende Kraftwerke gilt.[209] SRL wird getrennt in positive und negative Richtung von präqualifizierten Maschinen vorgehalten und automatisch durch Übertragung eines SRL-Sollsignals abgerufen.[210]

6.4.1.3 Tertiärregelleistung

Wird die Frequenzabweichung nicht binnen 15 Minuten korrigiert, erfolgt die manuelle Aktivierung der Tertiärregelung, auch als Minutenreserve bezeichnet, durch den ÜNB, um die SRL und PRL zu entlasten und wieder verfügbar zu machen.[211] In Deutschland erfolgte der Abruf von Minutenreserve bis 2012 über einen manuellen Anruf des ÜNB's beim Kraftwerksbetreiber, seitdem wurden auch hier automatisierte Prozesse eingeführt.[212]

6.4.2 Der Markt für Regelenergie

Um als Kraftwerksbetreiber oder auch als großer Verbraucher an Regelenergiemärkten teilnehmen zu können, muss ein Präqualifikationsverfahren getrennt für PRL, SRL und TRL durchlaufen werden, in dem die technischen Fähigkeiten der Anlage durch den Übertragungsnetzbetreiber auf die von ihm geforderten Mindestanforderungen geprüft werden. Bei positiver Präqualifikation ist die Anlage berechtigt, an wettbewerblichen Regelenergieausschreibungen teilzunehmen. Diese Ausschreibungen werden auf einer Online-Ausschreibungsplattform abgewickelt und funktionieren grundsätzlich wie eine Auktion, bei der die billigsten Anbie-

---

[208] Vgl. Theobald et al., 2003, S.4

[209] Vgl. Fussi et al., 2011, S.3f.

[210] Vgl. URL: http://www.apg.at/de/markt/netzregelung/sekundaerregelung/faq [02.05.2014].

[211] Vgl. URL: http://www.apg.at/de/markt/netzregelung/tertiaerregelung/faq [02.05.2014].

[212] Vgl. URL: https://www.regelleistung.net/ip/action/static/ausschreibungMrl [02.05.2014].

ter einen Zuschlag erhalten (pay-as-bid-System).[213] In Deutschland finden Auktionen bei PRL[214] und SRL[215] wöchentlich für die jeweilige Folgewoche und bei TRL[216] täglich für den jeweiligen Folgetag statt. Bei jeder Auktion wird vom ÜNB die von ihm zur Netzregelung benötigte Leistung, welche in Deutschland ca. je 2.000 MW[217] und in Österreich je 200 MW[218] in positive und negative Richtung beträgt, ausgeschrieben.

Präqualifizierte Anlagen haben die Möglichkeit, vor einer definierten Abgabefrist Gebote mit einer Leistung >=5MW sowie einem Leistungs- und Arbeitspreis (SRL und TRL) bzw. bei PRL nur mit Leistungspreis einzureichen. Der ÜNB reiht nach der Abgabefrist die Leistungspreise sämtlicher Gebote in einer Merit Order und erteilt den billigsten Anbietern zur Deckung seines Regelenergiebedarfs einen Zuschlag. Bezuschlagte Gebote erhalten für die Vorhaltung von Leistung den individuell eingestellten Leistungspreis ausbezahlt und sind verpflichtet, die angebotene Leistung für den ausgeschriebenen Zeitraum in präqualifizierten Anlagen vorzuhalten.[219] Dieses wettbewerbliche Prinzip soll gewährleisten, dass die ausgeschriebene Leistung immer von jenen Marktteilnehmern vorgehalten wird, die diese Dienstleistung am günstigsten erbringen können.

Nach jeder Ausschreibung werden die Leistungspreise aller bezuschlagter Gebote veröffentlicht, womit Transparenz über die billigsten und teuersten bezuschlagten Gebote geschaffen wird.[220] Weil jeder Anbieter bei Zuschlag den individuell eingestellten Leistungspreis ausbezahlt bekommt, werden diese versuchen, ein Gebot möglichst knapp unterhalb

---

[213] Vgl. Fussi et al., 2011, S.5

[214] URL: https://www.regelleistung.net/ip/action/static/ausschreibungPrl [02.05.2014].

[215] URL: https://www.regelleistung.net/ip/action/static/ausschreibungSrl [02.05.2014].

[216] URL: https://www.regelleistung.net/ip/action/static/ausschreibungMrl [02.05.2014].

[217] Vgl. URL: https://www.regelleistung.net/ip/action/ausschreibung/public [02.05.2014].

[218] Vgl. Graf, 2013, S.8

[219] Vgl. Fussi et al., 2011, S.5f.

[220] URL: https://www.regelleistung.net/ip/action/ausschreibung/public [10.06.2014].

des Grenzleistungspreises abzugeben, um deren Leistungspreiserlöse zu maximieren. Bietet der Anbieter nicht zu seinen individuellen Grenzkosten an und spekuliert auf einen höheren Grenzleistungspreis (z.B.: Spekulation auf Verknappung im Markt oder Fortschreibung des bisherigen Trends des Grenzleistungspreises), riskiert er eine Ablehnung seines Gebotes, womit gleichzeitig auch die Möglichkeit der Generierung von Arbeitspreiserlösen für den ausgeschriebenen Zeitraum verloren geht.

Während der Leistungspreis (LP) das einzige Zuschlagskriterium darstellt, entscheidet der Arbeitspreis (AP) bei SRL und TRL über die Reihenfolge, in der die Anbieter bei Regelenergiebedarf abgerufen werden. Hierfür werden die Arbeitspreise aller bezuschlagter Gebote vom ÜNB in einer Merit Order geordnet, die für Abrufe innerhalb des Ausschreibungszeitraums eingehalten werden muss.[221] Hat ein bezuschlagter Anbieter beispielsweise für SRL ein Gebot mit einem Arbeitspreis von 6.000 €/MWh eingestellt, wird er sich am Ende der Arbeitspreis-Merit-Order befinden und somit als letzter bezuschlagter Anbieter nur dann vom ÜNB abgerufen werden, wenn die gesamte ausgeschrieben Leistung zur Korrektur des Regelzonensaldos benötigt wird. Finden keine außergewöhnlichen Regelenergieabrufe statt wird der Anbieter in diesem konkreten Beispiel also keinen Abruf und somit auch keine Arbeitspreiserlöse erhalten. Weil sämtliche Leistungs- und Arbeitspreise in anonymen Ergebnislisten veröffentlich werden, kann der Anbieter über den Arbeitspreis sehr gut steuern, welche Kombination aus Abrufwahrscheinlichkeit und Arbeitspreis er wählt. Die Festlegung des Arbeitspreises kann aus Sicht des Anbieters sowohl nach seinem individuellen monetären Optimum (Maximum aus Arbeitspreis*Abrufwahrscheinlichkeit), aber auch nach strategischen Gesichtspunkten erfolgen.

[221] Vgl. Fussi et al., 2011, S.5f.

6.4.3 Eignung Elektroheizer für Regelenergie

Prinzipiell wären EHK technisch zur Bereitstellung von allen drei Regelenergiearten geeignet, was an den Leistungsänderungsgeschwindigkeiten in Abbildung 42 zu erkennen ist.[222] Eine Teilnahme am Primärregelenergiemarkt kann ausgeschlossen werden, weil sich der EHK hierfür kontinuierlich in Betrieb befinden müsste, um gleichzeitig freie Leistung in positive und negative Richtung vorhalten zu können.

Die Bereitstellung von negativer SRL und TRL erfolgt bei einem Leistungsüberschuss im Stromverbund und kann beispielsweise durch die Leistungsreduzierung von bereits in Betrieb befindlichen Kraftwerken oder auch durch die Einschaltung flexibler elektrischer Verbraucher, wie etwa einen EHK, erfolgen. Im Anwendungsfall des EHK bedeutet dies, dass die Leistung im Stillstand vorgehalten und im Falle eines Abrufs je nach Regelenergiebedarf erhöht wird. Positive SRL und TRL wird bei einem Leistungsdefizit benötigt und kann durch die Leistungserhöhung von bereits in Betrieb befindlichen oder sehr regelschnellen abgeschalteten Kraftwerken (z.B.: Speicherkraftwerk Wasser) sowie durch die Abschaltung von flexiblen elektrischen Verbrauchern geleistet werden.[223] Weil sich der EHK für die Erbringung positiver SRL kontinuierlich in Betrieb befinden müsste, um bei einem Abruf Leistung reduzieren zu können, kann neben einer Teilnahme an der Primärregelung auch jene an positiver SRL und TRL ausgeschlossen werden.

Somit bleibt für eine nähere Untersuchung nur mehr die Teilnahme an negativer SRL und TRL übrig. Die folgenden Analysen und Auswertungen konzentrieren sich auf den SRL Markt, weil dieser in der Fachliteratur als lukrativster Markt für EHK argumentiert wird.[224]

---

[222] Vgl. Stadtwerke Schwerin, 2014, S.15

[223] Vgl. URL: http://www.apg.at/de/markt/netzregelung/sekundaerregelung [02.05.2014].

[224] Vgl. Stadtwerke Schwerin, 2014, S.

6.4.4 Analyse SRL-Markt Österreich und Deutschland

Sämtliche Daten wurden den in Tabelle 12 dargestellten Quellen für jede einzelne Kalenderwoche entnommen, zusammengefasst und ausgewertet. Dabei wurden Abrufdaten aus dem Jahr 2012 und Preisdaten von Anfang 2013 bis Februar 2014 verwendet. Abrufdaten von 2012 wurden verwendet, weil im später folgenden Kapitel 6.4.5 eine Simulation der Vermarktung eines EHK am SRL Markt mit Hilfe des in Kapitel 5.6 modellierten stündlichen Fernwärmelastgangs für das Jahr 2012 erstellt wurde und somit eventuelle Zusammenhänge zwischen Regelenergiebedarf und Temperatur- und Witterungsbedingungen korrekt abgebildet sind. Weil Abrufe stochastisch bedingt sind ist die Verwendung der Daten aus 2012 zur Analyse von Abrufwahrscheinlichkeiten ausreichend und führt zu denselben Grundaussagen wie mit den Daten aus 2013.

Datentyp	Land	Quelle	Jahr	Quelle Detail
Abrufe	AUT	APG	2012	http://www.apg.at/de/markt/netzregelung/sekundaerregelung [06.01.2014].
LP			2013-2014	https://www.apg.at/emwebapgrem/startApp.do [06.01.2014].
AP			2013-2014	https://www.apg.at/emwebapgrem/startApp.do [06.01.2014].
Abrufe	DE	Netzregelverbund	2012	https://www.regelleistung.net/ip/action/abrufwert [06.01.2014].
LP			2013-2014	https://www.regelleistung.net/ip/action/ausschreibung/public [06.01.2014].
AP			2013-2014	https://www.regelleistung.net/ip/action/ausschreibung/public [06.01.2014].

Tabelle 12: SRL-Daten Quellen Übersicht (Quelle: Eigene Darstellung).

Bei den Preisen hingegen wurde ein hoher Wert auf die Verwendung möglichst aktueller Daten gelegt, weil diese durch das Bieterverhalten der Marktteilnehmer wesentlich beeinflusst werden und sich binnen kürzester Zeit stark verändern können.

6.4.4.1 Ausgeschriebene Leistungen und Produkte

Die ausgeschriebenen SRL-Leistungen in Deutschland werden gelegentlich vom ÜNB geringfügig verändert und befanden sich im Jahr 2013 für positive und negative SRL etwa bei je 2.000 MW.[225] In Österreich beträgt

[225] Vgl. URL: https://www.regelleistung.net/ip/action/ausschreibung/public [02.05.2014].

die für SRL ausgeschriebene Leistung in positive und negative Richtung seit 2012 exakt je 200 MW.[226]

In Deutschland werden SRL Produkte getrennt für Hochtarif (HT)- und Niedertarifzeiten (NT) ausgeschrieben, weshalb je zwei SRL Produkte in positive (POS HT und POS NT) und negative Richtung (NEG HT und NEG NT) existieren. Als Niedertarifzeit sind dabei sämtliche Stunden von 0 bis 8 Uhr und 20 bis 24 Uhr sowie Wochenenden und bundesweite Feiertage definiert, alle anderen Stunden gehören zur Hochtarifzeit. In Summe bestehen in Deutschland also 4 unterschiedliche SRL Produkte.[227] In Österreich werden 6 SRL Produkte ausgeschrieben, weil das Wochenende (WE) neben HT und NT als eigene Zeitscheibe angesehen wird. Zudem werden bundesweite Feiertage in Österreich nicht automatisch dem NT zugeordnet.[228] Um die Lesbarkeit der Auswertungen zur vereinfachen und Vergleiche zwischen Österreich und Deutschland zu ermöglichen, wurden die Daten der Tarifzeiten NT und WE für Österreich zu einem gewichteten Mittel zusammengeführt, wobei der NT mit 60/108 und das WE mit 48/108 gewichtet wurden.[229]

6.4.4.2 Abrufe

Zunächst werden die vorhanden Regelzonenabrufe in Deutschland und Österreich, die stochastisch sind und unabhängig von den von Anbietern eingestellten Preisen stattfinden, untersucht. Zur besseren Handhabung der großen Datenmengen wurden nicht die abrechnungsentscheidenden Viertelstunden- sondern Stundenmittelwerte des Jahres 2012 verwendet. Abbildung 47 zeigt die positiven und negativen Abrufe von Österreich und des deutschen Netzregelverbundes. An den Jahresdauerlinien für Öster-

---

[226] Vgl. Graf, 2013, S.8

[227] Vgl. URL: https://www.regelleistung.net/ip/action/ausschreibung/public [02.05.2014].

[228] Vgl. Graf, 2013, S.5

[229] NT und WE haben zusammen 108 Stunden, davon fallen 60 in den NT und 48 in das WE

reich (APG) ist zu erkennen, dass der Abruf von SRL im Jahr 2012 wesentlich häufiger und intensiver in negative als positive Richtung stattgefunden hat. In Deutschland bestehen nur geringe Unterschiede zwischen den beiden Abrufrichtungen, allerdings fällt auf, dass der negative Abruf verglichen mit APG deutlich geringer ist. Insbesondere ein Abruf des letzten Viertels der ausgeschriebenen Leistungssummen (150-200 MWh APG, 1.500-2.000 MWh NRV) wird in Österreich verglichen mit Deutschland viel häufiger zum Ausgleich des Regelzonensaldos benötigt.

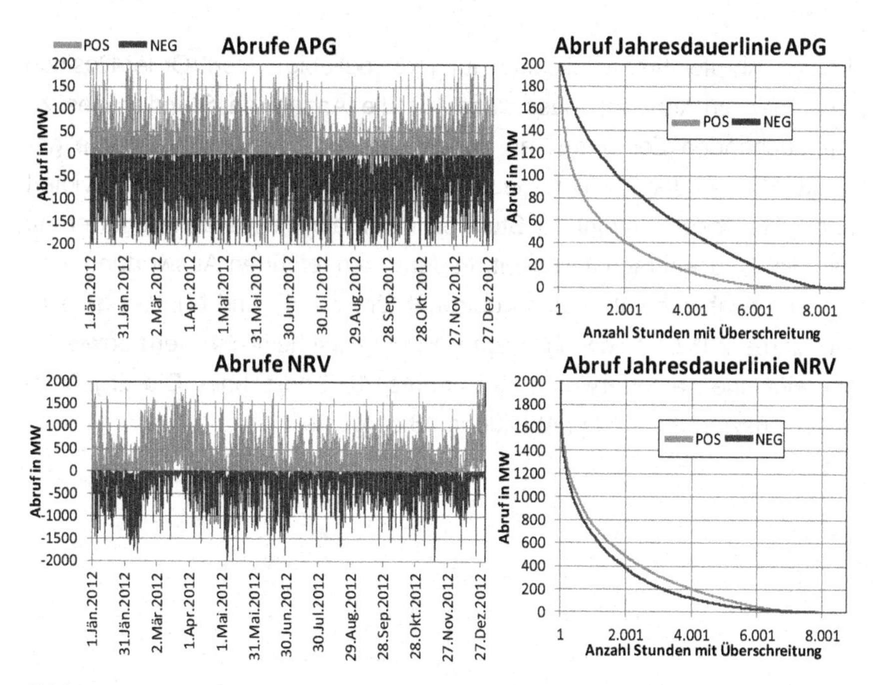

Abbildung 47: SRL Abrufe APG und NRV (Quelle: Eigene Darstellung).

Um belastbare Aussagen darüber zu treffen, welche Abrufe aus Sicht von den Anbietern bei bestimmten Positionen in der Abruf-Merit-Order zu erwarten sind, wurden Abrufwahrscheinlichkeiten gemäß Formel 8 berechnet.

Formel 8: SRL Abrufwahrscheinlichkeit (Quelle: Eigene Darstellung).

$$AWK_{(m)}=\frac{\sum_{i=1}^{k} a_{(i)} \geq m}{k}$$

i .... Stunde i innerhalb des untersuchten Zeitraums
k .... Anzahl Stunden des untersuchten Zeitraums
m .... Merit Order Position (AUT 0 bis 200 MW, DE 0 bis 2.000MW)
$AWK_{(m)}$ ..... Abrufwahrscheinlichkeit bei Merit Order Position m
$a_{(i)}$ .... SRL Abruf in Stunde i

Um die Abrufwahrscheinlichkeit für jede beliebige Merit-Order-Position berechnen zu können, muss zunächst die Anzahl an Stunden des zu untersuchenden Zeitraums, an denen der Abruf höher war als die gewählte Merit-Order-Position, gezählt werden. Wird diese Anzahl dividiert durch die Gesamtanzahl an Stunden innerhalb dieses Zeitraums erhält man die Abrufwahrscheinlichkeit. In der durchgeführten Auswertung wurden Abrufwahrscheinlichkeiten getrennt für den HT und NT des gesamten Jahres 2012 (Durchschnittliche Abrufwahrscheinlichkeiten) sowie für jede einzelne Kalenderwoche des Jahres 2012 berechnet. Die Ergebnisse der Auswertung sind in Abbildung 48 dargestellt.

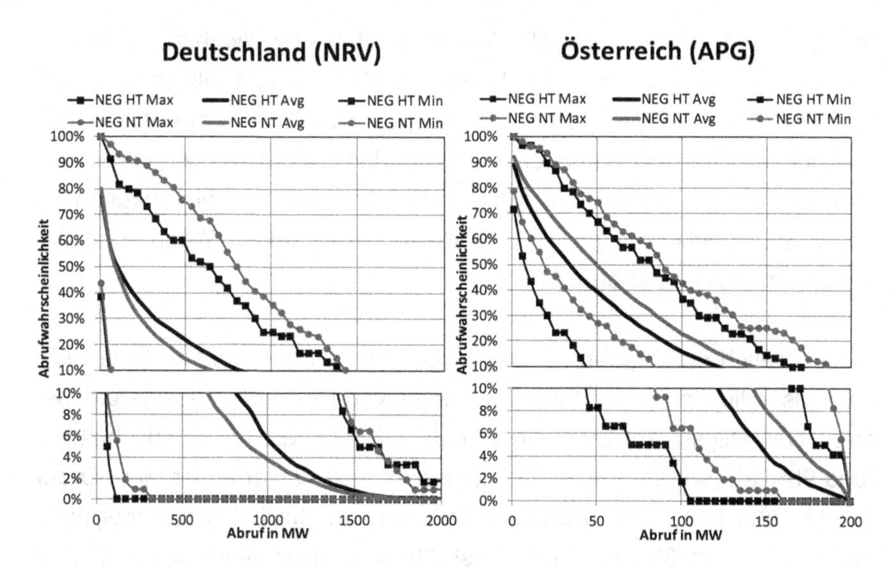

Abbildung 48: SRL Abrufwahrscheinlichkeiten 2012 (Quelle: Eigene Darstellung)

Die „dicken“ Linien stellen dabei die durchschnittliche Abrufwahrscheinlichkeit von NEG NT und NEG HT des Jahres 2012 dar. Weil Ausschreibungen für SRL wie bereits erwähnt immer für ganze Kalenderwochen durchgeführt werden bieten die Abrufwahrscheinlichkeiten einzelner Wochen Auskunft darüber, welche Extreme in der Praxis auftreten können. Die dünnen Linien repräsentieren deshalb die Minima und Maxima der Abrufwahrscheinlichkeiten der einzelnen Kalenderwochen und zeigen, dass in den einzelnen Wochen eine äußerst große Streuung bestehen kann. Um auch am hinteren Ende der Merit-Order noch Abrufwahrscheinlichkeiten im einstelligen Prozentbereich erkennen zu können, wird die Achsenskalierung unter einer Abrufwahrscheinlichkeit von unter 10% mit höherer Auflösung dargestellt.

In Deutschland wird der Anbieter mit dem billigsten Arbeitspreisen durchschnittlich in 80% aller Stunden im NT und HT abgerufen. Die möglichen Spannweiten in Wochen mit sehr hohen bzw. niedrigen Abrufen reichen von etwa 40 bis fast 100%. Bei Positionierung am Ende des ersten Viertels der Merit Order bei ca. 500 MW erreicht die Abrufwahrscheinlichkeit nur mehr durchschnittliche Werte von 10-20% mit Ausreißern in einzelnen Wochen von 0-75%. Ein Abruf von über 1.000 MW hat durchschnittlich nur in 4-6% aller Stunden stattgefunden. Im letzten Viertel bei ca. 1.500-2.000MW liegen die durchschnittlichen Wahrscheinlichkeiten eines Abrufs deutlich unter 1% und können in einzelnen Wochen höchstens bis zu 6% erreichen.

Bei Vergleich der Ergebnisse beider Länder fällt auf, dass in Österreich ein wesentlich höherer Bedarf an negativer Sekundärregelenergie besteht. Der billigste Anbieter wurde im Jahr 2013 sogar mit durchschnittlich rund 90% abgerufen. Bei Positionierung im letzten Viertel der Merit Order bei 150 MW lag die Abrufwahrscheinlichkeit durchschnittlich immer noch zwischen 4 und 8% und hatte Ausreißer einzelner Wochen von bis zu 25%. Insbesondere bei Positionierung in der hinteren Hälfte der Abruf-Merit-Order ist die Wahrscheinlichkeit eines Abrufes in Österreich um ein Vielfaches höher als in Deutschland.

6.4.4.3 Leistungspreise

Bei den Leistungspreisen wurden sämtliche Preise der wöchentlichen Ausschreibungen vom 07.01.2013 bis zum 25.02.2014 von öffentlich zugänglichen Quellen heruntergeladen und analysiert. In Österreich werden auf der Website des Übertragungsnetzbetreibers APG leider nur die mengengewichteten Leistungspreise jeder Ausschreibung veröffentlicht, weshalb der billigste und teuerste bezuschlagte Leistungspreis nicht bekannt sind.[230] Wie bei den Abrufen wurden die Produkte Weekend und Offpeak in Österreich zur Verbesserung der Vergleichbarkeit der beiden Länder zu einem gewichteten Mittel der Niedertarifzeit zusammengefasst. Abbildung 49 und Abbildung 50 zeigen eine grafische Aufbereitung der mengengewichteten mittleren Leistungspreise (Fett, Bezeichnung WAvg

[230] Vgl. URL: https://www.apg.at/emwebapgrem/startApp.do [02.05.2014].

steht für Weighted Average, LP für Leistungspreis). Die dünnen Linien stellen im Diagramm für Deutschland die jeweils höchsten und niedrigsten bezuschlagten Leistungspreise dar.

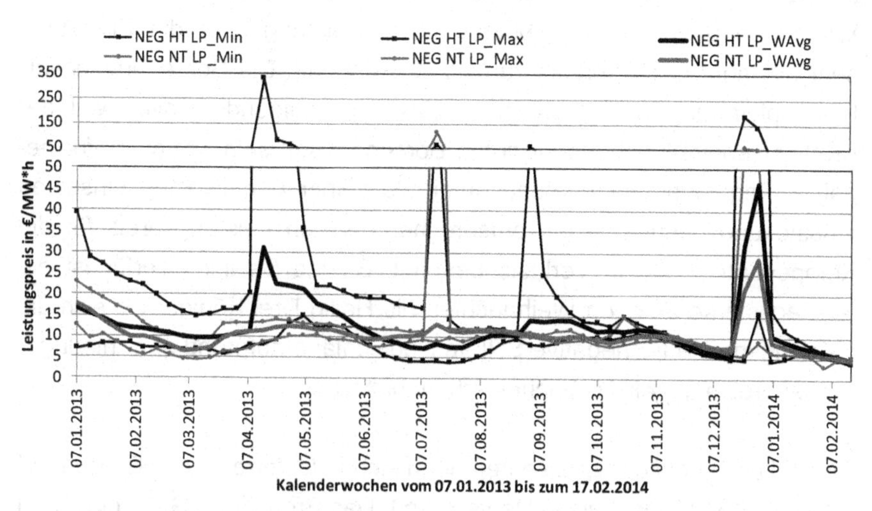

Abbildung 49: SRL Leistungspreise Deutschland 2013-2014 (Quelle: Eigene Darstellung).

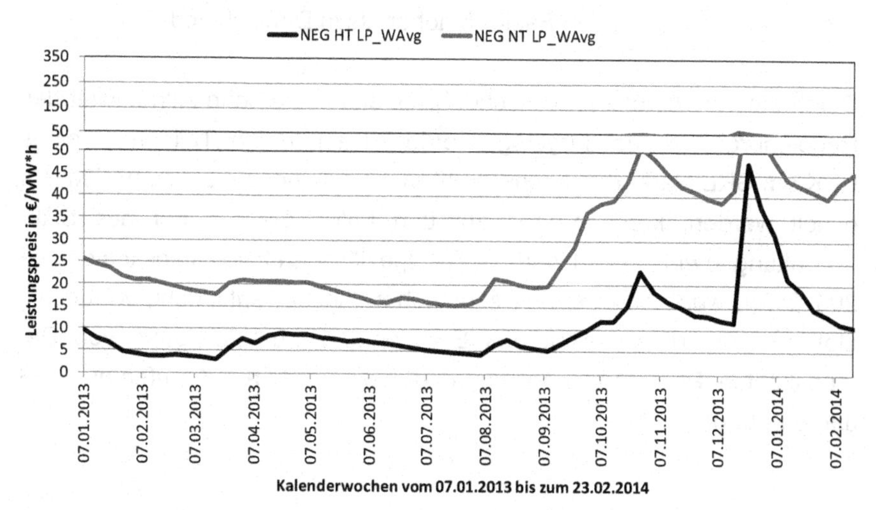

Abbildung 50: SRL Leistungspreise Österreich 2013-2014 (Quelle: Eigene Darstellung).

Es kann ein leicht fallender Trend der Leistungspreise in Deutschland beobachtet werden. Die LP für die Produkte NEG HT und NEG NT lagen in den meisten Wochen zwischen 15 und 5€/MW*h. Besonders auffällig sind die hohen Ausreißer auf bis zu 350€/MW*h, die entweder auf eine Verknappung bei der angebotenen SRL Leistung oder die Erwartung sehr niedriger Börsenpreise zurückzuführen sind. Die Börsenpreiserwartung spielt für die Gebotslegung eine entscheidende Rolle, weil der Kraftwerksbetreiber bei sehr tiefen Börsenpreisen sein Kraftwerk für negative Regelenergievorhaltung unterhalb seiner Grenzkosten einsetzen müsste und deshalb einen entsprechend hohen Leistungspreis für die Kompensation dieses Verlusts benötigt. Bestes Beispiel hierfür ist die feiertagsstarke Zeit von Weihnachten bis Heilig Drei Könige, wo sich die Leistungspreise für negative SRL in Deutschland aufgrund sehr niedriger Börsenpreise um ein Vielfaches erhöht haben.

Die mittleren Leistungspreise befanden sich in Österreich im HT etwa auf dem gleichen Niveau wie in Deutschland. Das Produkt NEG NT hingegen war bis Oktober 2013 ca. um den Faktor 2 und nach dem drastischen Preisanstieg etwa um den Faktor 5 höher als in Deutschland.

Durch ein vereinfachendes Rechenbeispiel soll die hohe Attraktivität des Regelenergiemarktes dargelegt werden: Kann durch Teilnahme eines EHK am SRL Markt ein durchschnittlicher Leistungspreis von 10 €/MW*h erzielt werden, könnten pro Jahr und MW 87.600 € nur aus SRL-Vorhaltung erwirtschaftet werden. Bei spezifischen Investitionskosten von 200 €/kW, was schon einem sehr hohen Ansatz entspricht, würde die statische Amortisationszeit des EHK ohne Berücksichtigung von Betriebskosten, Primärenergieeinsparung und Erlösen aus Abrufen nur 2,28 Jahre betragen.

6.4.4.4 Arbeitspreise

Abbildung 51 zeigt die mengengewichteten Arbeitspreise sämtlicher bezuschlagter Gebote der Kalenderwochen von 07.01.2013 bis 23.02.2014 getrennt für Österreich und Deutschland.

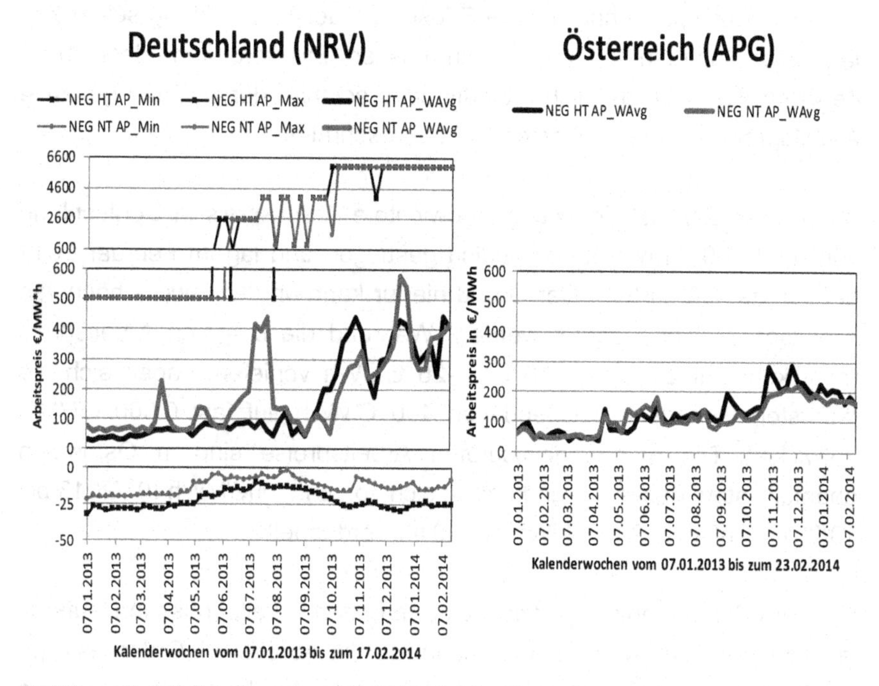

Abbildung 51: SRL Arbeitspreise 2013-2014 (Quelle: Eigene Darstellung).

Bei den deutschen Preisen sind zudem wie bei den Leistungspreisen für jede Woche die teuersten und billigsten Gebote eingezeichnet.
Für Österreich werden genauso wie bei den Leistungspreisen nur gewichtete Mittelwerte veröffentlicht.[231]

Die deutschen Arbeitspreise verliefen bis Juni 2013 relativ stabil bei durchschnittlich etwa 100 €/MWh und einer Streuung zwischen billigstem

[231] Vgl. URL: https://www.apg.at/emwebapgrem/startApp.do [02.05.2014].

und teuerstem von -25 €/MWh bis +500 €/MWh. Ein negatives Vorzeichen beim Arbeitspreis bedeutet, dass der Anbieter für einen Abruf sogar etwas an den ÜNB bezahlt. Dies kann bei negativer Regelenergie und bestimmten Kraftwerkstechnologien durchaus Sinn machen, weil der Anbieter im Falle eines Abrufes seine Leistung reduziert und somit Brennstoff einspart ohne auf die Erlöse aus der Vermarktung seiner Anlage über Spotmärkte verzichten zu müssen. Ein Abruf kann deshalb für den Betreiber wirtschaftlich attraktiv sein, solange der von ihm gezahlte Arbeitspreis seine Grenzkosten nicht überschreitet.

Ab August 2013 ist der mengengewichtete Arbeitspreis in Deutschland von rund 100 €/MWh kontinuierlich gestiegen und lag im Februar 2014 bei bereits 400 €/MWh. Der Grund hierfür kann an den jeweils höchsten Arbeitspreisen beobachtet werden. Während die billigsten Arbeitspreis recht konstant zwischen -10 und -25 €/MWh verliefen, haben sich die teuersten Gebote schleichend von 400 €/MWh auf fast 6.000 €/MWh entwickelt. Die mengengewichteten Arbeitspreise sind in Österreich ebenfalls stark gestiegen und haben sich von ca. 100€/MWh (01/2013 bis 10/2013) auf etwa 200 €/MWh (02/2014) verdoppelt.

Um dem Phänomen der plötzlich extrem hohen Arbeitspreise in Deutschland auf die Schliche zu kommen, wurde die Abruf-Merit-Order-Liste jeder Kalenderwoche einzeln zusammengestellt. Abbildung 52 zeigt diese Merit-Order Listen aus Übersichtsgründen nur für ausgewählte sechs Stichtage von Januar 2013 bis Februar 2014 für die Produkte NEG HT und NEG NT. Jeder dieser Stichtage repräsentiert dabei das Ausschreibungsergebnis jener Kalenderwoche, in der sich dieser Tag befand.

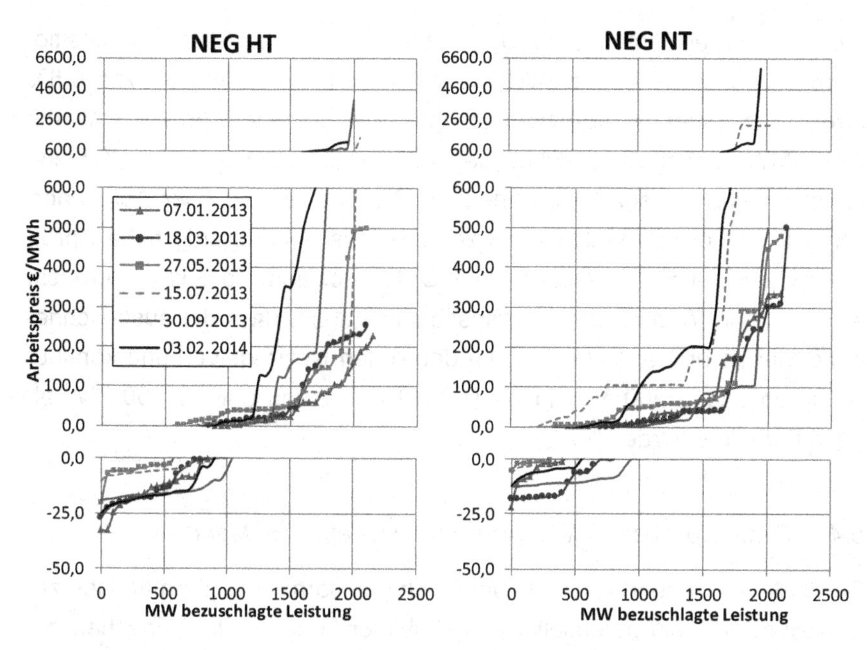

Abbildung 52: SRL Merit Order Arbeitspreise Deutschland (Quelle: Eigene Darstellung).

Es ist sehr gut zu erkennen, dass sich bei späteren Ausschreibungszeitpunkten zunehmend Anbieter mit sehr hohen Preisen positioniert haben. Während die höchsten Preise bis ca. 06/2013 bei 500 €/MWh lagen, wurden 07/2013 Gebote mit 2.500 €/MWh, 09/2013 schon mit 3.900 €/MWh und ab 2014 mit 6.000 €/MWh eingestellt. Grund hierfür könnte das Dringen von neuen Anbietern in den SRL Markt sein. Ein potentieller Anlagentypus für dieses Gebotsverhalten wären Elektrodenheißwasserkessel, weil die Kessel trotz Erbringung einer Systemdienstleistung mit den vollen Steuern und Abgaben (siehe Kapitel 6.2.4) belastet werden und somit ein hoher Arbeitspreis erforderlich ist, damit der Abruf überhaupt wirtschaftlich ist. Weil mit erforderlichen Preisen von über 100 €/MWh (siehe Kapitel 6.2.4) bei einer Merit-Order-Position zwischen 1.500 und 2.000 MW ohnehin nur mehr sehr geringe Abrufwahrscheinlichkeiten im niedrigen einstelligen Prozentbereich auftreten, ist es aus monetärer Sichtweise geschickter, sich mit 6.000€ am hintersten Ende der Merit Order anstatt mit 200 € irgendwo im letzten Viertel zu positionieren. Wird mit 6.000 €/MWh eine Abrufwahrscheinlichkeit von 0,5% erreicht, müssten die Abrufwahrscheinlichkeit bei einem Arbeitspreis von 200 €/MWh schon über 15%[232] liegen, um mit dem niedrigeren Arbeitspreis monetär besser abzuschneiden. Die Auswertung über Abrufwahrscheinlichkeiten in Abbildung 48 zeigen, dass eine derartig hohe Abrufwahrscheinlichkeit bei dieser Merit Order Position wohl kaum erreicht werden kann. Abbildung 52 veranschaulich auch, dass die ausgeschriebene Menge an negativer SRL im deutschen Netzregelverbund kontinuierlich von ca. 2.200 MW im Jahr 2013 auf knapp unter 2.000 MW ab 2014 reduziert wurde.[233]

6.4.5 Simulation Vermarktung Elektroheizer am SRL Markt

Durch die vollzogenen Auswertungen stehen sämtliche Informationen zur Verfügung, die ein potentieller SRL Anbieter benötigt, um Wirtschaftlichkeitsberechnungen anzustellen und sich für oder gegen eine Teilnahme am SRL Markt zu entscheiden. Als abschließender Teil wird der Betrieb eines wärmegeführten Heizkraftwerkes mit EHK am SRL Markt simuliert, um genaue Aussagen über die Wirtschaftlichkeit treffen zu können. Die Berechnungen wurden getrennt für den österreichischen und deutschen Markt durchgeführt.

6.4.5.1 Heizkraftwerk ohne Elektroheizer

Im ersten Schritt wurde der Betrieb des Heizkraftwerks ohne einen EHK abgebildet, um im zweiten Schritt die Anlagenkonfiguration um den EHK zu ergänzen und somit einen Vorher-Nachher-Vergleich zu erhalten. Hierfür mussten zunächst Annahmen über ein bestehendes fiktives Heizkraftwerk getroffen werden (Tabelle 13). Als Verbrauchslast wurde der in Punkt 5.6.5 modellierte stündliche Fernwärmelastgang auf eine Spitzen-

---

[232] 0,005 * 6000 €/MWh = 30 €/MWh; 0,15 * 200 €/MWh = 30 €/MWh

[233] URL: https://www.regelleistung.net/ip/action/dimensionierung [02.05.2014].

leistung von 40 MW herunterskaliert (SLP Modell). Grau hinterlegte Zahlen in der Tabelle entsprechen angenommenen Inputdaten, alle anderen Zahlen wurden berechnet. Beim gewählten Wärmelastgang beträgt die Last im Jahresschnitt 13 MW. Dieser Lastgang könnte der Wärmenachfrage des Fernwärmenetzes einer Kleinstadt mit ca. 5.000 Fernwärmekunden entsprechen.

Annahmen Betrieb fiktives KWK Heizkraftwerk 2012

Wärmelastgang		
Spitzenlast	40,0	MW
Durchschnittliche Last	13,0	MW
Wärmeerzeugung Summe	114,0	GWh
Spitzenlastkessel		
Brennstoff	Gas	
Thermische Leistung	16	MW
Vollaststunden	143	h
Wirkungsgrad	80	%
Max erlaubte Strombezugskosten EHK	31,25	€/MWh

Grundlastkessel		
Brennstoff	Gas	
Betriebsweise	Wärmegeführt	
Thermische Leistung	25	MW
Vollaststunden	4467	h
Wirkungsgrad thermisch	60	%
Wirkungsgrad elektrisch	25	%
Kosten Primärenergieträger	25	€/MWh
Ø Stromerlös	40	€/MWh
Erzeugungskosten 1 MWh Wärme	41,67	€/MWh
Stromerlös bei Erzeugung 1 MWh Wärme	16,67	€
Max erlaubte Strombezugskosten EHK	25,00	€/MWh

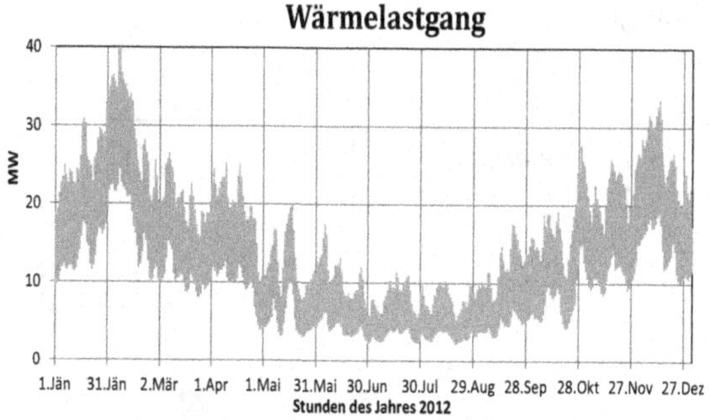

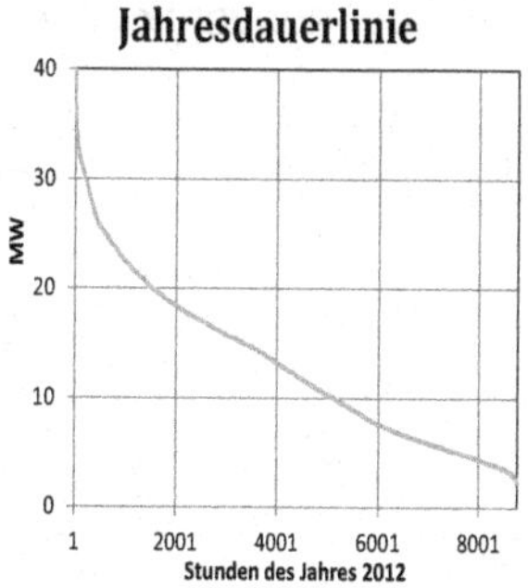

Wärmelastgang

MW
40
30
20
10
0
1.Jän 31.Jän 2.Mär 1.Apr 1.Mai 31.Mai 30.Jun 30.Jul 29.Aug 28.Sep 28.Okt 27.Nov 27.Dez
Stunden des Jahres 2012

Jahresdauerlinie

MW
40
30
20
10
0
1 2001 4001 6001 8001
Stunden des Jahres 2012

Tabelle 13: Kennzahlen Annahme fiktives Heizkraftwerk (Quelle: Eigene Darstellung).

Als Grundlastkessel wurden zwei Gasblockheizkraftwerke (BHKW) mit einem elektrischen Wirkungsgrad von 25%, einem thermischen Wirkungsgrad von 60% und einer thermischen Leistung von in Summe 25 MW definiert. Das BHKW erreicht insgesamt 4.467 Volllaststunden und erzeugt 111,7 GWh pro Jahr. Der restliche Wärmebedarf von 2,3 GWh wird durch einen rein thermischen Gas-Spitzenlastkessel mit einem Wirkungsgrad von 80% gedeckt.

Mit Hilfe der Kosten des Primärenergieträgers Gas, die mit 25 €/MWh definiert wurden, kann berechnet werden, wie hoch die maximalen Strombezugskosten eines EHK sein dürften, damit durch Wärmeerzeugung über den EHK (η~100%) eine Einsparung gegenüber dem konventionellen Betrieb entsteht. Ersetzt der EHK die Erzeugung des Spitzenlastkessels, darf der Strombezug höchstens 31,25 €/MWh (25 €/MWh / 0,8) kosten. Wird durch den EHK der Einsatz des BHKW ersetzt, verzichtet der Anlagenbetreiber auch auf Stromerlöse, die er mit dem KWK Prozess erwirtschaftet hätte. Diese wurden in dem vereinfachenden Beispiel mit 40 €/MWh definiert. Um 1 MWh Wärme mit den BHKW zu erzeugen benötigt der Anlagenbetreiber 1,67 MWh Gas, was ihn 41,6 7€ kostet. Mit diesen 1,67 MWh Gas erzeugt er 0,42 MWh Strom, womit er 16,67 € verdient. Wird die Wärme im Ausmaß von 1MWh mit dem EHK erzeugt, darf er somit höchstens 25 €/MWh (41,67 € - 16,67 €) bezahlen, um in Summe mit dem EHK besser abzuschneiden als mit der konventionellen Anlage.

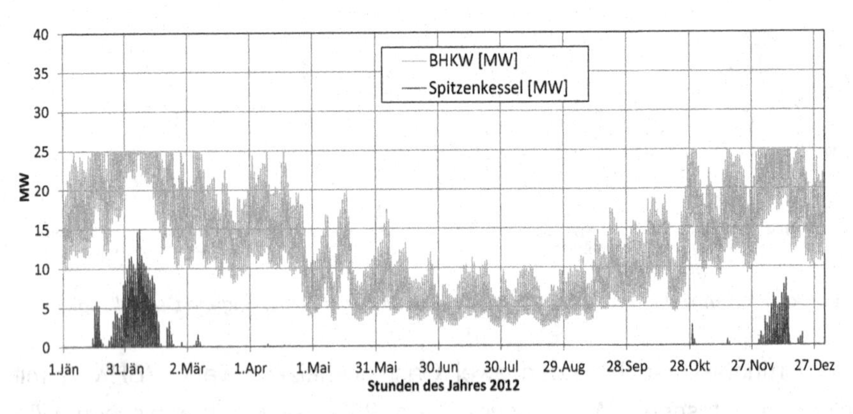

Abbildung 53: Heizkraftwerk ohne EHK (Quelle: Eigene Darstellung)

Abbildung 53 zeigt bereits die stündliche Einsatzweise für das Heizkraftwerk ohne Installation eines EHK für das ganze Jahr 2012 sowie für je zwei Winter- und Sommerwochen. Ein Einsatz des Spitzenkessels erfolgt nur bei Überschreitung einer Wärmelast von 25 MW, weil dann die Leistung des BHKW nicht mehr ausreicht, um die Last zu decken.

6.4.5.2 Heizkraftwerk mit Elektroheizer

Die Leistung des EHK wurde mit 15 MW fixiert und liegt somit knapp über der jahresmittleren Wärmenachfrage von 13 MW. Der Wirkungsgrad wurde mit 100% angenommen.[234] Weil SRL immer wöchentlich ausgeschrieben wird, kann aus dem EHK maximal Leistung in Höhe der vorhandenen Wärmelast je Woche angeboten werden. Würden höhere Leistungen aus dem EHK vermarktet werden, bestünde die Gefahr, dass im Falle eines Abrufes Wärme produziert wird für die im Fernwärmenetz keine Abnahme besteht. Um dies zu verhindern wurde eine einfache Gebotsstrategie gewählt, bei der die angebotene Sekundärregelleistung mit abnehmender Wärmelast reduziert wird (Abbildung 54). Die maximale Leistung von 15 MW wird dann nur in den kältesten Wochen vermarktet, im Sommer liegt die angebotene Leistung bei ca. 4 MW. Im Jahresmittel kann mit dieser Strategie eine Leistung von etwa 9-10 MW vermarktet werden.

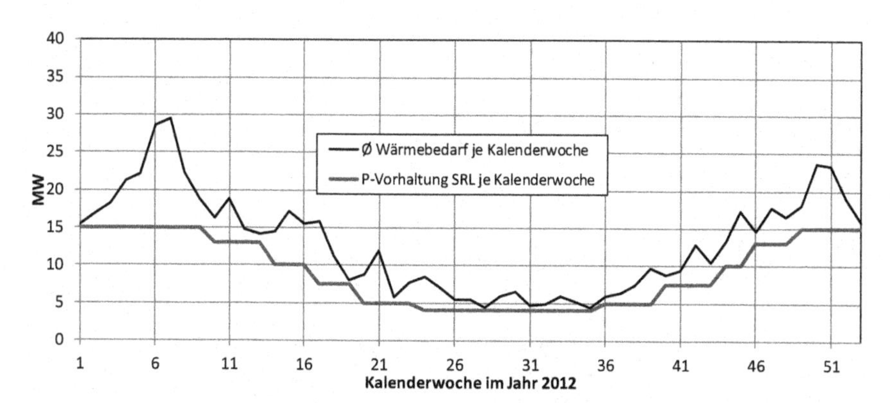

Abbildung 54: EHK angebotene SRL-Leistung (Quelle: Eigene Darstellung)

[234] Vgl. Groscurth und Bode, 2013, S.11

Im nächsten Schritt wurde die strategische Festlegung der Position in der Abruf-Merit-Order und somit der Arbeitspreis definiert. Hier wurde eine ganzjährige Positionierung in Deutschland bei 1.900 MW und in Österreich bei 180 MW und somit den letzten 10% der Merit Order gewählt. Das bedeutet, dass der EHK in Deutschland erst abgerufen werden würde, wenn der SRL-Bedarf in der Regelzone höher als 1.900 MW ist. Der bei dieser Position erreichbare AP für Deutschland wurde mit 3.500 €/MWh festgelegt (siehe Abbildung 52). Weil für Österreich leider keine genauen Bestandteile der AP-Merit-Order veröffentlicht werden, musste ein realistisch erzielbarer AP angenommen werden. Nach einer Marktinformationswebsite des österreichischen Bilanzgruppenkoordinators APCS betrug der maximale Arbeitspreis am SRL Markt im Oktober 2013 etwa 400-500 €/MWh, weshalb der erzielbare Arbeitspreis mit 350 €/MWh angenommen wurde.[235] Das Simulationsergebnis für die soeben erläuterten Positionen in der Merit-Order ist in Abbildung 55 für eine Teilnahme am deutschen und österreichischen SRL Markt dargestellt.

[235] Vgl. URL: http://www.energymonitor.at/en/auctions/productprices [03.05.2014].

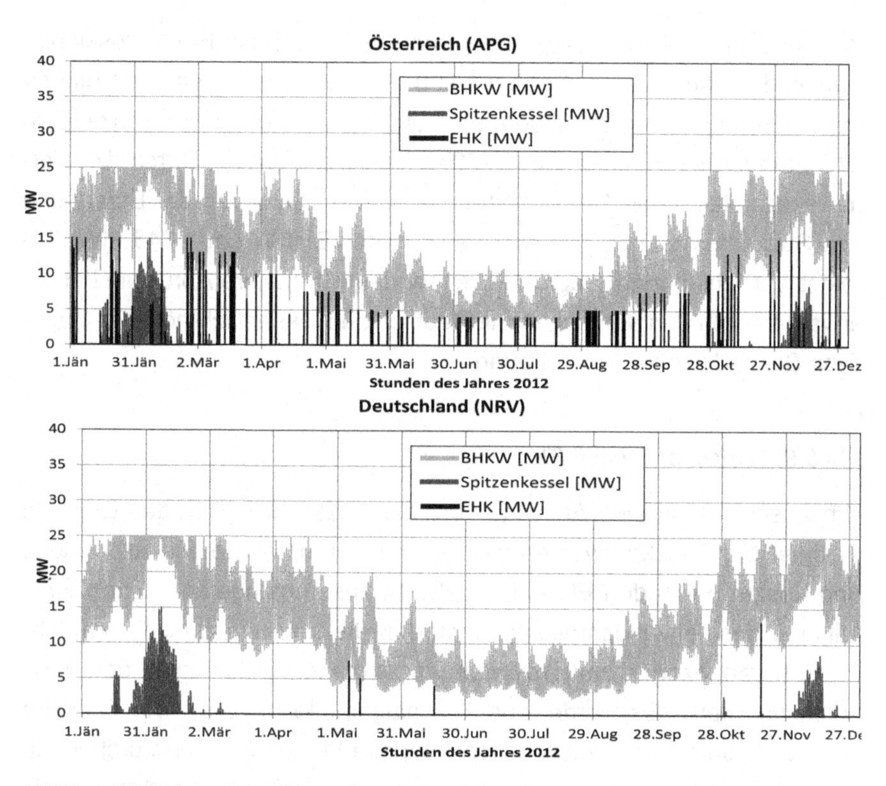

Abbildung 55: Heizkraftwerk mit EHK (Quelle: Eigene Darstellung)

Es wurden die stündlichen SRL-Abrufe des Jahres 2012 der Regelzone APG und des deutschen Netzregelverbunds (NRV) verwendet. Die Simulation wurde so kalibriert, dass bei einem Abruf zuerst die Leistung des Spitzenlastkessels (wenn dieser überhaupt in Betrieb ist) und danach jene des BHKW entsprechend der Höhe des Abrufes reduziert wird. Ein paar einfache Beispiele bei Vermarktung der vollen EHK-Leistung von 15 MW für den deutschen SRL Markt sollen zum besseren Verständnis der Simulationslogik beitragen:

- Abruf Regelzone <1900 MW: Kein Abruf EHK
- Abruf Regelzone >1915 MW: Vollabruf EHK 15 MW
- Abruf Regelzone =1911 MW: Teilabruf EHK 11 MW

Während der EHK bei einer Teilnahme in Deutschland und Positionierung in der Abruf Merit Order bei 1.900 MW nur in sehr wenigen Stunden mit in Summe 30 MWh abgerufen worden wäre, hätte in Österreich in 215 Stunden ein Einsatz von 1.479 MWh stattgefunden. Durch die Wärmebereitstellung von 1.479 MWh hätte eine Reduzierung der Erzeugung des Spitzenlastkessels um 33 MWh und des BHKW um 1.446 MWh erreicht werden können. Begründet ist der deutlich höhere Abruf wie bereits erwähnt durch den verglichen mit Deutschland wesentlich höheren negativen Sekundärregelenergiebedarf.

6.4.5.3 Wirtschaftlichkeit Elektroheizer

Um Abschließend eine Aussage über die Wirtschaftlichkeit des EHK am Beispiel des Heizkraftwerkes treffen zu können, wurde Einsatz, Erlöse und Kosten durch den EHK in Tabelle 14 zusammengefasst. Für die Ermittlung der Leistungspreiserlöse wurden die Leistungspreise vom Jahr 2013 herangezogen und mit den angebotenen Leistungen des EHK ausmultipliziert. Es wurde eine Zuschlagsquote bei den SRL Geboten von 100% unterstellt. Die Arbeitspreiserlöse berechnen sich durch Multiplikation der abgerufenen Mengen mit dem festgelegten Arbeitspreis (29,50 MWh*3.500 €/MWh in Deutschland, 1.479,46 MWh*350 €/MWh in Österreich). Die Primärenergieeinsparung hängt davon ab, ob durch den Einsatz des EHK das BHKW oder der Spitzelastkessel verdrängt wurde. Wie in Punkt 6.4.5.1 erklärt beträgt die Einsparung bei Verdrängung des BHKW bei 25€/MWh und beim Spitzenlastkessel bei 31,25€/MWh. Die jährlichen Strombezugskosten sind das Produkt aus zu bezahlenden Steuern und Abgaben von angenommenen 100€/MWh (Herleitung siehe auch Kapitel 6.2.4) und dem Stromverbrauch des EHK. Für die Betriebskosten wird ein jährlich aufzubringender Betrag von 45.000 € für Wartung und Instandhaltung angenommen, was 1,5% der Investitionskosten entspricht. Die Investitionskosten wurden pauschal mit 200 €/kW für die vollständige Installation inklusive Netzanschluss angesetzt.

Erzeugung des EHK	Deutschland	Österreich
Summe	29,50 MWh	1.479,46 MWh
Verdrängung BHKW	29,50 MWh	1.446,23 MWh
Verdrängung Spitzenkessel	0,00 MWh	33,23 MWh

Erlöse und Kosten pro Jahr	Deutschland	Österreich
Leistungspreis	1.055.888 €	1.877.359 €
Arbeitspreis	103.250 €	517.811 €
Primärenergieeinsparung	738 €	37.194 €
Kosten aus Strombezug	-2.950 €	-147.946 €
Betriebskosten	-45.000 €	-45.000 €
Überschuss pro Jahr	**1.111.926 €**	**2.239.418 €**

Investitionskosten 200€/kW	3.000.000 €	3.000.000 €

Wirtschaftlichkeitskennzahlen	Deutschland	Österreich
Amortisation statisch	2,70 a	1,34 a
Kapitalwert (i=7%, n=20a)	8,78 Mio €	20,72 Mio €
Interner Zinsfuß (n=20a)	36,98%	74,65%
Amortisation dynamisch (i=7%)	3,10 a	1,46 a

Tabelle 14: Wirtschaftlichkeit EHK am SRL-Markt (Quelle: Eigene Darstellung).

Bei Betrachtung der jährlichen Erlöse wird sofort klar, dass der Leistungspreis die für die Wirtschaftlichkeit entscheidende Komponente ist. Aufgrund der niedrigen Investitionskosten und den hohen Erlösen aus reiner Leistungsvorhaltung entstehen äußerst attraktive statische Amortisationszeiten zwischen 1,3 und 2,7 Jahren. Zusätzlich zur statischen Amortisationszeit wurden mit Kapitalwert, interner Zinsfuß und der dynamischen Amortisationszeit die gängigsten Kenngrößen der finanzmathematischen Investitionsrechnung kalkuliert.[236] Hierfür wurden ein Kalkulationszinssatz von 7% und eine Nutzungsdauer des EHK von 20 Jahren angenommen. Sowohl für Österreich und Deutschland entstehen mit einem internen Zinsfuß von 36-75%, einem Kapitalwert von 8-21 Mio. €. und einer dynamischen Amortisationszeit von 1,4-3,2 Jahren sehr attraktive Kennzahlen. Gerade aufgrund der getroffenen Vereinfachungen und

[236] Vgl. Schmitz und Schaumann, 2005, S.237ff.

Ungewissheit bei den Investitionskosten und SRL-Preisen wurde die Sensitivität der Wirtschaftlichkeitskennzahlen auf prozentuale Änderungen der Leistungs- und Arbeitspreise sowie der Investitionskosten in einer Sensitivitätsanalyse untersucht (Abbildung 56, Abbildung 57).

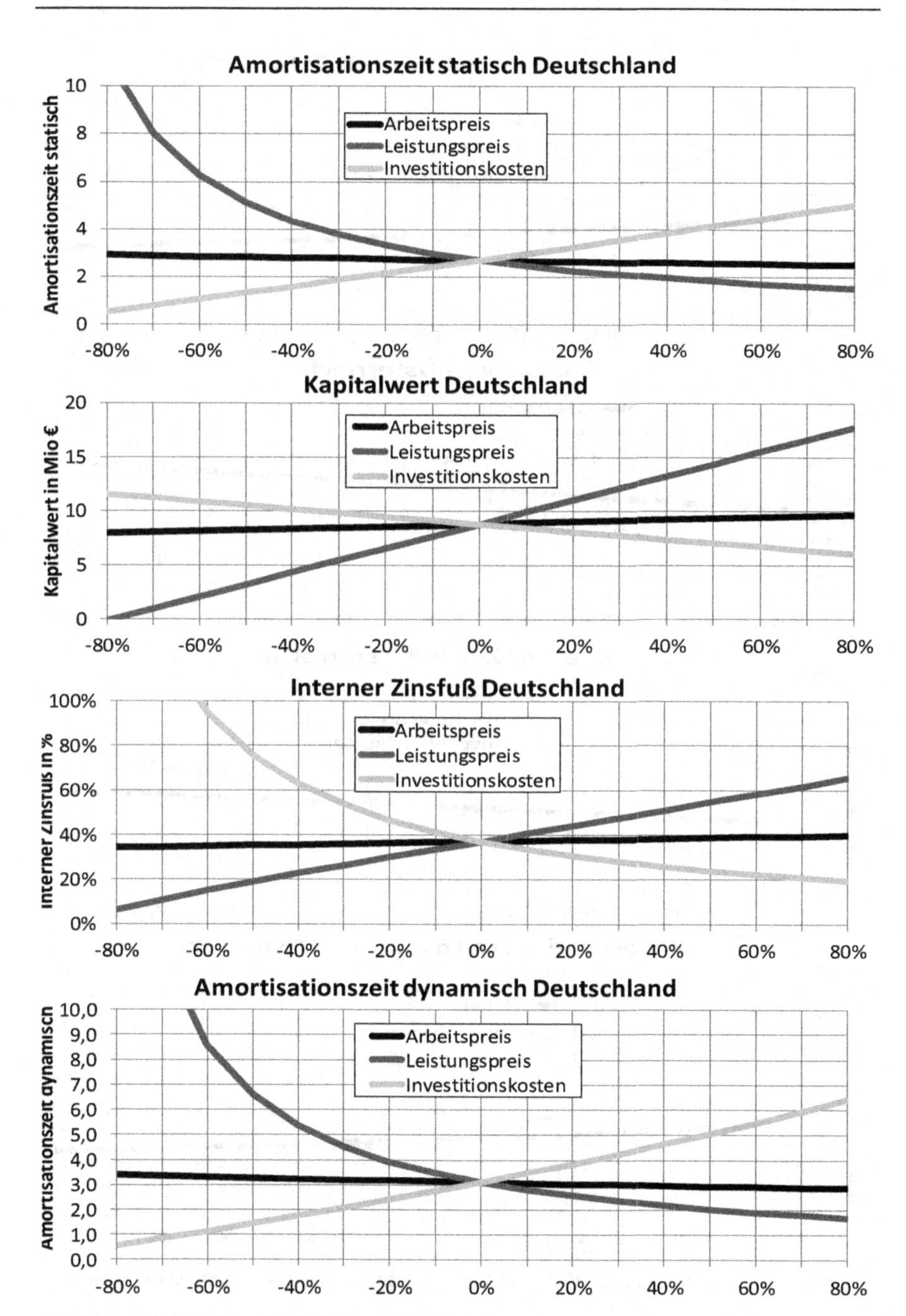

Abbildung 56: SRL Sensitivität Wirtschaftlichkeit Deutschland (Quelle: Eigene Darstellung).

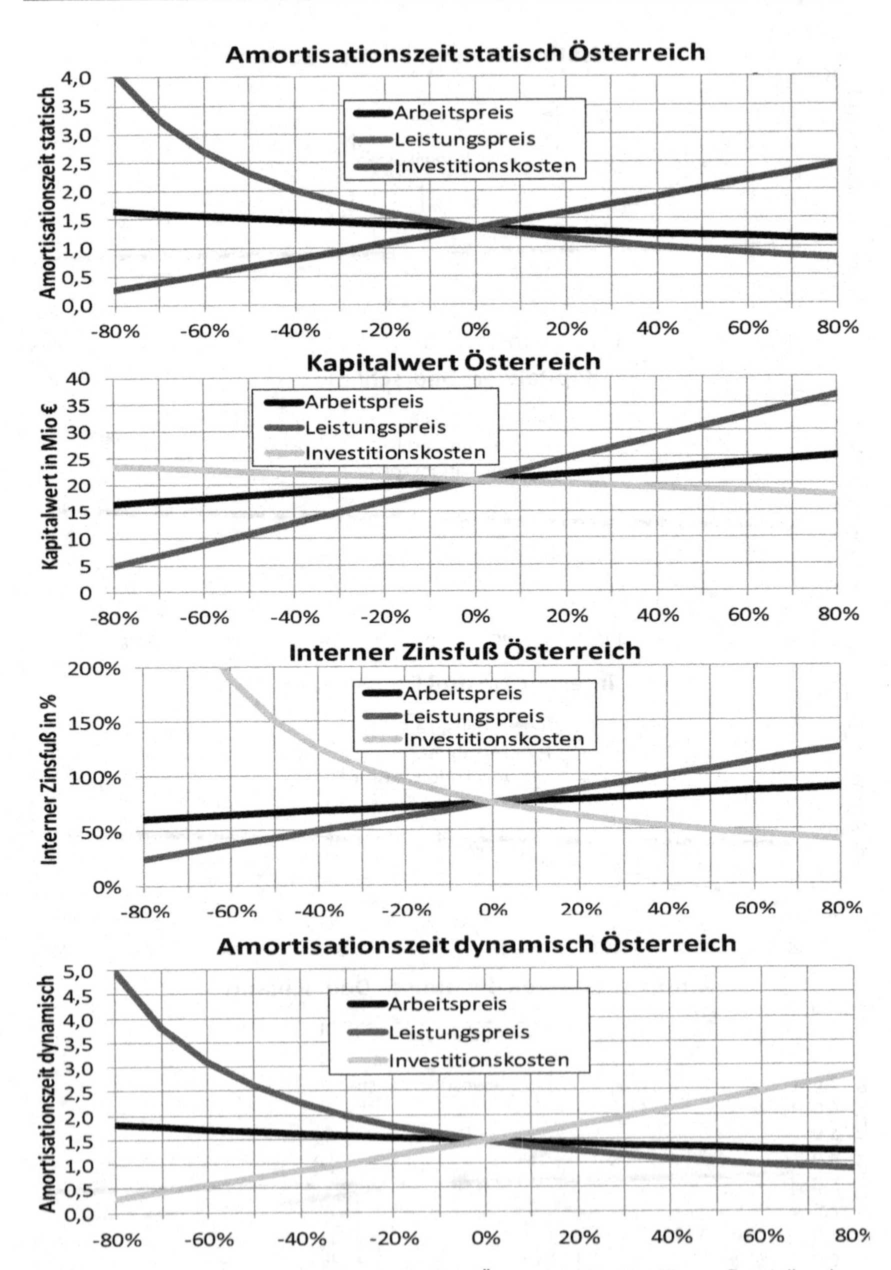

Abbildung 57: SRL Sensitivität Wirtschaftlichkeit Österreich (Quelle: Eigene Darstellung).

Es stellte sich heraus, dass eine wirtschaftliche Betriebsweise sogar bei wesentlicher Verschlechterung der Investitionskosten und Leistungspreise um 80% immer noch möglich wäre. Würden sich beispielsweise die Leistungspreise gegenüber den Preisen aus 2013 halbieren, würde immer noch statische Amortisationszeiten von 2,4 Jahren in Österreich und rund 5 Jahren in Deutschland erreicht werden.

Aus der Sensitivitätsanalyse geht auch hervor, dass der Einfluss des Arbeitspreises auf die Wirtschaftlichkeit relativ gering ist. Begründet ist dies durch die Positionierung am hinteren Ende der Abruf-Merit-Order, die entsteht, weil zur Kompensation der hohen Strombezugskosten in Form von Steuern und Abgaben zwingend ein hoher Arbeitspreis gewählt werden muss, der mit einer entsprechend geringen Abrufwahrscheinlichkeit verbunden ist. Diese Erkenntnis und die Tatsache einer generell hohen Wirtschaftlichkeit von EHK decken sich mit den Ergebnissen von Götz et al, welche ebenfalls die Wirtschaftlichkeit einer Teilnahme von Elektroheizern an Sekundärregelenergiemärkten untersucht haben und bei günstigen Standortbedingen Amortisationszeiten von unter 2 Jahren angeben.[237]

Die beeindruckenden Kennzahlen sind natürlich nur bei den aktuellen Leistungspreisniveaus sowie Einhaltung der angegeben Investitionskosten erreichbar. Eine Erhöhung der angebotenen SRL-Leistungen, beispielsweise durch das Dringen vieler EHK in den Regelenergiemarkt, könnte zu einem merklichen Preisverfall der Leistungspreise und somit zu einer Verschlechterung der Wirtschaftlichkeit der EHK führen.

[237] Vgl. Götz et al., 2013a, S.14ff.

7 Potential von Power-to-Heat

Im letzten Kapitel der Masterarbeit werden die in Kapitel 4.3 erarbeiteten stündlichen Residuallastprofile dem in Kapitel 5.6 modellierten stündlichen Wärmelastgang Deutschlands gegenübergestellt, um herauszufinden, welche überschüssigen Strommengen zukünftig mit Elektroheizern in Fernwärmenetze integriert werden könnten. Durch die Berücksichtigung zwei verschiedener Ausbaupfade und zwei unterschiedlicher meteorologischer Basisjahre entstehen für die Stromsysteme mit Anteilen von 40, 60 und 80% EE am BSV je vier unterschiedliche und in Summe 12 Szenarien.

Szenarioname	Residuallast [MW]		EE-Überschüsse	Anzahl Stunden	Wärmebedarf [TWh]		Max Wärmelast [MW]	
	Max	Min	[TWh]	RL<0	Alle Netze	Größte 42 Netze	Alle Netze	Größte 42 Netze
40%_BEE_2011	75.791	-11.138	0,16	50	135,92	103,30	41.341	31.419
40%_BEE_2012	77.958	-12.537	0,39	96	141,08	107,22	49.518	37.634
40%_OwnGuess_2011	75.246	-11.456	0,24	58	135,92	103,30	41.341	31.419
40%_OwnGuess_2012	77.551	-18.176	0,72	117	141,08	107,22	49.518	37.634
60%_BEE_2011	70.913	-48.524	12,25	1.035	135,92	103,30	41.341	31.419
60%_BEE_2012	73.739	-51.638	13,55	1.075	141,08	107,22	49.518	37.634
60%_OwnGuess_2011	70.251	-45.938	13,43	1.079	135,92	103,30	41.341	31.419
60%_OwnGuess_2012	73.414	-45.647	14,90	1.057	141,08	107,22	49.518	37.634
80%_BEE_2011	67.919	-88.947	55,57	2.614	135,92	103,30	41.341	31.419
80%_BEE_2012	71.491	-93.135	55,79	2.418	141,08	107,22	49.518	37.634
80%_OwnGuess_2011	67.092	-74.720	58,43	2.463	135,92	103,30	41.341	31.419
80%_OwnGuess_2012	71.282	-77.586	55,62	2.263	141,08	107,22	49.518	37.634

Tabelle 15: Potential P2H Übersicht Szenarien (Quelle: Eigene Darstellung)

Tabelle 15 stellt eine Übersicht über bearbeiteten Szenarien mit deren wichtigsten Kenndaten und Kurznamen dar. Im Anhang unter Punkt 10.2 befinden sich ergänzende Abbildungen und Tabelle, welche aus Übersichtsgründen nicht im Hauptteil dargestellt werden konnten.

7.1 Anzahl nutzbarer Fernwärmenetze

In ganz Deutschland sind in Summe ca. 1.400 Fernwärmenetze installiert.[238] Die mit dem gesamten deutschlandweiten Wärmelastgang ausgewiesenen Potentiale wären nur nutzbar, wenn P2H-Systeme in deutschen Fernwärmenetzen flächendeckend, also vom kleinsten bis zum größten Fernwärmenetz verteilt, installiert werden würden. Eine interessante ergänzende Betrachtung ist das Potential von P2H, wenn nur die größten Fernwärmenetze für die Installation von Elektroheizern genutzt werden würden. In einer Studie haben Götz et al herausgefunden, dass in der Regelzone des ÜNB 50Hz 76% der gesamten Wärmenachfrage in den 10 größten[239] von insgesamt ca. 384 Fernwärmenetzen[240] stattfindet. Trifft diese Verteilung auch auf ganz Deutschland zu, was für den weiteren Ablauf in dieser Masterarbeit angenommen wird, werden 76% des Wärmebedarfs in nur 42 Netzen (10/384 = ca. 3%) verbraucht.

Insbesondere aufgrund der aus Skaleneffekten bei den Investitionskosten resultierenden Wirtschaftlichkeit ist eine auf die größten Fernwärmenetze eingeschränkte Potentialbetrachtung äußerst interessant. Zudem erscheint eine Errichtung von EHK im großen Stile bei einer Einschränkung auf die 42 größten Netze wesentlich realistischer und schneller umsetzbar. Aus diesem Grund wurden beide Varianten untersucht, wobei bei Einschränkung auf die größten Netze nur 76% des bundesweit aggregierten Summenwärmelastgangs angesetzt wurde. An dieser Stelle soll noch darauf hingewiesen werden, dass Abbildungen und Tabellen die sich nur auf eine der beiden Varianten beziehen, mit dem Kürzel „alle Netze“ oder „größte Netze“ gekennzeichnet werden.

[238] Vgl. Paar et al., 2013, S.22
[239] Vgl. Götz et al., 2013a, S.6
[240] Vgl. AGFW, 2013, S.30ff.

7.2 Stromüberschuss und zeitgleiche Fernwärmenachfrage

Das rein theoretisch in Fernwärmenetze integrierbare Potential wird einerseits durch das Angebot EE, andererseits durch die Wärmenachfrage in Wärmenetzen bestimmt. Kriterium auf der Stromangebotsseite ist dabei das Auftreten von überschüssigen Strommengen aus EE und auf der Nachfrageseite die zeitgleiche Wärmelast. Abbildung 58 und Abbildung 59 zeigen die Gegenüberstellung von Residuallast und Wärmelast in Punkt- und Liniendiagrammen für das Szenario „OwnGuess_2011" für die unterschiedlichen Anteile EE am BSV bei Nutzung aller bzw. nur der größten 42 Fernwärmenetze.

In den Punktdiagrammen aufgetragen sind jeweils 8.760 Punkte, wobei jedem Punkt die zu diesem Zeitpunkt aufgetretene Residuallast und Wärmelast zugewiesen ist. Graue Punkte (Rote Punkte im E-Book) kennzeichnen Stunden, in denen die Residuallast positiv war und somit keine Überschüsse aufgetreten sind. Die schwarzen Punkte (Blaue Punkte im E-Book) repräsentieren Stunden, in denen Stromüberschüsse produziert wurden und folglich für die Technologie P2H nutzbar wären. Bei exakt auf der schwarzen Gerade liegenden Punkten entspricht die Wärmelast exakt dem Einspeiseüberschuss EE. Bei Punkten unterhalb dieser Geraden ist der Überschuss so hoch, dass dieser nicht vollständig sondern nur im Umfang der vorhandenen Nachfrage in Fernwärmenetzen integriert werden könnte. Die Positionierung eines Punktes oberhalb der Geraden deutet folglich darauf hin, dass die Wärmelast höher als der Überschuss ist und somit eine vollständige Nutzung im Fernwärmesektor möglich wäre. Bei einem Anteil EE von 40% treten Situationen mit negativer Residuallast in OwnGuess 2011 in nur 58 Stunden auf, weshalb bei diesem Ausbaugrad noch kaum Potential für P2H besteht. Bei 60% EE ist die Residuallast bereits in 1.079 Stunden und bei 80% in 2.463 Stunden negativ.

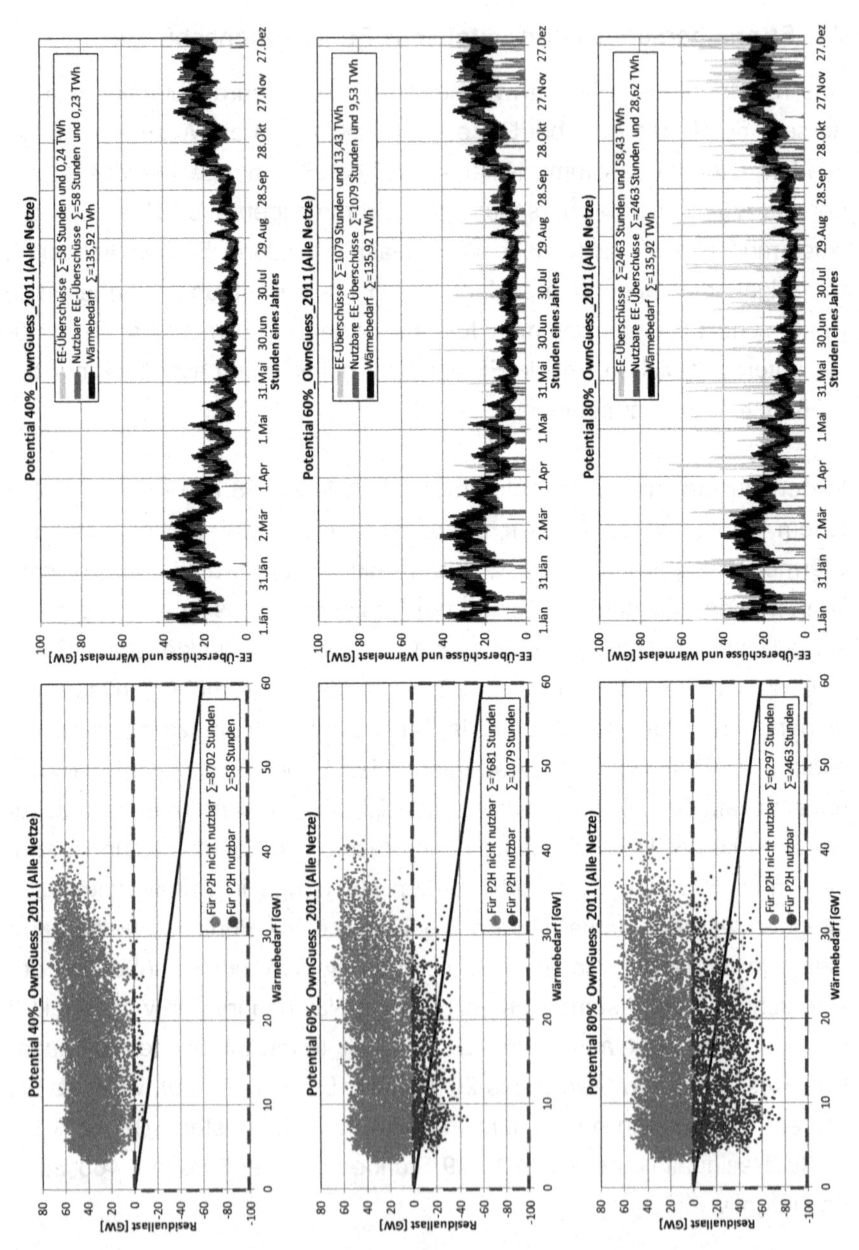

Abbildung 58: Potential P2H Szenario OwnGuess 2011 alle Netze (Quelle: Eigene Darstellung, Visualisierung Punktdiagramm nach Götz et al., 2013b, S.25).

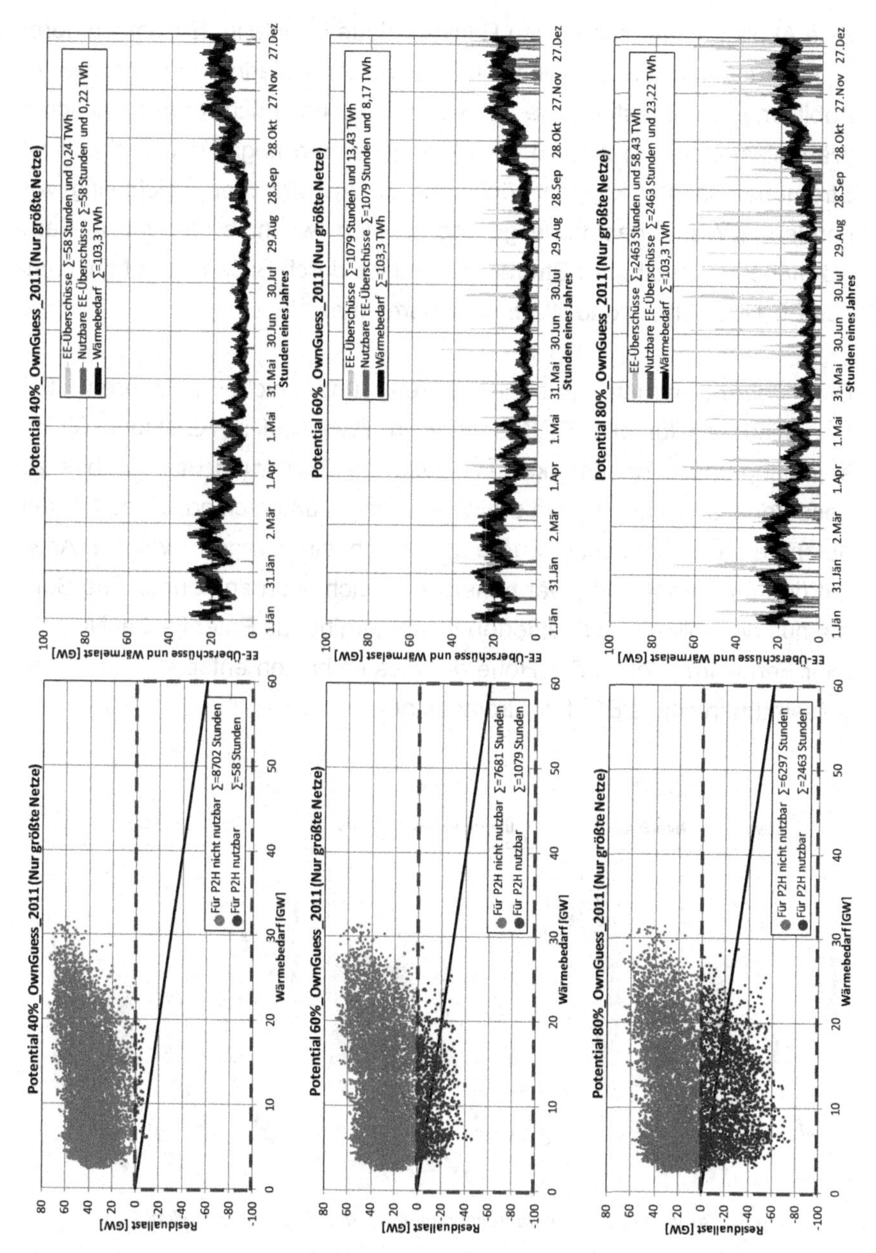

Abbildung 59: Potential P2H Szenario OwnGuess 2011 größte Netze (Quelle: Eigene Darstellung, Visualisierung Punktdiagramm nach Götz et al., 2013b, S.25).

Eine Abbildung der schwarzen Punkte (Blaue Punkte im E-Book) in deren exakten stündlichen Zeitverlauf ist in den Liniendiagrammen der beiden Abbildungen dargestellt. Die schwarze Linie entspricht dem stündlichen Wärmelastgang, die andere Linie der gesamten negativen Residuallast. Stromüberschüsse können höchstens im Ausmaß der gleichzeitig vorhandenen Wärmenachfrage genutzt werden, weshalb sich die in Fernwärmenetzen nutzbaren Stromüberschüsse durch Bildung des Minimums aus EE-Überschuss und Wärmelast berechnen.[241]

Die Jahressummen aus nutzbaren und nicht nutzbaren EE-Überschüssen für alle 12 Szenarien in TWh sind in Abbildung 60 zusammengefasst. Anzumerken ist, dass die Skalierung der y-Achse zur besseren Darstellung in den drei Diagrammen unterschiedlich ist. Bei den nutzbaren Überschüssen wurde zusätzlich eingetragen, welcher Anteil mit den größten 42 Fernwärmenetzen erreicht werden könnte. Die Summe aus der vollen und straffierten Fläche ergibt das Potential bei Nutzung aller Fernwärmenetze. Die Höhe der Gesamtbalken entspricht dann dem Gesamtüberschuss EE des Stromsektors.

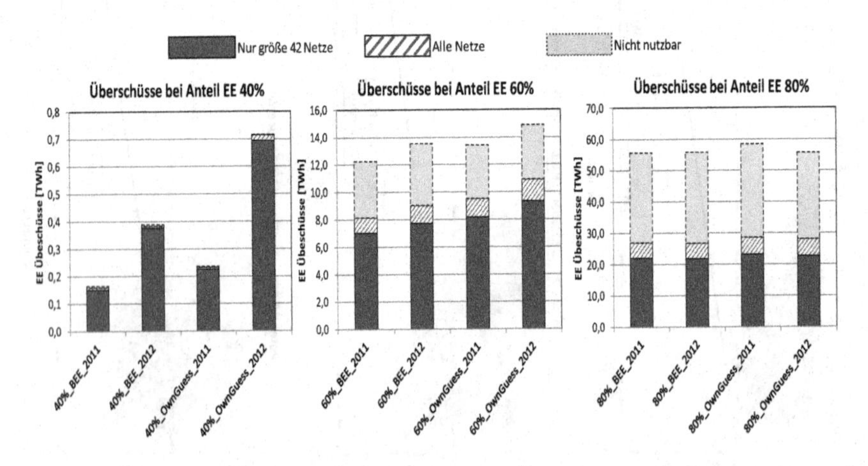

Abbildung 60: Stromüberschüsse Jahressummen (Quelle: Eigene Darstellung)

[241] Vgl. Götz et al., 2013a, S.9

Bei 40% EE können aufgrund des vergleichbar geringen Ausbaugrades beinahe 100%, bei 60% EE bis zu 70% und bei 80% EE bis zu 50% des Überschusses direkt in Wärmenetzen genutzt werden. Durch die flächendeckende Installation von EHK in allen Netzen entstehen bei einem Ausbaugrad von 40% kaum zusätzliche Potentiale. Bei 80% hingegen könnten rund 5 TWh mehr genutzt werden.

Unterschiede zwischen den einzelnen Szenarien je Ausbaugrad hinsichtlich der nutzbaren überschüssigen Strommengen bestehen bei Betrachtung der relativen Werte insbesondere bei einem Anteil EE von 40%, weil die Residuallast in allen vier Szenarien in nur sehr wenigen Stunden negative Werte erreicht und somit primär die Höhe und der Zeitpunkt der aufgetretenen EE-Lastspitzen über das Potential entscheiden. Mit zunehmenden Ausbaugraden werden die relativen Unterschiede zwischen den Szenarien immer kleiner, weil bereits deutlich über 1.000 Stunden mit negativen Residuallasten auftreten und somit durch die stochastisch bedingte Einspeisung EE gleichmäßigere Jahressummen entstehen. Werden die Ergebnisse aller Szenarien betrachtet kann aber grundsätzlich schlussgefolgert werden, dass sich bei einem stärkerem Ausbau von WKA im Ausbaupfad OwnGuess zumindest geringfügig höhere Potentiale für die Technologie P2H ergeben, die ab einem Anteil EE von 60% einen Unterschied von bis zu 3 TWh ausmachen können.

7.3 Nutzbare Stromüberschüsse

Werden die stündlich nutzbaren Stromüberschüsse geordnet, entsteht eine Jahresdauerlinie (JDL), die in Abbildung 61 und Abbildung 62 in den jeweils oberen drei Diagrammen für alle 12 Szenarien dargestellt ist.

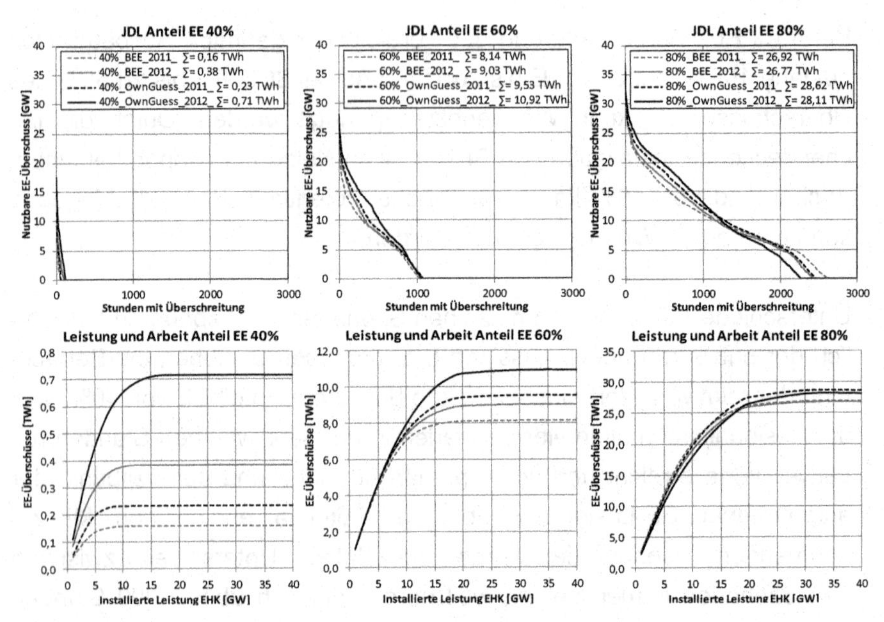

Abbildung 61: Nutzbare Stromüberschüsse alle Netze (Quelle: Eigene Darstellung).

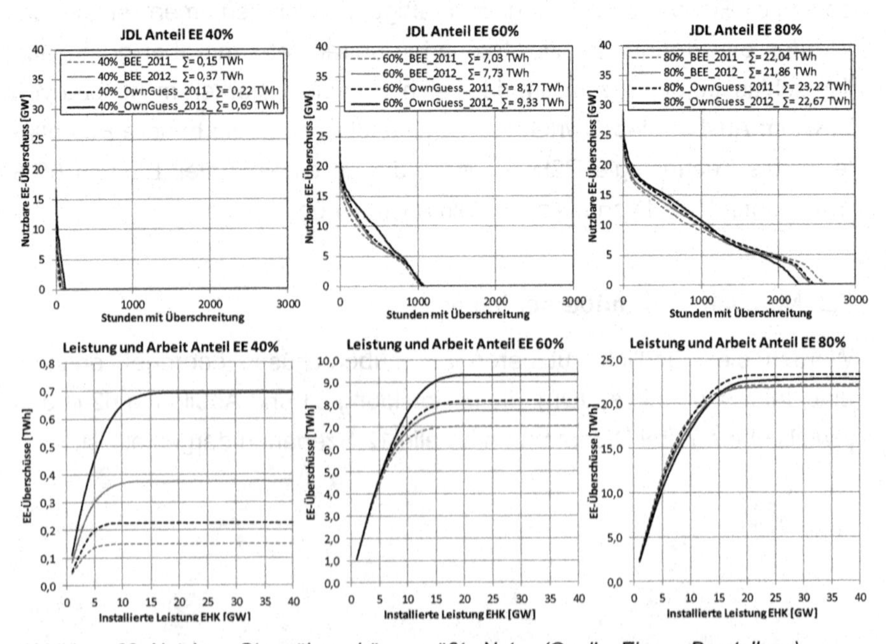

Abbildung 62: Nutzbare Stromüberschüsse größte Netze (Quelle: Eigene Darstellung).

Die Fläche unter der Dauerlinie entspricht den Jahressummen an überschüssigen Wind- und Photovoltaikstrom, der in Fernwärmenetzen genutzt werden könnte. Bei Nutzung aller Fernwärmenetze und einem Anteil EE von 40% ist dieses Potential mit 0,16 bis 0,71 TWh pro Jahr noch recht gering. Bei weiterem Ausbau EE auf 60% wächst dieses auf beträchtliche 8,14 bis 10,92 TWh und bei 80% auf 26,77 bis 28,62 TWh an. Die Leistungsspitzen der nutzbaren Stromüberschüssen (Minimum aus Stromüberschuss und Wärmelast) können bei 40% bis zu 18 GW, bei 60% bis zu 28 GW und bei 80% bis zu 37 GW betragen.

An den JDL kann beobachtet werden, dass die Spitzen mit den größten Leistungen an nur sehr wenigen Stunden im Jahr auftreten. Es würde aus wirtschaftlicher Sichtweise keinen Sinn machen, Elektroheizer flächendeckend mit der maximalen aus den JDL resultierenden Leistung zu installieren, weil sich eine Investition in einen EHK bei derartiger Überdimensionierung und somit niedrigen VLH nicht lohnen kann.[242]

Aus diesem Grund wird in den unteren drei Diagrammen von Abbildung 61 und Abbildung 62 dargestellt, wie hoch die nutzbaren Stromüberschüsse bei unterschiedlichen installierten Leistungen wären. Die y-Achsen der drei Diagramme sind unterschiedlich skaliert, um die Kurven übersichtlicher darstellen zu können. Bei allen Ausbaugraden verläuft die Kurve bis zu einer bestimmten Leistung relativ steil und wendet dann auf einen flachen bis fast geraden Verlauf. Das bedeutet, dass ab diesem Wendepunkt mit sehr viel Aufwand (viel Zuwachs an installierter Leistung) nur geringe zusätzliche Mengen in Fernwärmenetze integriert werden könnten. Diese Wendepunkte liegen bei 40% EE bei 5-15 GW, bei 60% bei 10-20 GW und bei 80% bei 15-25 GW.

---

[242] Vgl. Paar et al., 2013, S.110

7.4 Wirtschaftlichkeit

Um die Wirtschaftlichkeit von P2H in Wärmenetzen im großen Stile evaluieren zu können, wurde ein Ansatz gewählt, bei dem berechnet wurde, welchen Betrag die Betreiber der EHK pro erzeugte MWh an Wärme verdienen müssten, damit innerhalb der Lebensdauer die Investitions- und Betriebskosten inklusive einer angemessenen unternehmerischen Rendite zurückverdient werden würden. Dieser Betrag entspricht den Wärmegestehungskosten (WGK) des EHK und wird mit einem klassischen Vollkostenansatz berechnet.

7.4.1 Vollkostenrechnung und Wärmegestehungskosten

In diesem Kapitel sollen ergänzend die Grundlagen zur Berechnung von Vollkosten und Wärmegestehungskosten erläutert werden. Erster Schritt ist die Berechnung des Annuitätsfaktors, mit dem im Anschluss die Investitionskosten multipliziert werden, um die jährliche Annuität in € zu erhalten (Formel 9). Mit diesem Vorgang werden die einmaligen Investitionskosten in jährlich gleichmäßige Raten umgewandelt, welche neben den reinen Investitionskosten auch Zinsen enthalten. Wird die jährliche Annuität mit der Laufzeit multipliziert entsteht ein Betrag, der wesentlich höher ist als die Investitionskosten. Die Differenz zwischen diesem Betrag und der Investitionskosten entspricht den Zinskosten für die Investition.[243]

Zur Berechnung der Vollkosten pro Jahr, müssen zu der jährlichen Annuität noch laufend anfallende Verbrauchs und betriebsgebundene Kosten addiert werden.[244] Um abschließend die Kosten pro produzierte Einheit Wärme berechnen zu können, müssen die berechneten Vollkosten pro Jahr nur noch durch die jährliche Energiemenge dividiert werden.

---

[243] Vgl. Leipziger Institut für Energie GmbH, 2011, S.7ff.

[244] Vgl. Leipziger Institut für Energie GmbH, 2011, S.7

Formel 9: Annuität, Vollkosten und Wärmegestehungskosten (Quelle: Leipziger Institut für Energie GmbH, 2011., S.9f.).

$$\text{Jährliche Annuität}\left[\frac{€}{a}\right] = I_0 * \text{Annuitätsfaktor}$$

$$\text{Annuitätsfaktor} = \frac{q^n * i}{q^n - 1}$$

$$\text{Vollkosten } [€/a] = \text{Jährliche Annuität} + Bk$$

$$\text{WGK } [€/MWh] = \frac{\text{Vollkosten}}{\text{Energiemenge}}$$

I_0 .... Investitionskosten im Jahr 0
i .... Kalkulatorischer Zinssatz in %
q .... 1+i (z.B.: bei i = 6%, q=1,06)
n .... Nutzungsdauer der Investition in Jahren
Bk .... Verbrauchs und betriebsgebundene Kosten in €/a
WGK .... Wärmegestehungskosten in €/MWh

Für das Anwendungsbeispiel der EHK und Wärmespeicher wird somit vereinfachend unterstellt, dass die Erlöse und Betriebskosten über die Lebensdauer konstant bleiben und nur eine Investitionszahlung am Anfang getätigt werden muss. Zudem wurde angenommen, dass die Anlagen nach Ablauf der Nutzungsdauer keinen Restwert mehr besitzen.

7.4.2 Prinzip des Bewertungsansatzes Vollkosten

Weil der Betrieb der EHK nur im Falle eines Überangebotes EE erfolgt und somit eine Systemdienstleistung zur Gewährleistung der Netzstabilität und Sicherheit geleistet wird, fließen die gegenwärtig zu bezahlenden Abgaben und Steuern für den Bezug von Strom mit Elektroheizern aus berechtigten Grund nicht in die Bewertung mit ein.[245] Die Strombezugs-

[245] Vgl. Bernhard und Fieger, 2011, S.2

kosten wurden für die Berechnung der Betriebskostenkomponente folglich auf null gesetzt. Die Annahme eines kostenlosen Strombezugs ist realistisch, weil vom Elektrodenkesseln eine Systemdienstleistung erbracht wird, für die bei Teilnahme am Regelenergiemarkt und entsprechender Positionierung in der Abruf-Merit-Order gegenwärtig sogar hohe Entschädigungen bezahlt werden würden.[246] Bei Wegfall der Strombezugskosten fließen nur mehr die Investitions-, Betriebs- und Zinskosten in die WGK mit ein, welche gleichzeitig auch dem für einen wirtschaftlichen Betrieb mindestens erforderlichen Stromerlös je MWh entsprechen. Die Wärmegestehungskosten können deshalb auch als erforderliche Stromrente in €/MWh, mit der exakt die durch den kalkulatorischen Zinssatz angesetzte erwartete unternehmerische Rendite innerhalb der Nutzungsdauer verdient wird, interpretiert werden.

Für die WGK der Elektroheizer ist neben der Kesselleistung, welche sich stark auf die spezifischen Investitionskosten auswirkt, primär die Anzahl an VLH pro Jahr entscheidend. Abbildung 63 zeigt die WGK in Abhängigkeit der Anzahl an Volllastbenutzungsstunden und der spezifischen Investitionskosten für einen Zinssatz von 7%, Betriebskosten von 1.000 €/MW und eine Lebensdauer von 20 Jahren. Der Wirkungsgrad des EHK wurde mit 100% angesetzt.[247]

[246] Siehe Auswertungen zu Arbeitspreisen an SRL-Märkten unter 6.4.4, S.133

[247] Vgl. Groscurth und Bode, 2013, S.11

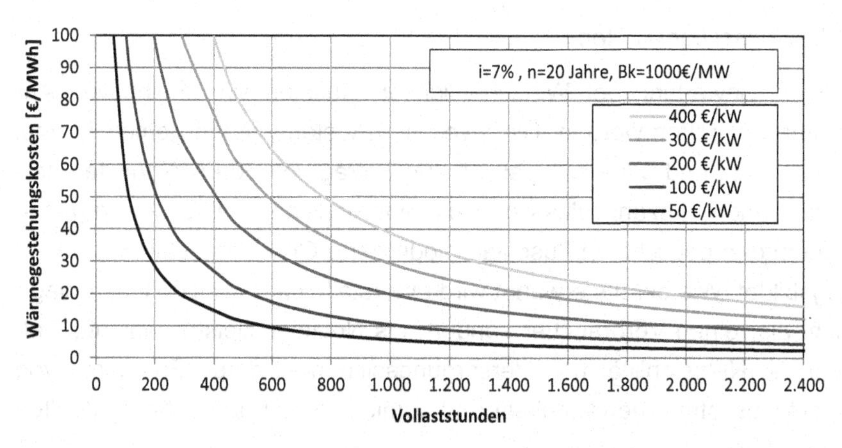

Abbildung 63: Wärmegestehungskosten EHK Sensitivität (Quelle: Eigene Darstellung)

Bei Betrachtung der Grafik fällt sofort die enorme Abhängigkeit der Wirtschaftlichkeit von den Investitionskosten auf. Während der wirtschaftliche Betrieb bei spezifischen Investitionskosten von 50 €/kW und 200 VLH bereits bei einer Stromrente von rund 28 €/MWh möglich wäre, müssten bei Investitionskosten von 200 €/kW bereits 100 €/MWh mit dem EHK verdient werden. Werden über 1.000 VLH erreicht liegen die WGK auch bei hohen Investitionskosten jedenfalls unterhalb von 40 €/MWh.Mit Hilfe des Diagramms können bereits erste schnelle Abschätzungen über die Wirtschaftlichkeit von Elektroheizern getroffen werden. Die Anzahl an VLH kann mit Hilfe von Abbildung 61 durch Division der Energiemengen durch die Leistung berechnet werden. Beim Szenario 60%_OwnGuess_2011 werden bei einer installierten Leistung von 20 GW beispielsweise rund 9,5 TWh genutzt, was 475 VLH entspricht. Bei Annahme der spezifischen Investitionskosten von 150 €/kW können die WGK von etwa 30-35 €/MWh aus dem Diagramm abgelesen werden. Bei kostenlosem Strombezug könnten dieser Betrag bereits durch die entstehende Primärenergieeinsparung verdient werden. Am vereinfachenden Beispiel eines Gas-Wärmekraftwerks mit einem durchschnittlichen Wirkungsgrad von 80% und einem Gaspreis von 30 €/MWh würde die Brennstoffeinsparung 37,5 €/MWh betragen.

7.4.3 Investitionskosten

Für die Bewertung der Wirtschaftlichkeit mussten eine Reihe von Annahmen getroffen werden. Die Investitionskosten wurden gemäß Formel 5 berechnet und um einen pauschalen Betrag von 50 €/kW für den herzustellenden Netzanschluss und die erforderlichen Leittechnik ergänzt. Die um den pauschalen Zuschlag modifizierte Gleichung ist in Formel 10 abgebildet. Wie bereits erwähnt wird unterstellt, dass der ÜNB die Anlage nicht als reinen Verbraucher sondern als Netzdienstleister einstuft, welcher die Netzstabilität und Versorgungssicherheit durch Entnahme von Überschussstrom gewährleistet und somit nicht mit den vollen Entgelten belastet wird.

Formel 10: Kostenfunktion EHK inkl. Netzanschluss (Quelle: nach Götz et al., 2013b, S.10)

$$Ik_{EHK} = 451{,}45 * P_{EHK}^{-0{,}536} + 50€/kW$$

Ik_{EHK} .... Spezifische Investitionskosten in €/kW

P_{EHK} .... Elektrische Leistung des EHK in MW

Werden nur die größten 42 Fernwärmenetze genutzt, können alle EHK mit sehr hohen Leistungen von bis zu 50 MW gebaut werden.[248] Die erforderliche Anzahl berechnet sich dann durch Division der Summenleistung an EHK durch 50 MW und beträgt bei 20 GW beispielsweise 400 Stück, die in den größten Fernwärmenetzen installiert werden müssten. Die durchschnittlichen Investitionskosten bei dieser Variante wurden mit 105 €/kW fixiert, was den spezifischen Investitionskosten eines EHK mit 50 MW nach Formel 10 entspricht.

[248] Vgl. Gäbler und Lechner, 2013, S.12

Bei der flächendeckenden Errichtung von EHK wird angenommen, dass 76% der Leistung in den größten 42 und 24% in den restlichen 1.358 Netzen installiert werden. Es wird vereinfachend suggeriert, dass die Installation von einem EHK in jedem der 1.358 Fernwärmenetz ausreicht, um die vorgegebene Leistung zu erreichen. Die Anzahl eingesetzter EHK würde bei einer Summenleistung von 20 GW dann 1.662 Stück betragen (24% der Leistung aufgeteilt auf 1.358 Stück und 76% der Leistung aufgeteilt auf 304 Stück). Die durchschnittliche Leistung je EHK beträgt für 304 Kessel in 42 Netzen 50 MW und berechnet sich für den Rest durch Division der anteilhaften Gesamtleistung durch die Anzahl von 1.358 Kesseln. Durch Einsetzen dieser durchschnittlichen Leistung in Formel 10 werden die durchschnittlichen spezifischen Investitionskosten berechnet. Mit Hilfe einer einfachen Gewichtung können dann die durchschnittlichen spezifischen Investitionskosten für die flächendeckende Installation von EHK kalkuliert werden.[249] Bei Bau von in Summe 20 GW würden 4,8 GW auf 1.358 Kessel entfallen, die durchschnittliche Leistung beträgt dann 3,5 MW. Die spezifischen Investitionskosten bei 3,5 MW betragen nach Formel 10 280,6 €/kW. Durch Gewichtung der 105 €/kW mit 76% und der 280,6 €/kW mit 24% entstehen durchschnittliche spezifische Investitionskosten von 147 €/kW. Abbildung 64 zeigt die spezifischen und gesamten Investitionskosten der beiden Varianten grafisch aufgearbeitet. Die gesamten Investitionskosten würden bei 10 GW ca. 1-2 Mrd. € und bei 20 GW 2-3 Mrd. € betragen.

[249] Die maximalen Investitionskosten der EHK nach Formel 10 wurden mit 1.000 €/kW gedeckelt

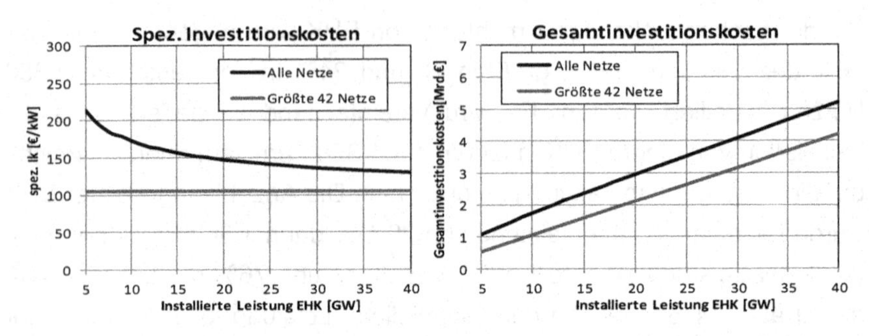

Abbildung 64: Spezifische- und Gesamtinvestitionskosten EHK (Quelle: Eigene Darstellung)

7.4.4 Betriebskosten, Zinssatz, Nutzungsdauer

Die Strombezugskosten wurden für die Berechnung der Betriebskostenkomponente null gesetzt. Für Wartung und Instandhaltung wurden Kosten von 1,25% auf fixierte spezifische Investitionskosten von 80 €/kW angesetzt.[250] Somit betragen die angenommenen Betriebskosten unabhängig von der Kesselgröße 1.000 € pro MW und Jahr. Die erwartete unternehmerische Rendite wird durch einen kalkulatorischen Zinssatz von 7% definiert.[251] Die Lebensdauer von EHK wurde mit 20 Jahren angenommen.[252] Es wird davon ausgegangen, dass die Anlage nach Ablauf der Nutzungsdauer keinen Restwert mehr besitzt.

7.4.5 Wärmegestehungskosten Elektrokessel

Bei einer flächendeckenden Installation müsste wie bereits erwähnt jedes Fernwärmenetz mit einem EHK ausgestattet werden, um 100% des Wärmebedarfs für P2H nutzbar zu machen. Abbildung 65 zeigt die durchschnittlichen WGK für die unterschiedlichen installierten Summenleistungen an EHK, Abbildung 66 bei Einschränkung auf die größten 42 Fernwärmenetze.

---

[250] Vgl. Vapec, 2014b, S.1

[251] Vgl. Götz et al., 2013a, S.15

[252] Vgl. Groscurth und Bode, 2013, S.12

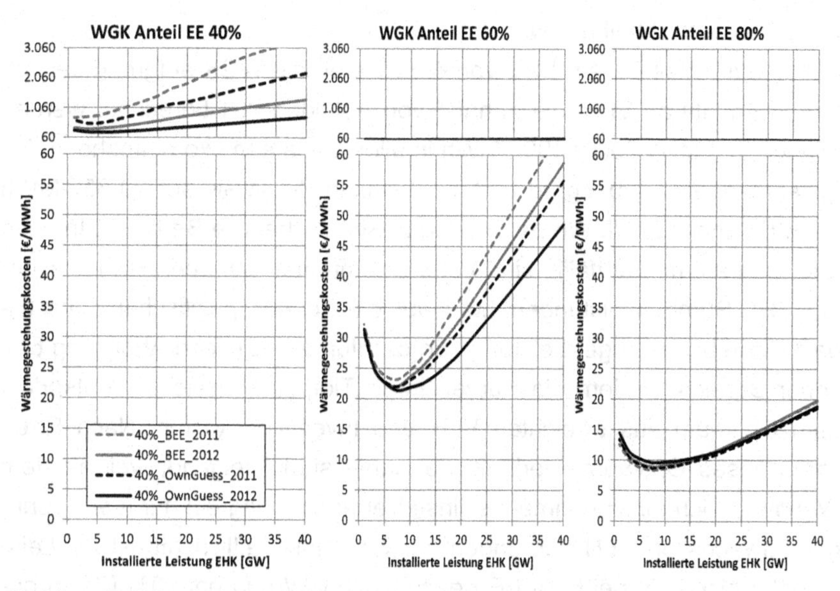

Abbildung 65: Wirtschaftlichkeit EHK alle Netze (Quelle: Eigene Darstellung)

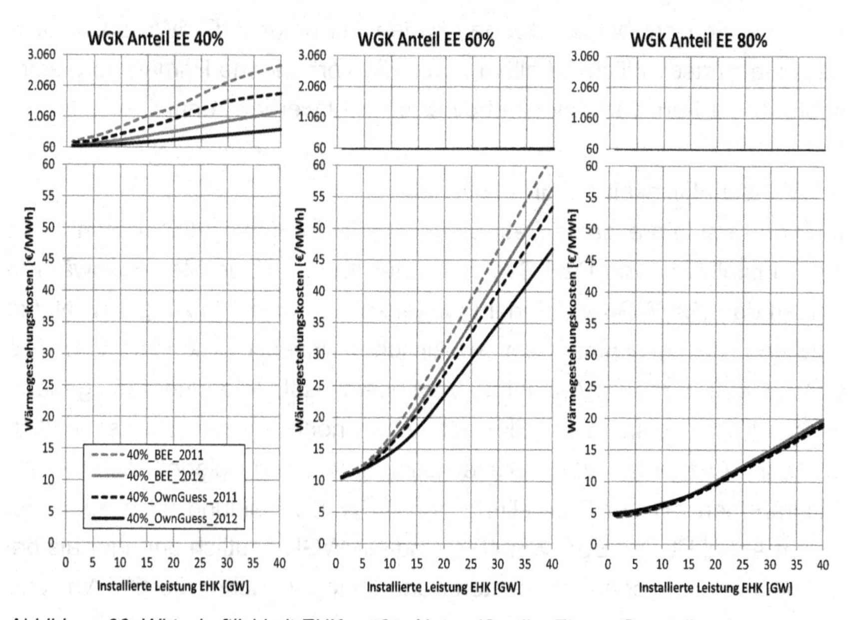

Abbildung 66: Wirtschaftlichkeit EHK größte Netze (Quelle: Eigene Darstellung)

- Wirtschaftlichkeit alle Netze

Bei einem Anteil EE am BSV von 40% wären die WGK aufgrund der geringen Anzahl an VLH, die anhand von Abbildung 61 berechnet werden können, mit etwa 230-3.400€/MWh in allen Varianten exorbitant hoch. Mit zunehmenden Ausbaugrad und VLH sinken die WGK auf 20-65€/MWh bei 60% und 8-20€/MWh bei 80% in äußerst attraktive Bereiche. In allen drei Diagrammen auffällig sind hohe Stromrenten bei geringen installierten EHK-Summenleistungen, was auf die hohen spezifischen Investitionskosten bei niedriger Leistung zurückzuführen ist (siehe Abbildung 64). Jener Bereich, in dem die Kurven ihren Tiefpunkt erreichen, entspricht dem Optimum aus erreichten VLH und Investitionskosten. Nach Erreichen dieses Optimums verläuft die Kurve stark steigend, weil ab dem Wendebereich mit zunehmender installierter Leistung ein nur mehr geringer Zuwachs an VLH verbunden ist. Ein wirtschaftlich attraktiver Leistungsbereich liegt bei 60% EE bei ca. 3-20 GW und bei 80% EE im gesamten Leistungsspektrum von 0 bis 40 GW. Die WGK innerhalb dieses Bereichs sind bei beiden Ausbaugraden mit unter 30€/MWh so niedrig, dass die Wirtschaftlichkeit allein durch die vorhandene Primärenergieeinsparung der Fernwärmenetzbetreiber erreicht werden könnte.

- Wirtschaftlichkeit nur größte Netze

Eine äußerst interessante Betrachtung stellt die Wirtschaftlichkeit im Falle einer Installation von P2H Systemen nur in den 42 größten Fernwärmenetzen dar. Die WGK werden im Gegensatz zu einer Nutzung aller Netze aufgrund der gleichmäßigen spezifischen Investitionskosten von 105 €/kW primär durch die Anzahl an VLH beeinflusst. Je geringer die gesamte installierte Leistung an EHK ist, umso höher ist die durchschnittlich erreichte Anzahl an VLH. Dieser Zusammenhang spiegelt sich in den Diagrammen mit der Darstellung der WGK in Abbildung 66 wieder. Bei einem Anteil EE am BSV von 40% sind die WGK deutlich geringer als bei der flächendeckenden Betrachtung und liegen zwischen 99 €/MWh und

2.700 €/MWh. Bei 60% EE werden WGK von fast 10 €/MWh und bei 80% EE sogar unter 5 €/MWh erreicht.

7.5 Primärenergieeinsparung

Zu Verdeutlichung der enorm attraktiven WGK bzw. Stromrenten sollen abschließend erreichbaren Erlöse aus Primärenergieeinsparungen bei verschiedenen Brennstoffen abgeschätzt werden. Ist die Primärenergieeinsparung höher als die WGK, wäre die Wirtschaftlichkeit der EHK allein durch die Einsparung an Brennstoffkosten gegeben. Bei reinen Heizwerken entspricht die Primärenergieeinsparung in €/MWh dem um den Wirkungsgrad korrigierten Brennstoffpreis jener Erzeugungstechnologie (z.B.: Grundlastkessel, Spitzenkessel), die der EHK verdrängt.[253] Abbildung 67 zeigt die bei einem thermischen Wirkungsgrad von 80% entstehenden Einsparungen aus reduziertem Brennstoffbedarf.

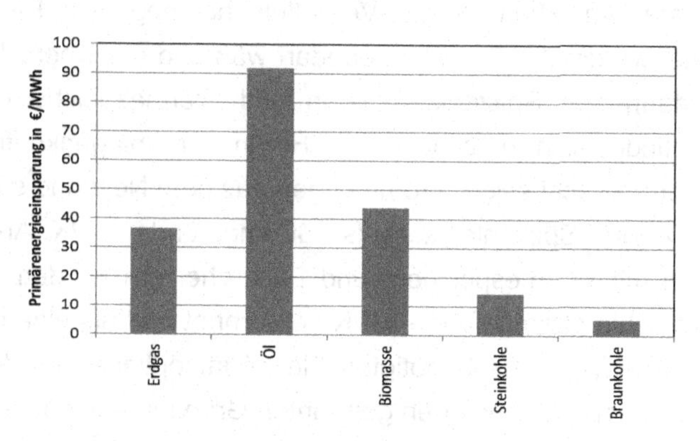

Abbildung 67: Primärenergieeinsparung bei diversen Brennstoffen (Quelle: Eigene Darstellung)

Die Preise für Erdgas, Öl und Steinkohle wurden einer Studie von Böttger und Bruckner[254], der Biomassepreis aus einem Preisindex für Hack-

[253] Vgl. Plattform Erneuerbare Energien, 2012, S.33

[254] Vgl. Böttger und Bruckner, 2014, S.5

schnitzel[255] und der Braunkohlepreis aus einer Studie über Braunkohlepreise[256] entnommen.

Im Falle von KWK ist die Berechnung etwas schwieriger, weil neben Wärme zusätzlich Strom erzeugt wird und im Falle einer Substitution des KWK Grundlastkessels durch den EHK gleichzeitig auf die Erzeugung von Strom verzichtet wird. Allerdings befinden sich bei Einsatz des EHK überschüssige Strommengen aus Wind und PV im System, weshalb Strom am Großhandelsmarkt nur zu negativen oder zumindest sehr niedrigen Strompreisen verkauft werden kann. Treten solche Situationen auf, sollten steuerbare konventionelle Kraftwerke und somit auch die Stromerzeugung von KWK Kraftwerken eingestellt werden, um das Stromangebot nicht noch zusätzlich zu erhöhen.[257] Weil nicht alle KWK-Anlagen ausreichend Freiheitsgrade aufweisen, um das Verhältnis zwischen Wärme- und Stromerzeugung flexibel variieren zu können, müssten Anlagen mit starrem Strom-Wärme-Verhältnis bei negativer Residuallast abgeschaltet werden.[258] Der Wärmebedarf während der Überschussphase muss dann aus Spitzenlastkesseln und Wärmespeichern gedeckt werden. Befindet sich zusätzlich ein EHK in der Anlagenkonfiguration, nimmt dieser überschüssige Strommengen aus dem Netz und substituiert den Einsatz des Spitzenlastkessels. Stromgeführte KWK Anlagen in Kombination mit Wärmespeichern und Elektroheizern werden im Fachjargon als flexible stromgeführte KWK bezeichnet und als eine der größten für die Energiewende benötigten Flexibilitätsoptionen im deutschen Strommarkt gesehen.[259] Aus den genannten Gründen besteht die Vermutung, dass sowohl mit als auch ohne vorhandener Freiheitsgrade beim Wärme-Strom-Verhältnis keine Erlöse durch die Stromerzeugung generiert werden können und somit die in Abbildung 67 dargestellten Primär-

---

[255] Vgl. URL: http://www.carmen-ev.de/infothek/preisindizes/hackschnitzel [06.05.2014].

[256] Vgl. Löschel, 2009, S.15

[257] Vgl. Wünsch et al., 2011, S.9

[258] Vgl. Institut für Energiewirtschaft und Rationelle Energieanwendung, 2009, S.5f.

[259] Vgl. Krzikalla et al., 2013, S.53ff.

energieeinsparungen auch bei KWK zumindest größenordnungsmäßig stimmen dürften.

Die Abbildung soll ein reines Beispiel für mögliche Primärenergieeinsparungen durch den Einsatz von Elektroheizern darstellen. Die Höhe der monetären Brennstoffersparnis ist bei jedem Wärmekraftwerk unterschiedlich und hängt von individuellen Anlagenspezifika sowie Brennstoffbezugspreisen ab und kann deshalb sowohl ober- als auch unterhalb der angegeben Zahlen liegen.

7.6 Erhöhung Potential durch Wärmespeicher

Abschließend soll noch untersucht werden, um wie viel das Potential von Elektrokesseln in Fernwärmenetzen durch den Einsatz von Wärmespeichern erhöht werden kann. Damit einher geht die Frage, ob die zusätzliche Investition in Wärmspeicher wirtschaftlich gerechtfertigt werden kann. Des Weiteren wurde beleuchtet, welcher Zusammenhang zwischen der Reichweite der Speicher und den zusätzlich nutzbaren Stromüberschüssen besteht.

7.6.1 Methodik

Die zusätzlich verwendbaren Stromüberschüsse wurden mit Hilfe eines stündlichen Simulationsmodells für jedes Szenario getrennt ermittelt. Als Speichermedium wurde ein druckloser Wärmespeicher mit einer Temperaturspreizung von 35°C angenommen.[260] Eine Schemazeichnung über die vereinfachte Anlagenkonfiguration eines Wärmekraftwerks mit EHK und Wärmespeicher ist in Abbildung 68 dargestellt.

[260] Vgl. Wünsch et al., 2011, S.21

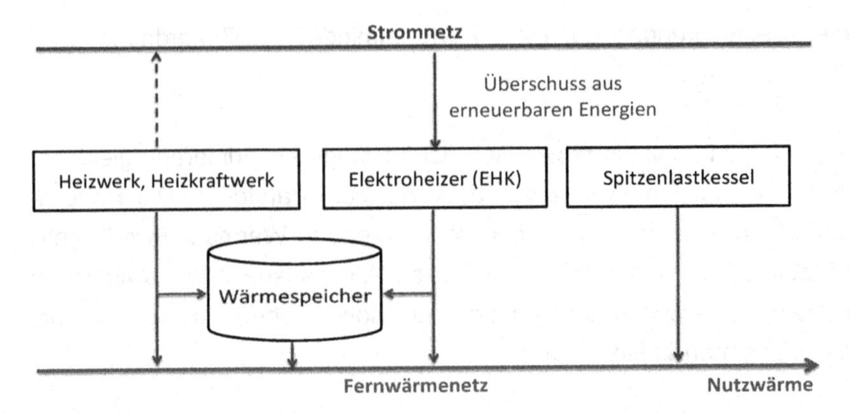

Abbildung 68: Anlagenschema EHK mit Wärmespeicher (Quelle: Eigene Darstellung, modifiziert nach Krzikalla et al., 2013, S.53).

Es wurde unterstellt, dass jedem installierten EHK ein Wärmespeicher, dessen Bewirtschaftung durch den Elektroheizer erfolgt, hinzugefügt wird. Ein Entladezyklus wurde bei positiver und ein Aufladezyklus bei negativer Residuallast eingeleitet. Die Reichweite des Speichers wurde als Anzahl an Stunden, die der Speicher von dem EHK mit seiner vollen Leistung beladen werden kann, definiert. Das Volumen der Wärmespeicher wird über 9 untersuchte Reichweiten (0h bis 16h im 2h-Raster) festgelegt. Sind 20GW an EHK installiert und soll die Reichweite 4h betragen, beträgt die Summe des gewählten Wärmespeichervolumens 80GWh. Der Startwert des Speichers ist in allen durchgerechneten Varianten 0% des maximalen Speichervolumens. Für jedes der 12 Szenarien wurde die Simulation mit den 9 unterschiedlichen Reichweiten und 11 unterschiedlichen EHK-Leistungen (von bundesweit 5 GW bis 40 GW in 11 Schritten) durchgeführt. In Summe ergibt das die hohe Anzahl von je 1.188 Rechengängen für die 2 Betrachtungsvarianten einer Installation in allen und nur den größten Netzen.

Der Speicher kann bei negativer Residuallast nur dann beladen werden, wenn der Stromüberschuss und die installierte EHK-Leistung höher als die zeitgleiche Wärmenachfrage sind. Treten hohe negative Residuallasten auf und liegt die Leistung des Elektrokessels unterhalb der zeitgleichen Wärmenachfrage, kann die erzeugte Wärme direkt in das Fernwärmenetz eingespeist werden und es wird in dieser Situation kein Speicher benötigt. Die Höhe der maximal möglichen Auf- und Entladung in MW entspricht der Differenz aus der installierten EHK-Leistung und der minimalen jährlichen Wärmelast. Wärmeverluste des Speichers, welche den Entladevorgang beschleunigen würden, wurden in der Simulation selbst vereinfachend vernachlässigt. Sehr wohl berücksichtigt wurden Wärmeverluste für die Berechnung der Energiemengen, welche effektiv in das Fernwärmenetz integriert werden können und für die Wirtschaftlichkeitsberechnung entscheidend sind. Hier wird von einem jahresmittleren Nutzungsgrad von 85% ausgegangen. Das bedeutet, dass aufgrund von Wärmeverlusten (Oberflächenverluste, Verluste durch Wärmebrücken und Rohrleitungsanschlüsse, Verluste am Wärmetauscher, etc.) nur 85% der gespeicherten EE-Überschüsse in den Vorlauf der Fernwärmenetze gespeist werden können.[261] Laut Angaben in der Fachliteratur liegen die in der Praxis erreichbaren Wirkungsgrade von Wärmespeichern sogar noch deutlich über diesem Wert. Nach Hewicker et al können Wirkungsgrade von Wärmespeichern bis zu 90% betragen.[262] Straub und Morlock geben in Ihren Untersuchungen zu den Wirkungsgraden von sehr großen Fernwärmespeichern (>25.000m³) bei unterschiedlichen Einsatzweisen sogar an, dass diese bis zu 95% betragen können.[263]

Der Entladevorgang der Speicher wird in der Simulation eingeleitet, sobald der Wärmeverbrauch höher ist als die aktuell eingesetzte Leistung der EHK. Bezüglich der Dauer und Höhe der Entladung wurde angenommen, dass ein Entladevorgang möglichst gleichmäßig innerhalb von 5h zu erfolgen hat, um die Kapazität des Speichers wieder frei zu bekommen. Ist eine Entladung innerhalb von 5h aufgrund einer geringen

---

[261] Vgl. Fisch et al., 2005, S.19

[262] Vgl. Hewicker et al., 2013, S.72

[263] Vgl. Straub und Morlock, 1987, S.126

Wärmenachfrage oder eines kontinuierlichen Einsatzes des EHK zur Deckung der aktuellen Wärmenachfrage nicht möglich, erfolgt eine Entladung sobald als möglich in den nächsten freien Stunden. Insbesondere die Annahmen über die Speicherentladung sind stark vereinfachend, weil der Wärmespeicher in der Praxis bei Anwendung in KWK Kraftwerken nicht sobald als möglich sondern zur Gewährleistung einer stromgeführten Betriebsweise der KWK Anlage in Abhängigkeit des Strompreises und der Wärmelast entladen werden würde.[264] Die starke Vereinfachung ist trotzdem zulässig, weil das Ziel dieser Untersuchung die Abschätzung zusätzlich speicherbarer EE-Überschüsse darstellt und die exakte zeitliche Abfolge der Speicherentladung hierfür nicht ausschlaggebend ist. Auch in der Praxis würde jedenfalls eine Entladung in Stunden mit positiver Residuallast erfolgen, um vor den nächsten erwarteten Phasen mit einem Überangebot aus Wind- und PV den Speicher leer zu bekommen.

Zum besseren Verständnis der soeben erläuterten Simulationslogik sollen die Detailauszüge einer Woche drei unterschiedlicher Varianten für das Szenario „80%_OwnGuess 2011" in Abbildung 69 für eine Winterwoche und in Abbildung 70 für eine Sommerwoche dienen. Im Diagramm auf der Primärachse aufgetragen sind der Wärmelastgang, Stromüberschüsse in Form der negativen Residuallast, der Einsatz des EHK sowie die Speicherbe- und Entladung in GW. Auf der Sekundärachse ist der Füllstand des Wärmespeichers in % abgebildet. Im obersten Diagramm ist die Variante mit einer installierten EHK-Leistung von 15 GW und einer Reichweite von 2h, was ein Speichervolumen von insgesamt 30 GWh ergibt, dargestellt. Es ist in Abbildung 69 zu erkennen, dass trotz sehr hoher Überschüsse, die in dieser Woche drei Mal für mehrere Stunden auftreten, keine Aufladung des Speichers stattfindet. Grund hierfür ist die vergleichsweise niedrige installierte Leistung der Elektrokessel, die in den Überschussphasen bereits voll eingesetzt werden, um den aktuell vorhandenen Wärmebedarf zu decken.

---

[264] Vgl. Schulz und Brandstätt, 2013, S.20f.

In der Variante des mittleren Diagramms wurde nur die installierte EHK Leistung von 15 GW auf 30 GW erhöht. Da die Wärmesenken in den Überschussphasen beinahe zur Gänze unterhalb der EHK Leistung liegen, kann neben einer reinen Bedarfsdeckung über die Elektroheizer zusätzlich der Wärmespeicher gefüllt werden. Bei den ersten beiden Betriebszeiten der Elektroheizer in Abbildung 69 am 6 und 7 Januar reicht die Kapazität des Speichers noch aus, um den EHK durchgehen in Volllast betreiben zu können, was sehr gut am prozentualen Füllstand beobachtet werden kann. In der dritten und längsten Überschussphase von 8 bis 9 Januar ist der Speicher in ca. 6 Stunden voll und kann in den unmittelbar folgenden Stunden auch nicht entleert werden, weil der gesamte Wärmebedarf bereits durch den EHK gedeckt wird. Die Entladung des Speichers findet in dieser Situation erst ab dem 9 Januar statt, sobald der Stromüberschuss nicht mehr ausreicht, um die Wärmelast mit dem EHK zu decken. In der untersten Variante wurde gegenüber dem mittleren Szenario die Speicherreichweite von 2 auf 6 Stunden erhöht. Es ist in Abbildung 69 sehr gut zu erkennen, dass die Speicherkapazität nun ausreicht, um während der gesamten windstarken Periode den Speicher aufzuladen und unmittelbar danach wieder zu entladen.

Eigene Detailergebnisse bei einer Installation der EHK nur in den 42 größten Fernwärmenetzen werden nicht angeführt, weil die Reduzierung der Wärmelast auf 76% des Summenprofils für Deutschland in allen Stunden des Jahres die einzige methodische Änderung darstellt.

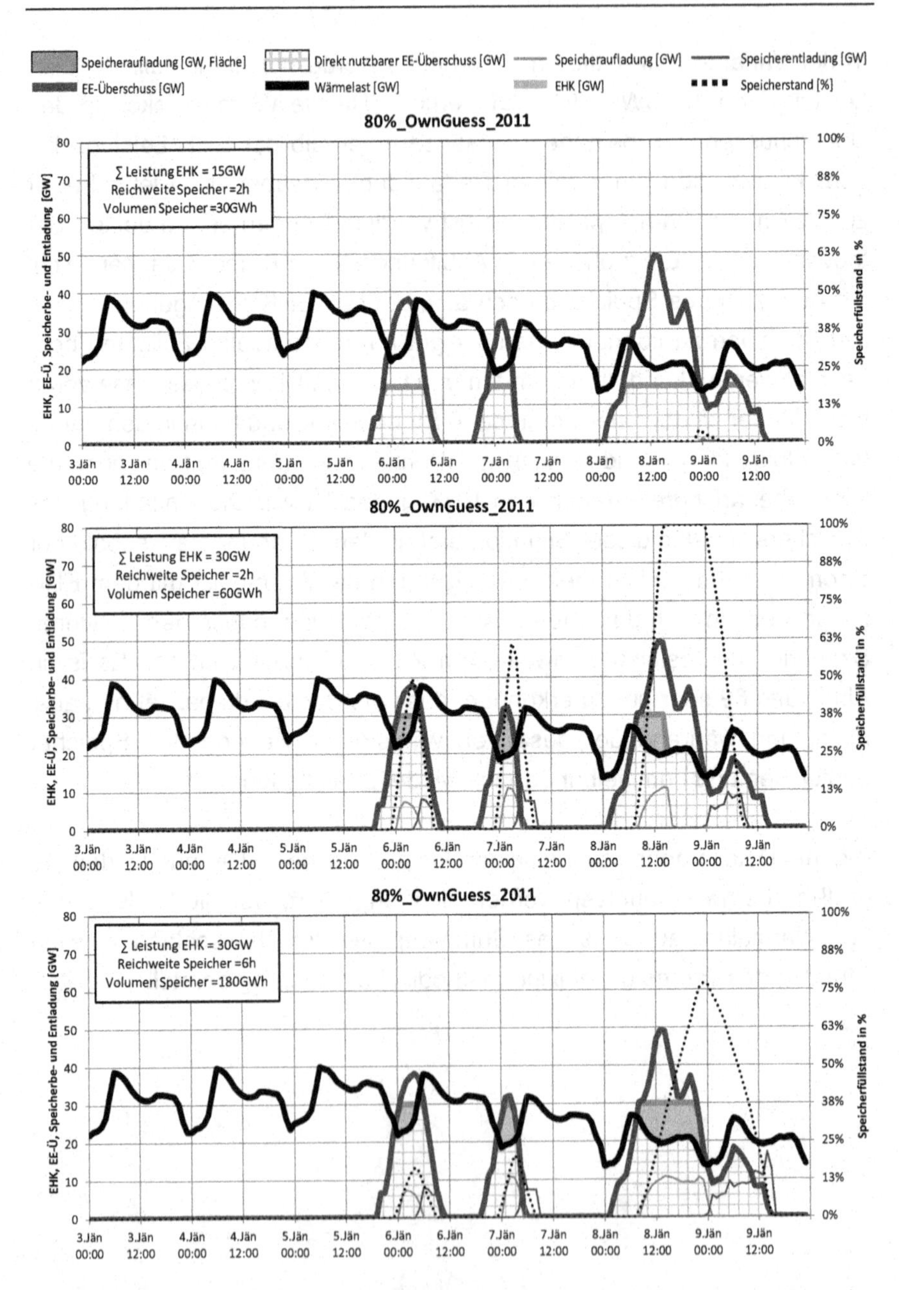

Abbildung 69: Speichersimulation Detailauszug Januar alle Netze (Quelle: Eigene Darstellung)

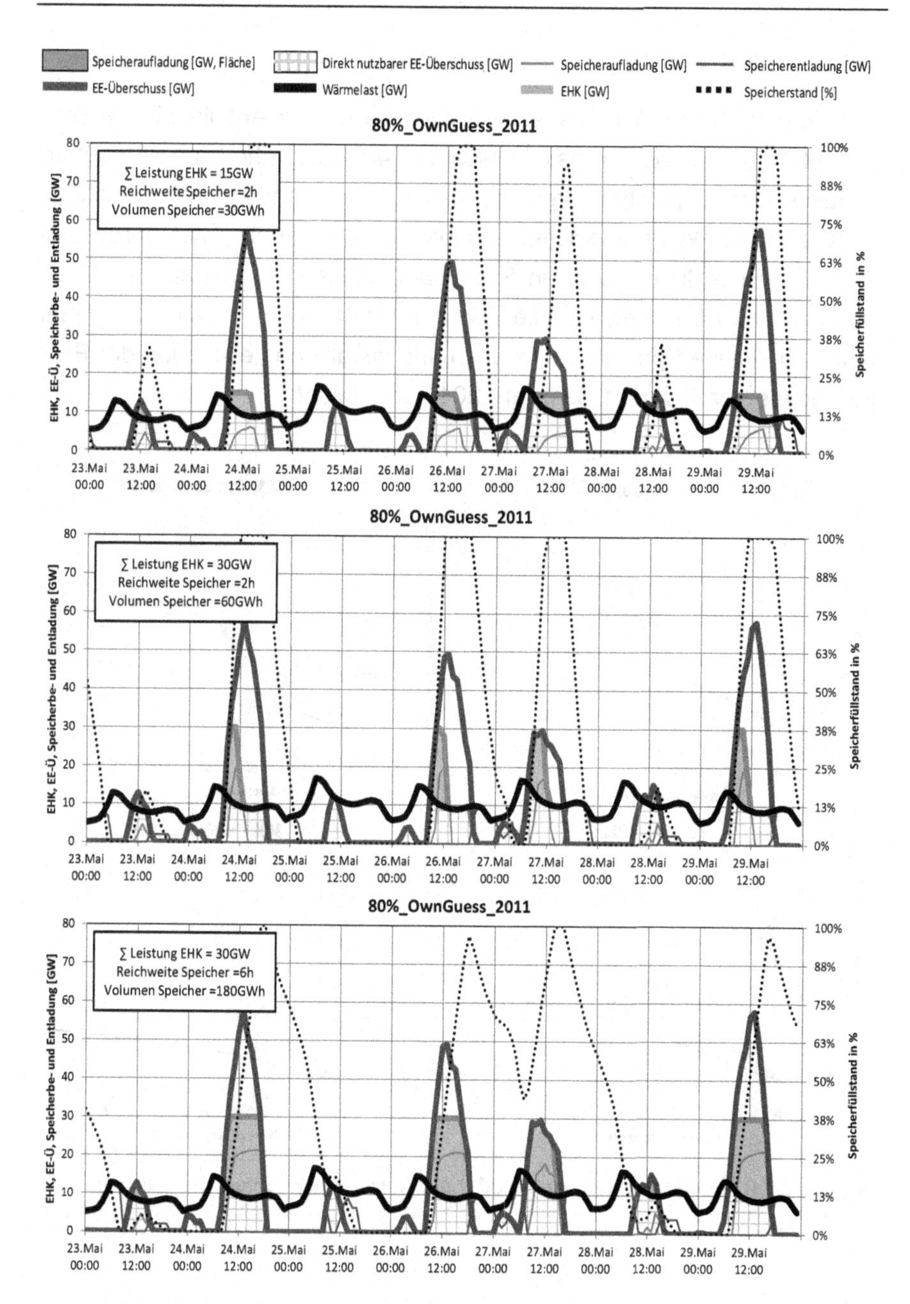

Abbildung 70: Speichersimulation Detailauszug Mai alle Netze (Quelle: Eigene Darstellung).

7.6.2 Zusätzlich nutzbare Stromüberschüsse

Die Potentiale von Wärmespeichern werden nur für Anteile EE am BSV von 60% und 80% dargestellt, weil bei 40% beinahe alle Stromüberschüsse ohne Speicher direkt genutzt werden können und somit eine Ergänzung um Wärmespeicher noch keinen Sinn ergibt. Die Jahressummen der zusätzlich nutzbaren Stromüberschüsse in TWh sind in Abbildung 71 und Abbildung 72 (alle bzw. nur größte 42 Fernwärmenetze) für unterschiedliche Speicherreichweiten und installierte Leistungen der EHK für das meteorologische Basisjahr 2011 abgebildet.

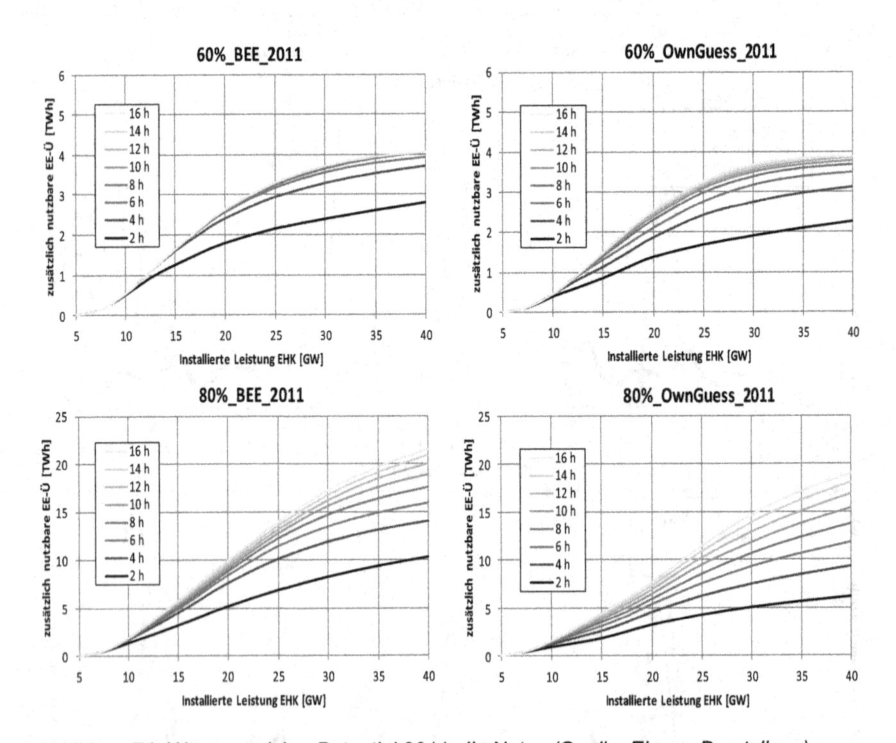

Abbildung 71: Wärmespeicher Potential 2011 alle Netze (Quelle: Eigene Darstellung).

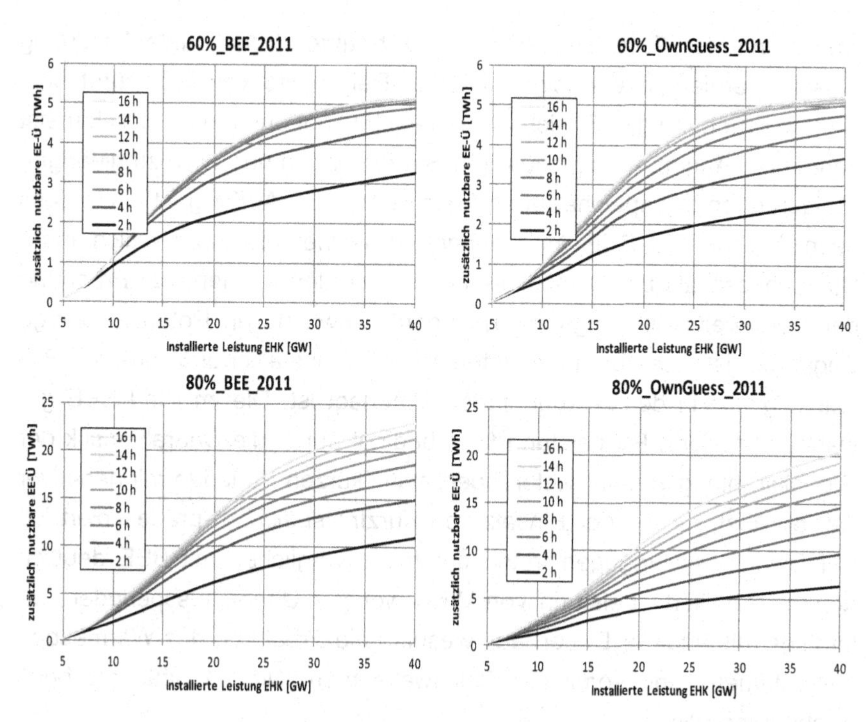

Abbildung 72: Wärmespeicher Potential 2011 größte Netze (Quelle: Eigene Darstellung).

Bei einem Anteil EE von 60% könnten mit Wärmespeichern zusätzlich bis zu 5 TWh an Überschüssen in Fernwärmenetzen gespeichert werden. Bei installierter Leistung der Elektroheizer von unter 10 GW besteht ein vernachlässigbares Potential, weil die Wärmelast nur in wenigen Sommerstunden unterhalb dieser Leistung liegt und somit die erzeugte Wärme der EHK in fast allen Einsatzstunden direkt in das Fernwärmenetz abgegeben werden kann, wofür kein Speicher benötigt wird. Die Speicherpotentialkurven steigen mit zunehmender installierter Leistung der EHK stark an und nähern sich im oberen Leistungsbereich einer Amplitude. Begründet ist diese Abflachung durch das bei 60% noch recht seltene Auftreten von sehr hohen negativen Residuallasten. Des Weiteren kann beobachtet werden, dass mit einer Reichweite von 2h mit bis zu 3,3 TWh bereits große Energiemengen gespeichert werden könnten und durch

Steigerung der Reichweite eine deutlich unterproportionale Erhöhung dieser Energiemenge erfolgt. Ab einer Reichweite von 6-8h führt eine weitere Erhöhung des Speichervolumens bedingt durch das zeitlich meist sehr kurze Angebot überschüssiger Strommengen nur mehr zu niedrigen Steigerungen der speicherbaren Energiemengen. Auffällig ist auch, dass beim Ausbaupfad BEE mit geringem Speichervolumen deutlich mehr Überschüsse als bei OwnGuess genutzt werden können, bei Erhöhung der Reichweite allerdings ein geringerer Zuwachs an Potential erfolgt. Begründet ist dies durch die Unterschiede an installierter Wind- und PV-Leistung, die in den Ausbaupfaden hinterlegt ist. Die im Pfad BEE gewählte installierte PV-Leistung führt bedingt durch die Charakteristik der Globalstrahlung zu sehr vielen aber relativ kurzen Perioden mit negativer Residuallast, für die der Einsatz von Kurzfristspeichern prädestiniert ist. Bei OwnGuess hingegen treten durch die verglichen mit BEE deutlich höhere installierte Leistung von WKA weniger Überschussperioden, allerdings mit längerer Dauer, auf, weshalb die Erhöhung des Wärmespeichervolumens und somit der Reichweite mehr Nutzen hätte als beim Ausbaupfad BEE.

Die Speicherpotentialkurven für einen Anteil EE von 80% haben grundsätzlich den gleichen Verlauf, nehmen allerdings bereits wesentlich höhere Dimensionen an. Die Reichweite der Speicher spielt bei diesem Ausbaugrad aufgrund der Häufigkeit und Dauer von Perioden mit negativen Residuallasten eine größere Rolle als noch bei 60% und führt auch bei hohen Speichervolumen noch zu merklichen Zuwächsen der speicherbaren Überschüsse. Bei vollem Ausbau der Elektrokessel bis 40 GW könnten mit Wärmespeichern in Abhängigkeit der Reichweite zusätzliche Energiemengen von ca. 6-23 TWh genutzt werden. Die Speicherpotentialkurven der restlichen Szenarien befinden sich im Anhang unter Punkt 10.2.2.

7.6.3 Wirtschaftlichkeit

Zur Bewertung der Wirtschaftlichkeit der Wärmespeicher wurde genauso wie bei den EHK ein Vollkostenansatz verwendet, mit dem die Kosten je gespeicherter MWh, im Folgenden wieder als Wärmegestehungskosten (WGK) bezeichnet, berechnet wurden. Unterschieden wurde genauso wie bei den EHK zwischen der Errichtung von Wärmespeichern in allen deutschen Fernwärmenetzen und einer Fokussierung auf die 42 Größten ihrer Art. Eine Möglichkeit zur ersten Abschätzung der für einen wirtschaftlichen Speicherbetrieb bei unterschiedlichen Investitionskosten erforderlichen Speicherzyklen pro Jahr ist in Abbildung 73 dargestellt.

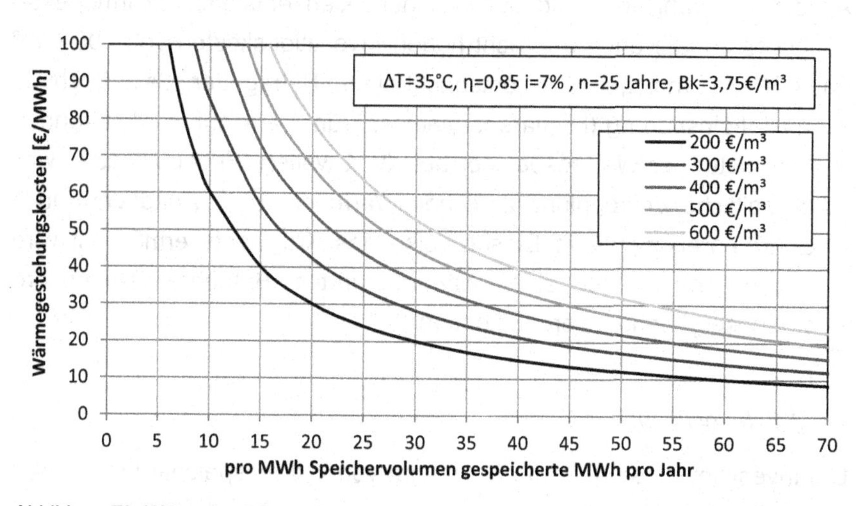

Abbildung 73: Wärmegestehungskosten Wärmespeicher Sensitivität (Quelle: Eigene Darstellung).

Es wurde eine Temperaturspreizung von 35°C, ein kalkulatorischer Zinssatz von 7%, Betriebskosten von 3,75 €/m³ und eine Lebensdauer von 25 Jahren angenommen. Für den Wirkungsgrad des Speichers wurde unterstellt, dass im Jahresmittel 85% der gespeicherten Energiemengen als Nutzwärme in das Fernwärmenetz gespeist werden können. Auf der X-Achse aufgetragen ist die pro MWh Speichervolumen eingespeichert

Energiemenge, was der Anzahl an jährlichen Speicherzyklen entspricht. Erste Abschätzungen über die Wirtschaftlichkeit der Wärmespeicher können mit der angefertigten Grafik und den Speicherzyklen, die mit Hilfe von Abbildung 71 (Gespeicherte Energiemenge/Speichervolumen) berechnet werden könnten, durchgeführt werden. Beim Szenario 80%_OwnGuess_2011 können nach Abbildung 71 bei einer EHK-Leistung von 20 GW und einer Reichweite von 4h ca. 4,5 TWh gespeichert werden, was 56 Speicherzyklen entsprechen würde. Bei Investitionskosten von 450 €/m³ können in Abbildung 73 die zugehörigen WGK in Höhe von rund 20-22 €/MWh abgelesen werden.

Ab einer Anzahl von rund 50 Speicherzyklen entstehen Wärmegestehungskosten, die auch bei recht hohen Investitionskosten von 500 €/m³ unter 30 €/MWh liegen. Dies entspricht einem Betrag, der allein durch die Brennstoffeinsparung (Primärenergieeinsparung) erreicht werden könnte. Zudem bietet der Wärmespeicher bei KWK weitere Erlöspotentiale, weil durch zeitliche Entkopplung zwischen Wärmeerzeugung und Verbrauch eine strompreisorientierte Einsatzweise des Kraftwerks ermöglicht wird und somit gegenüber einer wärmegeführten Betriebsweise höhere Stromerlöse generiert werden können.[265]

7.6.3.1 *Investitionskosten*

Um Investitionskosten für die Errichtung von Wärmespeichern im großen Stile kalkulieren zu können, müssen zunächst die Speichervolumina in m³ für unterschiedliche installierte EHK Leistungen getrennt für die 2 Betrachtungsvarianten einer Errichtung der EHK in allen oder nur den 42 größten Netzen berechnet werden. Dies geschieht über die physikalische Grundgleichung zur Berechnung der thermischen Energie bei einer Temperaturspreizung von 35°C für drucklose Wärmespeicher, welche bereits in Formel 6 angegeben wurde. Abbildung 74 zeigt die bei unterschiedli-

[265] Vgl. Schulz und Brandstätt, 2013, S.20f.

chen Reichweiten und EHK Leistungen erforderlichen Gesamtspeichervolumen in Mio. m³ (links) sowie die durchschnittlichen Volumina je Wärmespeicher.

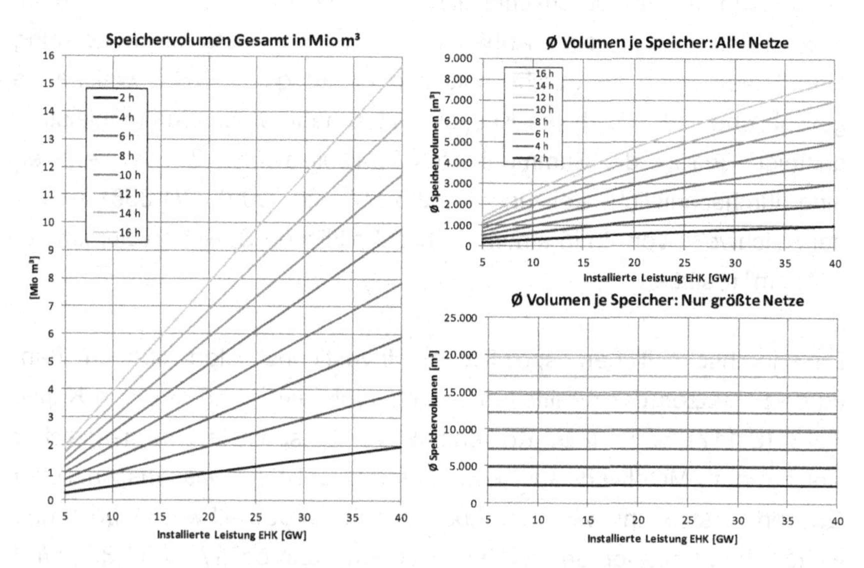

Abbildung 74: Gesamtspeichervolumen und Ø Volumen je Speicher (Quelle: Eigene Darstellung)

Bei einer Installation in den 42 größten Netzen ist das durchschnittliche Speichervolumen nur von der Reichweite und nicht der Leistung der EHK abhängig. Grund hierfür ist die mit der Summenleistung gleichmäßig wachsende Anzahl an benötigter EHK und Wärmespeicher. Bei 5 GW würde eine Anzahl an 100 und bei 20 GW von 400 Elektroheizern benötigt werden, die in den 42 größten Fernwärmenetzen mit 50 MW je EHK installiert werden müssten. Das Speichervolumen berechnet sich dabei durch einfache Umrechnung des Speichervolumens in KWh auf m³. Bei 20 GW EHK und 2h Reichweite beträgt das Volumen je Speicher folglich 100 MWh oder 2.449 m³ und das deutschlandweite Gesamtspeichervolumen 40 GWh oder knapp 1 Mio. m³.

Bei Installation von EHK in allen Netzen wird davon ausgegangen, dass 76% des Speichervolumens in den größten 42 und 24% in den restlichen kleineren Netzen gebaut werden. Im Gegensatz zu den 42 größten Netzen besteht für das durchschnittliche Volumen je Speicher in den restlichen 1.358 Netzen eine Abhängigkeit von der installierten Leistung. Grund hierfür ist die durchschnittliche Leistung der EHK, welche bei gleichbleibender Anzahl an Kesseln mit zunehmender Summenleistung ansteigt. Beträgt die Summenleistung beispielsweise 20 GW, entsteht eine durchschnittliche Leistung von 3,5 MW (20.000*0,24/1.358), welche bei Reichweite von 2h in einem durchschnittlichen Speichervolumen von 171,4 m³ resultiert.

Die durchschnittlichen spezifischen Investitionskosten können dann durch Einsetzen der ermittelten Speichervolumen in m³ in die in Kapitel 6.2.3 (S.117) erarbeitete Kostenfunktion für sensible Wärmespeicher, welche den Mittelwert aus zwei unterschiedlichen wissenschaftlichen Quellen darstellt und bereits in Abbildung 45 vorgestellt wurde, berechnet werden und betragen bei 2.449 m³ 405 €/m³ und bei 171,4 m³ 867 €/m³. Für das vorher angeführte Beispiel von 20 GW und 2h Reichweite muss nur noch eine Gewichtung der 405 €/m³ mit 76% und 867 €/m³ mit 24% durchgeführt werden, um die durchschnittlichen spezifischen Investitionskosten bei flächendeckender Installation der EHK und Wärmespeicher von 516 €/m³ zu erhalten.

Abbildung 75 zeigt bereits die spezifischen und gesamten Investitionskosten für die Nutzung aller und nur der größten 42 Fernwärmenetze. Die ermittelten durchschnittlichen spezifischen Speicherkosten liegen bei 280-550 €/m³ bei einer flächendeckenden Errichtung der Speicher in allen und 250-405 €/m³ bei Einschränkung auf die größten Fernwärmenetze. Die Gesamtinvestitionskosten würden beispielsweise bei einer hohen Summenleistung von 20 GW und einer Speicherreichweite von 8h 1,2-1,5 Mrd. €. betragen.

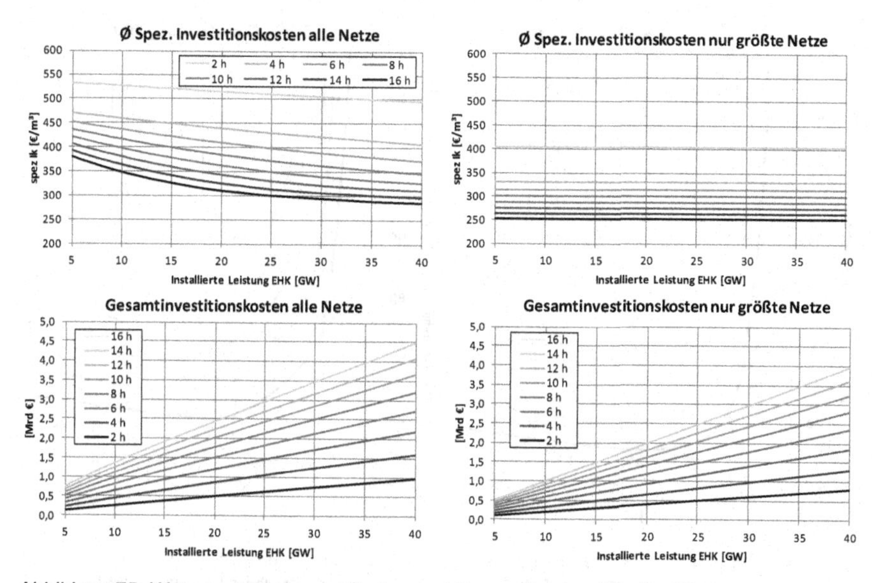

Abbildung 75: Wärmespeicher spezifische- und Gesamtkosten (Quelle: Eigene Darstellung).

Für Wartung und Instandhaltung wurden Kosten von 1,25% auf fixierte spezifische Investitionskosten von 300 €/m³ angesetzt. Somit betragen die angenommenen Betriebskosten unabhängig von der Kesselgröße 3,75 € pro m³ und Jahr. Der kalkulatorische Zinssatz wird wie bei den EHK mit 7% definiert. Die Lebensdauer von Wärmespeichern wurde mit 25 Jahren angenommen.[266] Es wird zudem davon ausgegangen, dass die Anlage nach Ablauf der Nutzungsdauer keinen Restwert mehr besitzt.

7.6.3.2 Wärmegestehungskosten Wärmespeicher

Die Resultate der Berechnung der WGK verschiedener Reichweiten und installierter Leistungen ist in Abbildung 76 und Abbildung 77 für das Basisjahr 2011 dargestellt. Die Ergebnisse der restlichen Szenarien sind sehr ähnlich und wurden dem Anhang unter Punkt 10.2.2 zugefügt.

[266] Vgl. Groscurth und Bode, 2013, S.12

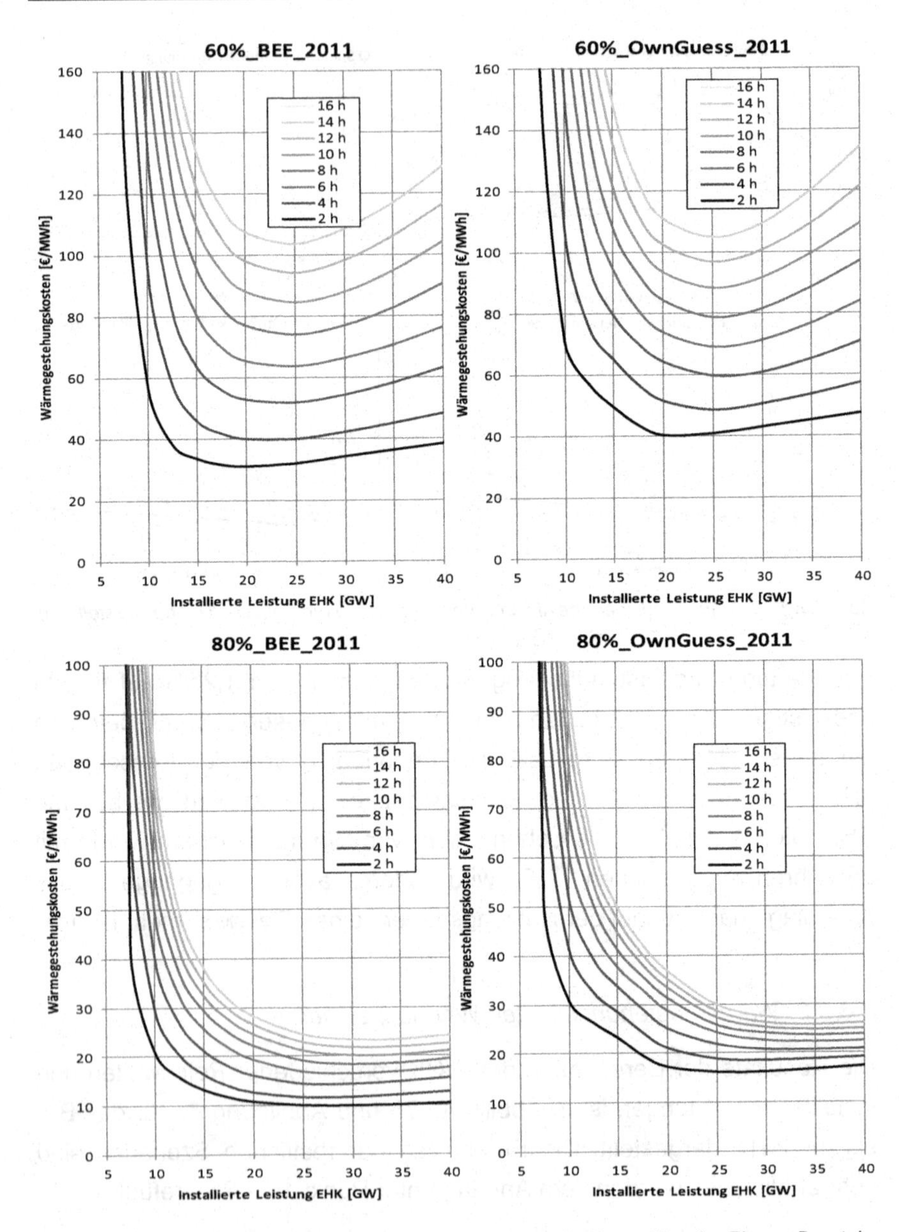

Abbildung 76: Wärmegestehungskosten Speicher 2011 alle Netze (Quelle: Eigene Darstellung)

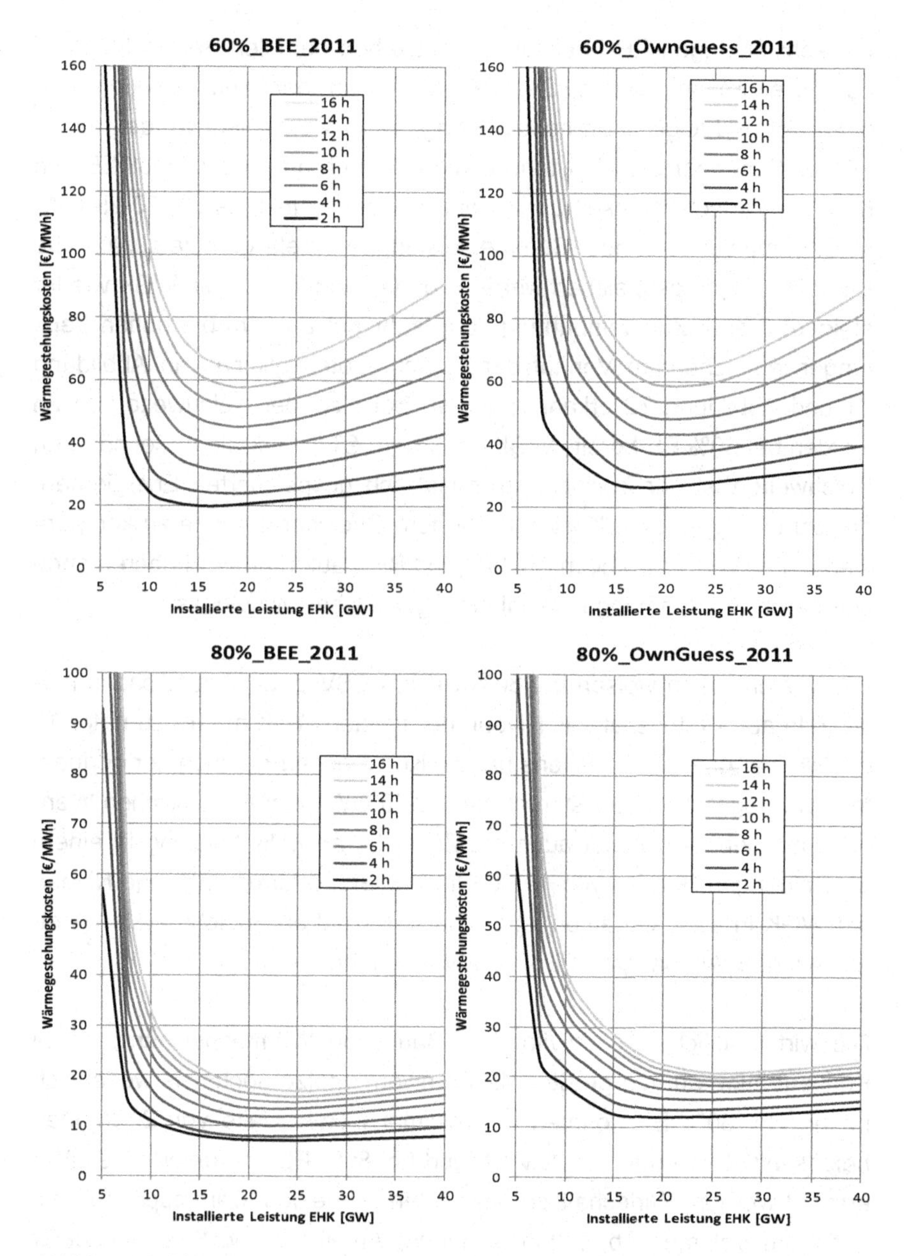

Abbildung 77: Wärmegestehungskosten Speicher 2011 größte Netze (Quelle: Eigene Darstellung)

Bei sehr niedrigen EHK-Leistungen entstehen bei allen Betrachtungsvarianten exorbitant hohe WGK, weil die Anzahl an Speicherzyklen sehr gering ist und folglich ein hoher Betrag pro MWh verdient werden muss. Mit zunehmender EHK-Leistung verbessert sich bei einem Anteil EE von 60% die Wirtschaftlichkeit bis zu einem Wendepunkt bei ca. 20-25 GW, ab dem mit zunehmender Summenleistung nur mehr geringe zusätzliche Energiemengen gespeichert werden können und folglich die WGK wieder steigen. Dieser Zusammenhang kann sehr gut an dem bei hohen Leistungen abflachenden Verlauf der Speicherpotentialkurven in Abbildung 71 und Abbildung 72 erkannt werden. Bei niedriger Reichweite von 2h werden bei 60% EE bereits WGK von 20-40 €/MWh erreicht. Bei höheren Reichweiten ist der Zuwachs an zusätzlich gespeicherten Energiemengen zu gering, um die Kosten für höhere Speichervolumina zu kompensieren. Die WGK sind beim Ausbaupfad BEE aufgrund der höheren speicherbaren Energiemengen leicht niedriger als bei OwnGuess.

Die Kostenkurven weisen bei 80% EE am BSV zwei wesentliche Unterschiede auf. Erstens ist das Niveau der tiefsten WGK mit bis zu unter 10 €/MWh klar geringer. Zweitens hat die Kurve nach Erreichen der geringsten Wärmegestehungskosten ab ca. 20-25 GW keinen klassischen Wendepunkt mehr und bleibt auch mit Zuwachs an EHK Leistung in einem sehr niedrigen Bereich von 10-30 €/MWh. Grund für das niedrige Niveau der WGK in allen Varianten ist die hohe Anzahl an Speicherzyklen, welche bei dem Ausbaugrad EE von 80% entsteht.

Die wirtschaftliche Attraktivität des Baus von Wärmespeichern ist bei Konzentration auf die größten 42 Fernwärmenetze nochmals wesentlich höher. Bei 60% EE könnten bei minimaler Reichweite von 2 Stunden bereits WGK von unter 30 €/MWh und bei 80% EE von unter 10 €/MWh erreicht werden. Wirtschaftlich am besten schneiden Wärmespeicher mit geringem Volumen ab, wobei ab einem Anteil EE von 80% und einer installierten Leistung von 20 GW mit WGK von 10-30 €/MWh ein wirtschaftlicher Betrieb sogar mit großvolumigen Wärmespeichern möglich wäre. Hier gilt es, den Vorteil von zusätzlich genutzten Stromüberschüssen gegen eine etwas schlechtere Wirtschaftlichkeit nach individuellen Präferenzen abzuwägen.

In der Wirtschaftlichkeitsbewertung nicht beachtet wurden zusätzliche Mehrerlöse, die erzielt werden könnten, wenn die Speicher nicht nur zur Bewirtschaftung der EHK, sondern zusätzlich in Phasen ohne Stromüberangebot zur Optimierung von Wärmekraftwerken eingesetzt werden. Möglichkeiten hierzu wären eine am Strommarkt orientierte Fahrweise von KWK Anlagen[267], bei der die Erzeugung auf Stunden mit den besten Strompreisen verlagert wird oder auch der einfache Lastausgleich in Heizwerken[268], mit dem eine gleichmäßigerer Kraftwerkseinsatz durch das Entladen des Speichers bei Lastspitzen und Beladen bei Lastsenken ermöglicht wird.

7.7 EHK im Gesamtsystem der flexiblen KWK

Bei den durchgeführten Berechnungen und Simulationen wurde Elektroheizer und Wärmespeicher als alleinstehende Elemente, welche bei Auftreten von negativen Residuallasten eingesetzt werden, betrachtet. Dies ist für die Abschätzung der theoretisch mit P2H in Fernwärmenetze integrierbare Stromüberschüsse grundsätzlich richtig, allerdings ergeben sich bei Ausweitung des Blickwinkels auf die Gesamtsituation des zukünftigen deutschen Stromsystems weitere zentrale Anwendungsfelder für KWK-Kraftwerke in Fernwärmenetzen. Neben Überschussphasen werden auch Zeiten ohne merkliche Erzeugung von Wind und PV auftreten, in denen die Deckung der Stromlast entweder durch konventionelle Kraftwerke oder andere Flexibilitätsoptionen gewährleistet werden muss.[269] KWK Kraftwerke in Kombination mit Wärmespeichern und Elektroheizern be-

[267] Vgl. Krzikalla, 2013, S.54

[268] Vgl. Oberhammer und Prawits., 2012, S.15

[269] Vgl. Schulz und Brandstätt, 2013, S.10f.

sitzen die nötigen Eigenschaften, um sowohl Flexibilität für den Stromsektor bereitzustellen als auch die Wärmenachfrage uneingeschränkt zu decken. Dieses Gesamtkonzept wird in Fachkreisen als flexible stromgeführte KWK bezeichnet.[270]

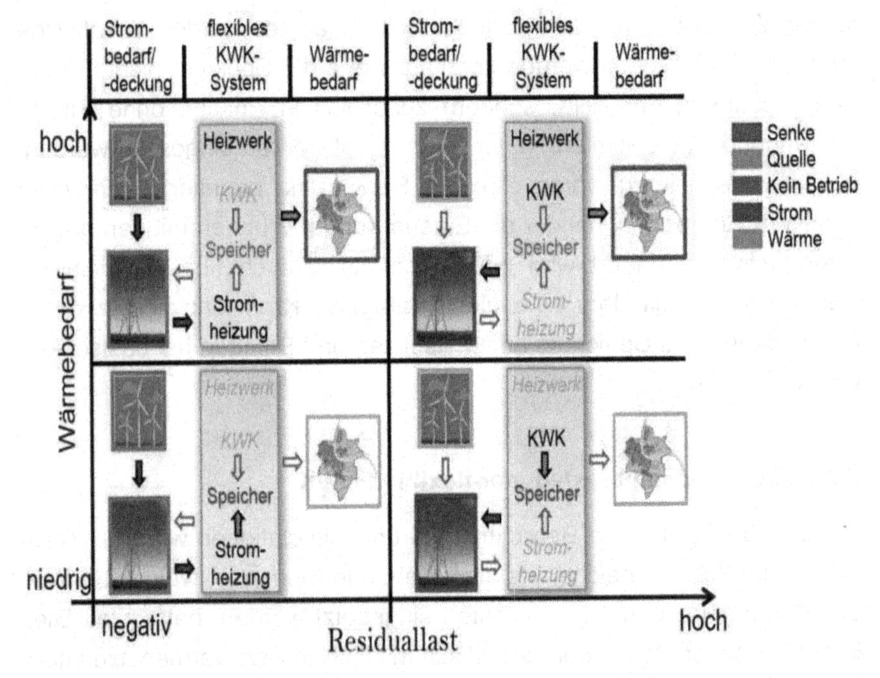

Abbildung 78: Flexible stromgeführte KWK (Quelle: Beer, 2011, S.10).

Eine schematische vereinfachende Schilderung der vier unterschiedlichen Einsatzfälle der flexiblen stromgeführten KWK ist in Abbildung 78 dargestellt. In diesem Gesamtkonzept erfolgt bei positiver Residuallast eine hohe Stromproduktion aus KWK Kraftwerken. Wird zu diesem Zeitpunkt weniger Wärme nachgefragt als im KWK-Prozess erzeugt wird, erfolgt eine Aufladung des Wärmespeichers. Im Fall einer sehr hohen Wärmenachfrage erfolgt die Deckung neben den KWK Kraftwerken je

[270] Vgl. Krzikalla et al., S.53ff.

nach Bedarf zusätzlich mit Spitzenkesseln und dem Wärmespeicher. Bei Eintreten von negativen Residuallasten sollte die Stromproduktion aus KWK zur Gänze eingestellt werden. Die Deckung der Wärmelast erfolgt dann je nach Höhe des Wärmebedarfs durch Elektroheizer, Wärmespeicher und Spitzenkessel, wobei zuerst immer der EHK zur Entnahme der Stromüberschüsse aus dem Netz aktiviert wird. Ist die Wärmeerzeugung durch den EHK höher als die Nachfrage, wird der Wärmespeicher während der Überschussphase zusätzlich beladen. Reicht die Leistung des EHK nicht aus, um die Nachfrage nach Wärme zu decken, muss die restliche Wärmelast durch Einsatz des Spitzenkessels und Entladung des Wärmespeichers gedeckt werden.[271]

Gegenwärtig ist bei KWK-Anlagen zwischen Anlagen mit flexiblen und starren Wärme-Strom-Verhältnis zu unterscheiden. Bei einem flexiblen Verhältnis kann der Anlagenbetreiber die Anteile der Wärme- und Stromerzeugung durch Auskopplung von Wärme verändern, weshalb bereits heute eine stromgeführte Betriebsweise, also ein Einsatz der Anlage in den Stunden mit dem besten Strompreis, erfolgt.[272] Für diese Betriebsweise geeignet sind Entnahme-Kondensationsturbinen, GUD-Turbinen, Entnahme-Gegendruckturbinen und Anzapf-Kondensationsturbinen.[273] KWK-Anlagen mit konstantem Wärme-Strom-Verhältnis werden heute in der Regel wärmegeführt eingesetzt. Das bedeutet, dass Strom in diesen Anlagen als Zusatzprodukt anfällt und die Höhe der Stromerzeugung nur vom Wärmebedarf abhängt. Zu diesem Anlagentypus gehören Gegendruckturbinen, Gasturbinen, und Verbrennungsmotoren.[274]

Bei zukünftig gleichem Betrieb der wärmegeführten Anlagen wird sich die Must-Run-Leistung im Stromsystem erhöhen, weil die wärmegeführten KWK-Kraftwerke ohne vorhandene Speicher zur Deckung derer Wärme-

[271] Vgl. Beer, 2011, S.10f.

[272] Vgl. Krzikalla et al., 2013, S.54

[273] Vgl. Institut für Energiewirtschaft und rationelle Energieanwendung, 2009, S.5f.

[274] Vgl. Institut für Energiewirtschaft und rationelle Energieanwendung, 2009, S.4ff.

last auch in Überschussphasen zwingend Strom erzeugen müssen. Um diesen Zustand zu korrigieren müssten also entweder erneuerbarer Stromerzeuger abgeregelt oder andere Flexibilitätsoptionen eingesetzt werden, nur damit die unflexiblen KWK-Kraftwerke deren Erzeugung nicht unterbrechen müssen. Aus diesem Grund sollte im Zuge der Energiewende unbedingt eine Flexibilisierung der KWK angestrebt werden.[275] Damit dieses System funktionieren kann, müsste jedenfalls die elektrische Leistung der KWK-Anlagen höher ausgelegt werden, weil in kürzerer Zeit die gleiche Wärmemenge bereitgestellt werden muss. Zudem müsste eine Aufrüstung der Anlagen um Wärmespeicher und Elektroheizer erfolgen.[276]

7.8 Prämissen für Potentialberechnung

Abschließend soll darauf hingewiesen werden, dass die in Kapitel 7 ausgewiesenen Potentiale auf theoretischen Berechnungen beruhen und somit als ein maximal mögliches Potential der Technologie P2H in Fernwärmenetzen zu verstehen sind. Um das Thema in vorgegeben Ausmaß und in voller Breite behandeln zu können muss naturgemäß auf die Berücksichtigung technischer Feinheiten verzichtet werden. In der Praxis kann durch diese Feinheiten und Individualitäten jedes Anwendungsfalles eine Einschränkung der ausgewiesenen nutzbaren Überschüsse aus dem Stromsektor entstehen.

Eine der wesentlichsten Prämissen, die in den Berechnungen unterstellt wurde, ist eine hohe Flexibilität der vorhandenen Wärmekraftwerke. Es wurde unterstellt, dass der thermische Kraftwerkspark in der Lage ist, bei Einsatz des EHK sehr flexibel seine Leistung zu ändern. In der Praxis ist dies in Abhängigkeit des Kraftwerktyps nicht immer möglich, weil unterschiedliche Mindestlasten und Regelgeschwindigkeiten bestehen. Bei

[275] Vgl. Krzikalla et al., 2013, S.54

[276] Vgl. Krzikalla et al., 2013, S.54

Vorhandensein einer Mindestlast kann der Maschinensatz entweder ganz oder nur bis zu dieser Last gedrosselt werden. Soll so ein Kraftwerk im Falle negativer Residuallasten abgeschaltet werden, muss sichergestellt sein, dass der Wärmebedarf durch den Einsatz von Elektrokessel, Wärmespeicher und Spitzenkessel gedeckt werden kann.[277] Weist ein Kraftwerk nicht die nötige Regelgeschwindigkeit auf, um im Falle unerwarteter entstehender oder schwindender Überschüsse seine Wirkleistung zu ändern, kann ein Einsatz des EHK nur gewährleistet werden, wenn die entstehenden Defizite in der Lastdeckung durch Speicher und/oder Spitzenkessel ausgeglichen werden können. Ein Faktor der sich sicherlich positiv auf die Regelträgheit der Kraftwerksleistung auswirkt, ist der Puffereffekt von Fernwärmenetzen. Während im Stromnetz Abweichungen zwischen Angebot und Nachfrage sofort zu Frequenzabweichungen führen, besteht in Fernwärmenetzen eine thermische Trägheit bzw. Speicherfähigkeit, welche dazu führt, dass kurze Zeiten mit einem merklichen Ungleichgewicht zwischen Erzeugung und Nachfrage für den Kunden unbemerkt bleiben. Nach Mattausch bleiben Ausfälle von Erzeugungseinheiten in Fernwärmenetzen bis zu einer Dauer von einer Stunde unbemerkt.[278] Die Auswirkung der eingeschränkten Regelbarkeit von Kraftwerken auf die ausgewiesenen Potentiale wird stark von der der Höhe und zeitlichen Dauer negativer Residuallasten sowie deren Prognostizierbarkeit abhängen. Wird beispielsweise eine sehr lange windstarke Phase mit hohen Überschüssen erwartet und tritt diese genauso ein, kann der Betreiber sein Kraftwerk zeitgerecht auf dieses Ereignis einstellen. Treten aber unerwartete Erzeugungsschübe- oder Flauten der volatilen Wind- und Solarstromerzeugung auf, könnte die Reaktion von Kraftwerken zu spät sein, um deren Leistung je nach Einsatz des Elektrokessels zu ändern. Eine effektive Maßnahme zur Umgehung dieses Flexibilitätsproblems ist der Einsatz von Wärmespeichern, mit denen bei plötzlicher Zuschaltung des EHK der erzeugte Wärme-

[277] Vgl. Wünsch et al., 2011, S.9

[278] Vgl. Mattausch, 2006, S.30

überschuss gespeichert und bei unerwarteter Abschaltung die fehlende Wärme eingespeist werden kann, bis das Wärmekraftwerk auf das Signal einer entstehenden oder schwindenden negativen Residuallast reagiert.

Inwiefern sich das Potential von P2H in Fernwärmenetzen durch die erläuterten Gründe reduziert, müsste durch weitere tiefgehende Untersuchungen festgestellt werden und würde den Rahmen dieser Masterarbeit sprengen.

8 Zusammenfassung und Schlussfolgerung

Eine Analyse des gegenwärtigen Stromsystems in Deutschland zeigte, dass bei aktuellem Ausbaugrad noch keine Perioden auftreten, in denen die Stromproduktion erneuerbarer Energien (EE) den bundesweiten Stromverbrauch überschreitet. Obwohl in Anbetracht der Summenbilanzen noch keine Überschüsse bestehen, werden nach Krzikalla et al in Schleswig-Holstein, wo eine besonders hohe Dichte an Windkraftanlagen besteht, bereits bis zu 25% des erzeugbaren Stroms abgeregelt.[279] Derartige Situationen treten auf, weil die Umstände einer hohen Einspeisung EE und gleichzeitig niedriger Verbraucherlast sowie der Betrieb von unflexiblen Kraftwerken und die Notwendigkeit von Must-Run-Leistungen zu regionalen Netzengpässen führen, welche das Abregeln volatiler Erzeugungseinheiten wie Windkraftanlagen erfordern.[280] Daraus kann abgeleitet werden, dass bereits heute in engpassreichen Regionen wie Schleswig-Holstein eine sinnvolle Nutzung der Stromüberschüsse mit P2H-Anlagen erfolgen könnte.[281] Verhindert wird ein Einsatz in diesem konkreten Anwendungsfall durch die derzeitige Gesetzgebung, welche eine volle Belastung des mit Elektroheizern bezogenen Stroms mit Steuern, Abgaben und Netzentgelten vorsieht und somit einen sinnvollen Einsatz von Elektrodenheißwasserkesseln (EHK) verhindert. Es wird deshalb empfohlen, die rechtlichen Rahmenbedingungen für eine Befreiung von Abgaben und Netzentgelten der mit Elektroheizern bezogenen Stromüberschüsse zu schaffen. Dies wäre gerechtfertigt, weil der EHK durch Entnahme der Stromüberschüsse eine Systemdienstleistung erbringt und das Stromnetz entlastet.[282]

---

[279] Vgl. Krzikalla et al., 2013, S.36

[280] Vgl. Götz et al., 2013a, S.1f.

[281] Vgl. Krzikalla et al., 2013, S.37

[282] Vgl. Krzikalla et al., 2013, S.37

Eine bereits heute wirtschaftlich äußerst attraktive Einsatzmöglichkeit von EHK in Fernwärmenetzen besteht in der Erbringung von negativer Sekundärregelleistung. Bei Analyse des deutschen und österreichischen Marktes für Sekundärregelenergie stellte sich heraus, dass bei aktuellem Preisniveau statische Amortisationszeiten von deutlich unter 3 Jahren erreicht werden können.[283]

Der weitere Ausbau EE in Deutschland wird politisch mit höchster Priorität verfolgt. Bis zum Jahr 2050 wird vom deutschen Bundesumweltministerium (BMU) ein Anteil EE am Bruttostromverbrauch (BSV) von mindestens 80% angestrebt.[284] Die Simulationen über zukünftige Stromsysteme zeigten, dass bei einem Anteil EE am BSV von 40% bereits bis zu 117 Stunden auftreten könnten, in denen Stromüberschüsse von in Summe 0,16-0,72 TWh entstehen und die bundesweite Stromlast um bis zu 17 GW übersteigen. Mit dem weiteren Ausbau EE wäre eine drastische Erhöhung dieser Stundenanzahl auf bis zu 1.079 Stunden und rund 12-15 TWh bei 60% und bis zu 2.614 Stunden und 55-59 TWh bei 80% verbunden. Beim höchsten Ausbaugrad von 80% EE könnte die Höhe der maximalen Überschüsse bereits bis zu 90 GW betragen.

Die gesamte Fernwärmenetzeinspeisung Deutschlands beträgt pro Jahr etwa 130-140 TWh und kann bei voller Auslastung Leistungsspitzen bis zu 60 GW erreichen.[285] Insgesamt sind in Deutschland etwa 1.400 Fernwärmenetze vorhanden, wobei auf Basis von Angaben über Anzahl und Größe der Netze angenommen werden kann, dass etwa 76% des gesamten Fernwärmeverbrauchs in den 42 größten Netzen stattfindet.[286] Über selbst entwickelte und in der Praxis anerkannte Regressionsverfahren wurde aus der von Statistiken bekannten Jahressumme ein stündlicher Fernwärmelastgang modelliert. Dieser weist Verbrauchsspitzen im

[283] Vgl. Götz et al., 2013a, S.16
[284] Vgl. BMU, 2013a, S.9
[285] Vgl. BDEW, 2012, S.11
[286] Vgl. Götz et al., 2013a, S.6

Winter in Höhe von bis zu 50 GW und Senken im Sommer von etwa 5 GW auf.

Durch die Gegenüberstellung der generierten Residuallastprofile mit dem Fernwärmelastgang wurden die mit Elektroheizern direkt nutzbaren Stromüberschüsse berechnet. Es kristallisierte sich heraus, dass bei 40% EE mit einer installierten Leistung von 18 GW nahezu 100% der Überschüsse von bis zu 0,72 TWh in Wärmenetze integrierbar wären. Bei 60% könnten aufgrund wesentlich höherer Benutzungsstunden bereits 8-11 TWh an überschüssigen Strommengen mit einer installierten EHK-Leistung von etwa 20 GW genutzt werden, womit 66-72% der gesamten EE-Überschüsse im Fernwärmesektor untergebracht werden könnten. Die damit erreichbare Erhöhung des Anteils EE in der Fernwärmeversorgung liegt bei bis zu 7,5%. Bei noch stärkerem Ausbau der EE auf einen Anteil von 80% würden sich die Potentiale bei gleicher installierter Leistung von 20 GW mehr als verdoppeln und liegen bei allen gerechneten Szenarien in einem Bereich von 26-28 TWh, womit 46-50% der gesamten Stromüberschüsse mit Elektroheizern nutzbar wären und der Anteil EE in der Fernwärmeversorgung um 18-21% gesteigert werden könnte. Abschließend wurde noch untersucht, welches zusätzliche Potential besteht, wenn Elektroheizer in Kombination mit Wärmespeichern unterschiedlicher Reichweite eingesetzt werden. Während der Einsatz von Wärmespeichern bei einem Anteil EE von 40% aufgrund zu geringer Benutzungsstunden noch keinen Sinn ergibt, können bei einer installierter EHK-Leistung von 20 GW und hoher Reichweite bei einem Anteil EE von 60% bis zu 3 TWh und bei 80% bis zu 10 TWh zusätzlich zu den direkt nutzbaren Überschüssen gespeichert werden.

Die Gesamtinvestitionskosten für die Installation von 20 GW an Elektroheizern würde sich etwa auf 2-3 Mrd. € belaufen. Wirtschaftlichkeitsberechnungen ergaben, dass ab einem Anteil EE von 60% ein rentabler Betrieb der Elektroheizer ohne Subventionen möglich wäre, weil die bei kostenlosen Strombezug erreichte Brennstoffeinsparung größer als die

Wärmegestehungskosten (WGK), welche sich abhängig vom betrachteten Szenario in einem äußerst attraktiven Bereich von 5-30 €/MWh befinden, ist. Die Wirtschaftlichkeit einer zusätzlichen Installation von Wärmespeichern wurde ebenfalls mit einem Vollkostenansatz bewertet und wäre bei 60% EE mit WGK von 20-40 €/MWh nur bei geringen Speicherreichweiten gegeben. Ab einem Anteil EE von 80% könnten aufgrund sehr häufiger und langanhaltender negativer Residuallastperioden sogar mit großvolumigen Wärmespeichern WGK von 10-20 €/MWh erreicht und somit ein rentabler Betrieb gewährleistet werden.

Durch die Ausarbeitung der Masterarbeit konnte bestätigt werden, dass die Integration EE durch die Anwendung von P2H in Fernwärmenetzen, in welchen ein beeindruckend hohes und mit gegenwärtig verfügbarer Technik sehr einfach und kostengünstig zu erschließendes Potential besteht, wirksam unterstützt werden kann.

9 Literaturverzeichnis

AGFW (2013): AGFW – Hauptbericht 2012. Öffentliche Variante. URL: https://www.agfw.de/zahlen-und-statistiken/agfw-hauptbericht/ [04.03.2014].

Arbeitsgemeinschaft Energiebilanzen e.V. (2013): Auswertungstabellen zur Energiebilanz für die Bundesrepublik Deutschland 1990 bis 2012. URL: http://www.ag-energiebilanzen.de [02.03.2014].

Austrian Energy Agency (1998): Analysis of Energy Efficiency of Domestic Electric Storage Heaters. URL:http://gfxtechnology.com/AustrianEA.pdf [04.01.2014].

BDEW (2012): Energiemarkt Deutschland. Zahlen und Fakten zur Gas-, Strom- und Fernwärmeversorgung. URL: http://docs.dpaq.de/2436-energie-markt_2012d_web.pdf [04.03.2014].

Beer, M. (2011): KWK als Stromspeicher. Vortrag am energiewirtschaftlichen Seminar des Lehrstuhls für Energiewirtschaft und Anwendungstechnik der TU München am 25.07.2011. URL: http://www.ffe.de/download/article/385/20110725_Vortrag_KWK_als_Stromspeicher.pdf [01.06.2014].

Bernhard, D. und Fieger, C. (2011): Hybride Heizsysteme mit nicht-leitungsgebundenen Energieträgern und Strom. URL:http://www.iwo.de/fileadmin/user_upload/Dateien/Fachwissen/FfE-Studie_Hybride_Heizsysteme.pdf [04.01.2014].

BMU Bundesumweltministerium (2013a): Erneuerbare Energien in Zahlen. Nationale und internationale Entwicklung. URL:http://www.bmu.de/fileadmin/Daten_BMU/Pools/Broschueren/ee_in_zahlen_bf.pdf [05.01.2014].

BMU Bundesumweltministerium (2013b): Offshore Windenergie. Ein Überblick über die Aktivitäten in Deutschland. URL: http://www.erneuerbareenergien.de/fileadmin/Daten_EE/Dokumente__PDFs_/20130423_broschuere_offshore_wind_bf.pdf [29.05.2014].

Böttger, D. und Bruckner, T. (2014): Kosten- und CO2- Effekte von Power to Heat im Markt für negative Sekundärregelleistung. URL: http://portal.tugraz.at/portal/page/portal/Files/i4340/eninnov2014/files/lf/LF_Boettger.pdf [07.05.2014].

Brauner, G., Pöppl, G. und Tiefgraber, D. (2006): Verbraucher als virtuelles Kraftwerk. Potentiale für Demand Side Management in Österreich in Hinblick auf die Integration von Windenergie. URL: http://www.nachhaltigwirtschaften.at/edz_pdf/0644_verbraucher_als_kraftwerk.pdf [05.05.2012].

Bruckner, M. (2011): Wasserkraft als Netzdienstleister. URL:http://www.linhart.ch/AGAW/Trier2011/S12_Michael_Brucker.pdf [09.01.2014].

Bundesverband der deutschen Gas- und Wasserwirtschaft (2007): Abwicklung von Standardlastprofilen. URL:http://www.eichsfeldwerke.de/_data/Praxisinformation_P2007_13.pdf [29.03.2014].

Burger, B. (2014): Stromerzeugung aus Solar- und Windenergie im Jahr 2013. URL: http://www.ise.fraunhofer.de/de/downloads/pdf-files/aktuelles/stromproduktion-aus-solar-und-windenergie-2013.pdf [30.05.2014].

Clausen, T. (2010): Die wettbewerbliche Evolution intelligenter Vernetzung als Beitrag zur Energiewende. Beitrag in: Energiewirtschaftliche Tagesfragen 05/2010, S. 97-100.

Eller, D. (2012): Integration erneuerbarer Energien durch intelligentes Lastmanagement (Demand Response): Entwicklung eines Optimierungsmodells zur zentralen und flexiblen Steuerung von Warmwasserboilern in Innsbruck. Bachelorarbeit an der FH Kufstein des Studienganges Europäische Energiewirtschaft im Jahr 2012.

Fisch, N., Bodmann, M., Kühl, L., Saße, C. und Schnürer, H. (2005): Wärmespeicher. 4te Auflage. Beuth Solarpraxis TÜV Media Verlag.

Forster, H. (2014): Heizen mit Strom. Beitrag in: Energiespektrum 02/2014, S.50-53.

Fraunhofer IWES (2011): Windenergie Report Deutschland 2011. URL: http://www.fraunhofer.de/content/dam/zv/de/forschungsthemen/energie/Windreport-2011-de.pdf [05.01.2014].

Fraunhofer IWES (2012): Vorstudie zur Integration großer Anteile Photovoltaik in die elektrische Energieversorgung. URL:http://www.solarwirtschaft.de/fileadmin/media/pdf/IWES_Netzintegration_lang.pdf [05.01.2014]

Fussi, A., Schüppel, A., Gutschi, C. und Stigler, H. (2011): Technisch-wirtschaftliche Analyse von Regelenergiemärkten. URL: http://eeg.tuwien.ac.at/eeg.tuwien.ac.at_pages/events/iewt/iewt2011/uploads/fullpaper_iewt2011/P_314_Andreas_Fussi_8-Feb-2011,_9:41.pdf [02.05.2014].

Gäbler, W. und Lechner, S. (2013): Power to Heat: Projekt Wärmespeicher Forst - Lausitz. URL: http://www.eti-brandenburg.de/fileadmin/user_upload/energietag_2013/Forum_1/3_Gaebler.pdf [30.04.2014].

Gebhardt, M., Kohl, H. und Steinrötter, T. (2002): Preisatlas. Ableitung von Kostenfunktionen für Komponenten der rationellen Energienutzung.URL:http://www.stenum.at/media/documents/preisatlas_komplett.PDF [01.05.2014].

Gobmaier, T., Mauch, W., Beer, M., von Roon, S., Schmid, T., Mezger, T., Habermann, J. und Hohlenburger, S. (2012): Simulationsgestützte Prognose des elektrischen Lastverhaltens. URL:http://www.ffe.de/download/article/256/KW21_BY3E_Lastgangprognose_Endbericht.pdf [04.01.2014].

Götz, M., Böttger, D., Kondziella, H. und Bruckner, T. (2013a): Economic Potential of the „Power-to-Heat" Technology in the 50 Hertz Control Area. URL:http://tu-dresden.de/die_tu_dresden/fakultaeten/fakultaet_wirtschaftswissenschaften/bwl/ee2/dateien/ordner_enerday/ordner_enerday2013/ordner_vortrag/Gtz%20et.al._Paper_Power%20To%20Heat_Enerday_130415.pdf [02.01.2014].

Götz, M., Böttger, D., Kondziella, H. und Bruckner, T. (2013b): Economic Potential of the „Power-to-Heat“ Technology in the 50 Hertz Control Area. Präsentationsfolien zur „8ten Enerday – Conference on Energy Economics and Technology” im April 2013”. URL: http://tu-dresden.de/die_tu_dresden/fakultaeten/ fakultaet_wirtschaftswissenschaften/bwl/ee2/dateien/ordner_enerday/ordner_enerday2013/ordner_vortrag/Gtz_Presentation.pdf [03.05.2014].

Graf, M. (2013): Regelenergiemarkt in Österreich. Status Quo. Präsentationsfolien vom 1 Marktforum Regelenergie am 26.09.2013 in Wien. URL:http://www.apg.at/de/ markt/netzregelung/marktforum [02.05.2014].

Groscurth, H. und Bode, S. (2013): Discussion Paper Nr.9. “Power to Heat” oder “Power to Gas”. URL:http://www.arrhenius.de/uploads/ media/arrhenius_DP_9_-_Power-to-heat.pdf [23.11.2013].

Hewicker, C., Raadschelder, J., Werner, O., Ebert, M., Engelhardt, C., Mennel, T. und Verhaegh, N. (2013): Energiespeicher in der Schweiz. Bedarf, Wirtschaftlichkeit und Rahmenbedingungen im Kontext der Energiestrategie 2050. URL: http://www.news.admin. ch/NSBSubscriber/message/attachments/33125.pdf [30.04.2014].

Hinz, H. (2014): Technische Aspekte zur Auswahl von elektrischen Großraumwasserkesseln. Präsentationsfolien vom Power-to-Heat-Forum in Schwerin im Januar 2014.

Ihle, C. und Prechtl, F. (2010): Die Pumpen-Warmwasser-Heizung. Schriftenreihe „Der Heizungsingenieur“. Band 2 Teil B. 4te Auflage. Wolters Kluwer Deutschland Verlag GmbH.

Institut für Energiewirtschaft und Rationelle Energieanwendung (2009): Kraft-Wärme-Kopplung. URL: http://www.ier.uni-stuttgart.de/lehre/skripte/versuche/KWK/KWK.pdf [05.06.2014].

Klöpper Therm (2014): Produktprospekt Heißwasserkessel Typ ZVPI/ZHPI für Mittelspannung Leistungsbereich 1MW-50MW. Zugesendet per E-Mail von Herrn Hinz, H. des Unternehmens Klöpper Therm am 17.04.2014.

Krimmling, J. (2011). Energieeffiziente Nahwärmesysteme. Grundwissen, Auslegung, Technik für Energieberater und Planer. Fraunhofer IRB Verlag.

Kröfges, W., Lomott, M., Lutz, J., Mastenbroek, R., Reister, H., Schiffmann, L., Schork, H., Arenz, B., Berger, W., Burg, A., Essel, R., Fuhrmann, T., Geiß, E., Hölterhoff, H., Seemann, A., Ulbrich, M., Weckenbrock, P., Wilk, H. und Zech, H. (2008): Netzmeister. Technisches Grundwissen Gas-Wasser-Fernwärme. 2te Auflage. Oldenbourg Industrieverlag GmbH.

Krzikalla, N., Achner, S. und Brühl, S. (2013): Möglichkeiten zum Ausgleich fluktuierender Einspeisungen aus Erneuerbaren Energien. Studie im Auftrag des Bundesverbandes Erneuerbare Energie. URL: http://www.bee-ev.de/_downloads/publikationen/studien/2013/130327_BET_Studie_Ausgleichsmoeglichkeiten.pdf [24.11.2013].

Leipziger Institut für Energie GmbH (2011): Vollkostenvergleich von Heizsystemen. URL: http://www.bhk-systeme.de/uploads/media/Vollkostenvergleich_MFH.pdf [08.05.2014].

Löschel, A. (2009): Die Zukunft der Kohle in der Stromerzeugung in Deutschland. URL: http://library.fes.de/pdf-files/stabsabteilung/06520.pdf [07.05.2014].

Mattausch, C. (2006): Zuverlässigkeitsanalyse von Fernwärmenetzen. URL: http://www.ifea.tugraz.at/sources/pdf/DA_Mattausch.pdf [06.05.2014]

Mayer, J., Kreifels, N. und Burger, B. (2013): Kohleverstromung zu Zeiten niedriger Börsenstrompreise. URL:http://www.ise.fraunhofer.de/de/downloads/pdf-files/aktuelles/kohleverstromung-zu-zeiten-niedriger-boersenstrompreise.pdf [20.05.2014].

Merten, F. (2013): Renaissance der Nachtspeicherheizung als Beitrag zur Energiewende. URL: http://www.forum-netzintegration.de /uploads/media/BlockV_Merten_13-02-20_Nachtspeicher.pdf [04.01.2014].

Neubarth, J. (2011): Integration Erneuerbarer Energien in das Stromversorgungssystem. Beitrag in: Energie für Deutschland 2011, S. 15-55.

Oberhammer, A. und Prawits, T. (2012): Fernwärmespeicher. Bauarten, Auslegung und Beispiele. URL: http://www.gaswaerme.at /de/pdf/12-1/oberhammer.pdf [10.05.2014].

Paar, A., Herbert, F., Pehnt, M., Ochse, S., Richter, S., Maier, S., Kley, M., Huther, H., Kühne, J. und Weidlich, I. (2013): Transformationsstrategien Fernwärme. URL: http://www.eneff-stadt.info/fileadmin/media/Publikationen/Dokumente/Endbericht_Transformationsstrategien_FW_IFEU_GEF_AGFW.pdf [02.03.2014].

Parat (o.J.): Produktbroschüre Hochspannung Elektrodenkessel Dampf- und Heißwasser. URL: http://parat.no/media/2995/ieh-german-web.pdf [28.04.2014].

Plattform Erneuerbare Energien (2012): Bericht der AG3 Interaktion an den Steuerungskreis der Plattform Erneuerbare Energien, die Bundeskanzlerin und die Ministerpräsidentinnen und Ministerpräsidenten der Länder. URL: http://www.erneuerbare-energien.de/fileadmin/Daten_EE/Dokumente__PDFs_/Plattform_EE_EEG-Dialog/121015_Bericht_AG_3-bf.pdf [20.05.2014].

Ritter, P., Nicklaus, L. und Filzek, D. (2012): Wärmelastprognose. URL: http://www.regmodharz.de/fileadmin/user_upload/bilder/Service/Arbeitspakete/AP-Bericht_Waermelastprognose_AP2.4_CUBE.pdf [29.03.2014].

Rummich, E. (2009): Energiespeicher. Grundlagen, Komponenten, Systeme und Anwendungen. Expert Verlag.

Schmitz, K. und Schaumann, G. (2005): Kraft-Wärme-Kopplung. 3te Auflage. Springer Verlag Berlin Heidelberg.

Schulz, W. und Brandstätt, C. (2013): Flexibilitätsreserven auf dem Wärmemarkt. URL: http://www.bee-ev.de/_downloads/imDialog/Plattform-Systemtransformation/20131217_BEE-PST_AGFW_IFAM_Studie-Waermeflexibilitaeten.pdf [12.04.2014].

Stadtwerke Schwerin (2014): Tilsen, R. Projekt Elektrokessel. Marktteilnahme an der negativen Sekundärregelleistung. Präsentationsfolien vom Power-to-Heat-Forum in Schwerin im Januar 2014.

Straub, J. und Morlock, T. (1987): Wirkungsgrade grosser Kurzzeit-Wärmespeicher in Tankbauweise im Jahresmittel. Beitrag in: BWK 03/1987, Band 39, S. 123-126. URL: http://www.td.mw.tum.de/tum-td/de/forschung/pub/CD_Straub/46.pdf [09.05.2014].

Theobald, C., Hummel, K., Jung, C., Müller-Kirchenbauer, J., Nailis, D., Wienands, M., Seel, A. und Wolf P. (2003): Regelmarkt. Gutachten zu: Marktgestaltung, Beschaffungskosten und Abrechnung von Regelleistung und Regelenergie durch die deutschen Übertragungsnetzbetreiber. URL: http://www.bet-aachen.de/fileadmin/redaktion/PDF/Veroeffentlichungen/2003/BET-Studie_REM.pdf [01.05.2014].

Vapec (2014a): Produktprospekt Elektrokessel 5MW 10kV. Dokument zugesendet per E-Mail von Herrn Kempter, D. des Unternehmens Vapec AG am 28.04.2014.

Vapec (2014b): Informationen zugesendet per E-Mail von Herrn Kempter,D. des Unternehmens Vapec AG am 05.05.2014.

Wagner, H., Koch, M., Burkhardt, J., Große Böckmann, T., Feck, N. und Kruse P. (2007): CO2-Emissionen der Stromerzeugung. Beitrag in: BWK, Das Energie Fachmagazin. Band 59 10/2007, S. 44-52.

Wiechmann, H. (2008): Neue Betriebsführungsstrategien für unterbrechbare Verbrauchseinrichtungen. Ein Modell für eine markt- und erzeugerorientierte Regelung der Stromnahfrage über ein zentrales Lastmanagement. Dissertation. Universitätsverlag Karlsruhe.

Wulf, T, Brands, C., Günther, K. und Meissner, P. (2012): Sachsen Bank Branchenszenarien Mitteldeutschland: Zukunftsszenarien für die Fernwärme in den neuen Bundesländern. URL:http://www.mitteldeutschland.com/uploads/media/Zukunftsszenarien_f%C3%BCr_die_Fernw%C3%A4rme.pdf [04.03.2014].

Wünsch, M., Thamling, N., Peter, F., Seefeldt, F. (2011): Beitrag von Wärmespeichern zur Integration erneuerbarer Energien. URL:http://www.prognos.com/fileadmin/pdf/publikationsdatenbank/2011-12-19_Kurzstudie_Waermespeicher_Prognos.pdf [04.04.2014].

Zahoransky, R. (2004): Energietechnik. Systeme zur Energieumwandlung. 5te Auflage, Wiesbaden: Vieweg + Teubner Verlag.

10 Anhang

Im Anhang befinden sich zusätzliche Abbildungen und Tabellen, die im Hauptteil aus Übersichtsgründen keinen Platz gefunden haben.

10.1 Simulation zukünftiger Stromsysteme

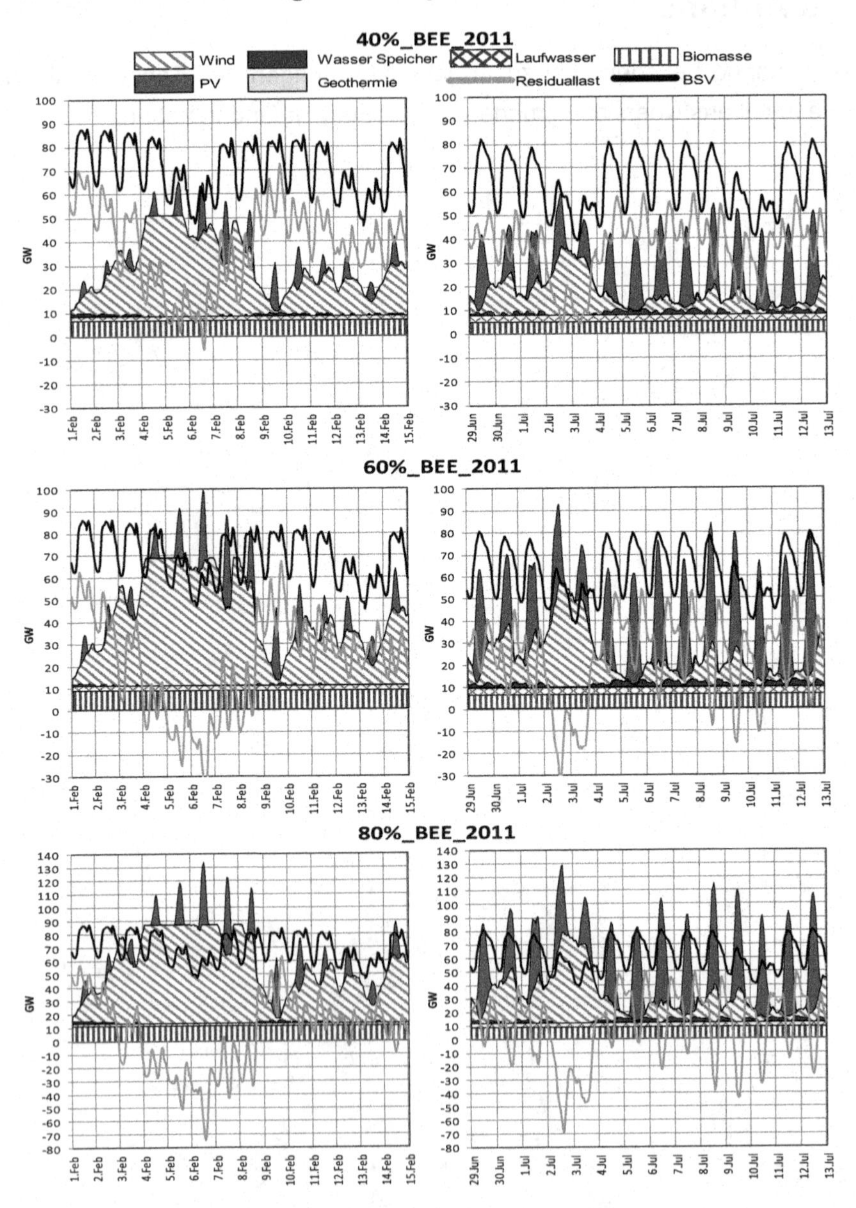

Abbildung 79: Stromsystem Zukunft BEE 2011 Detail (Quelle: Eigene Darstellung).

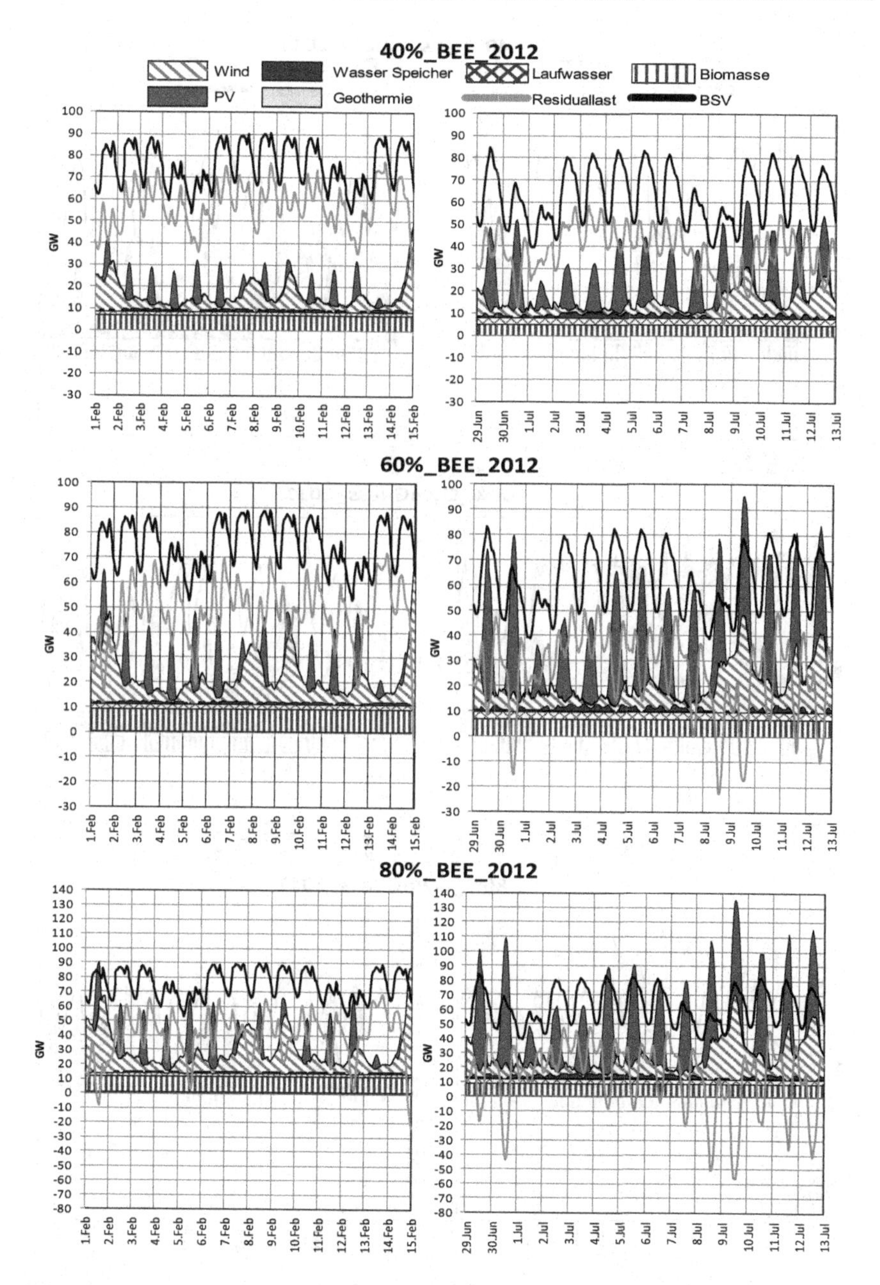

Abbildung 80: Stromsystem Zukunft BEE 2012 Detail (Quelle: Eigene Darstellung).

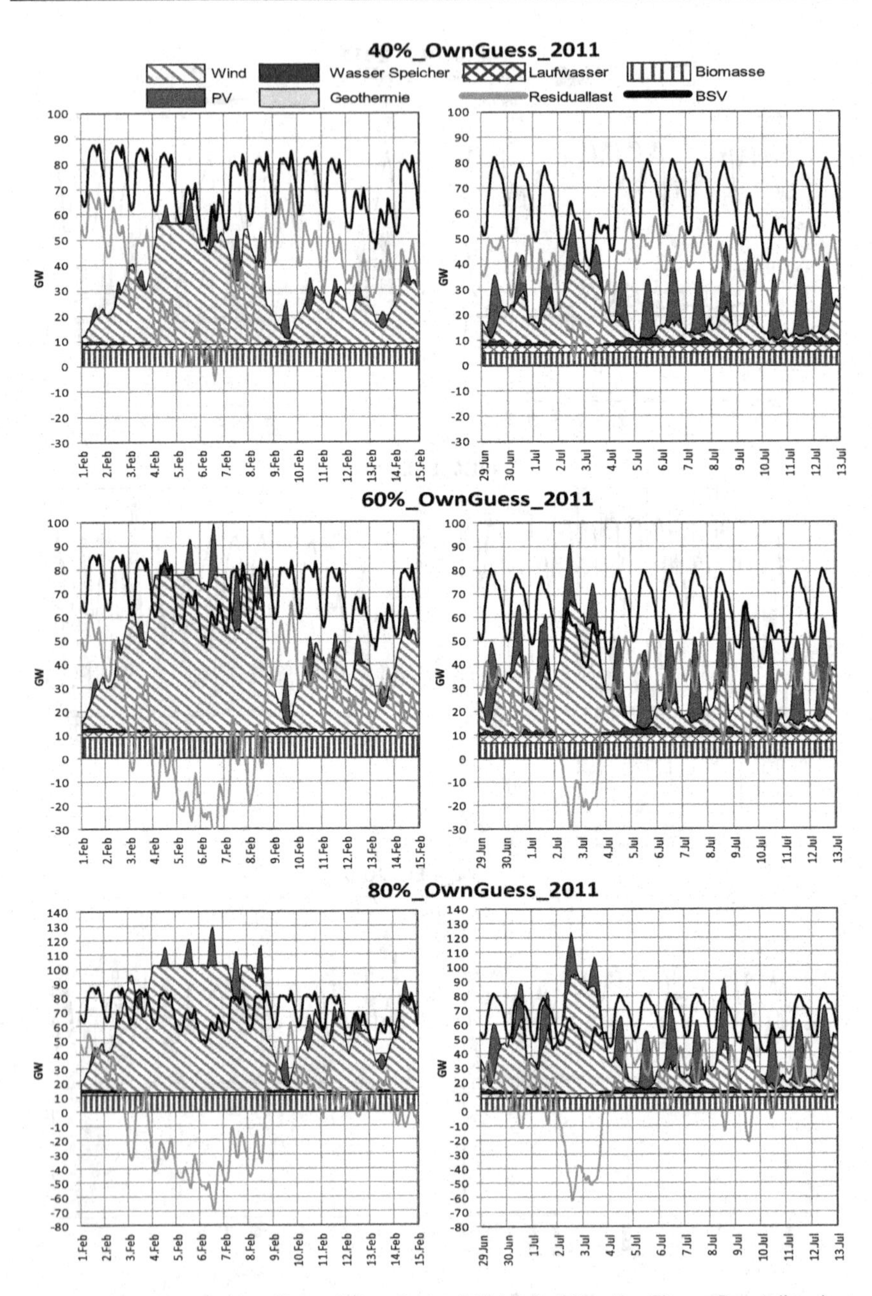

Abbildung 81: Stromsystem Zukunft OwnGuess 2011 Detail (Quelle: Eigene Darstellung).

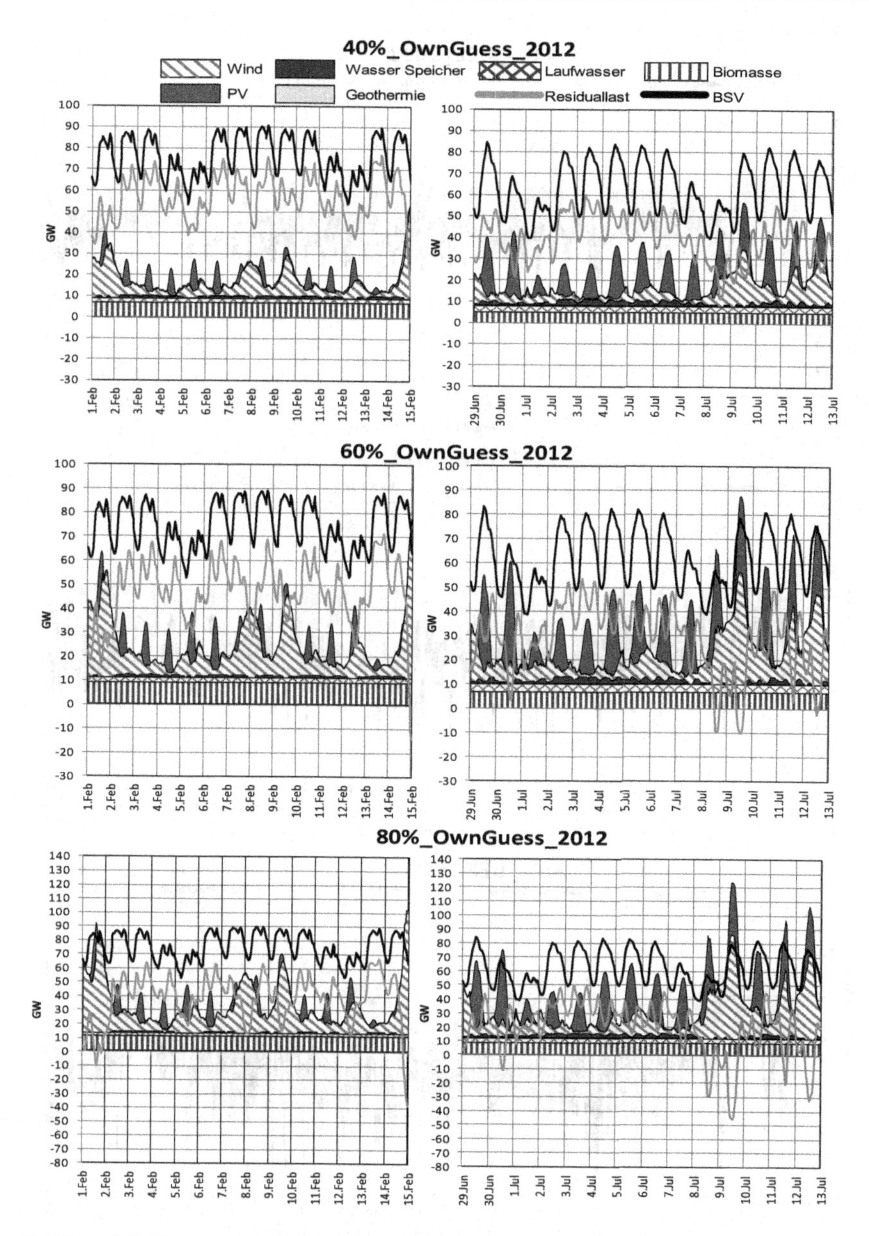

Abbildung 82: Stromsystem Zukunft OwnGuess 2012 Detail (Quelle: Eigene Darstellung).

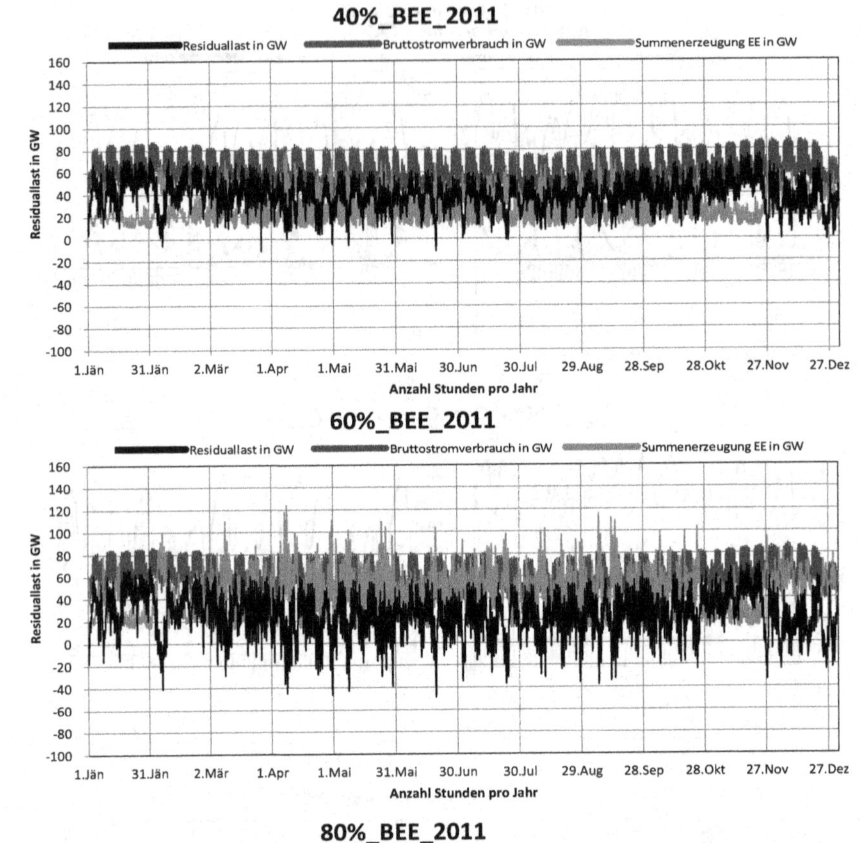

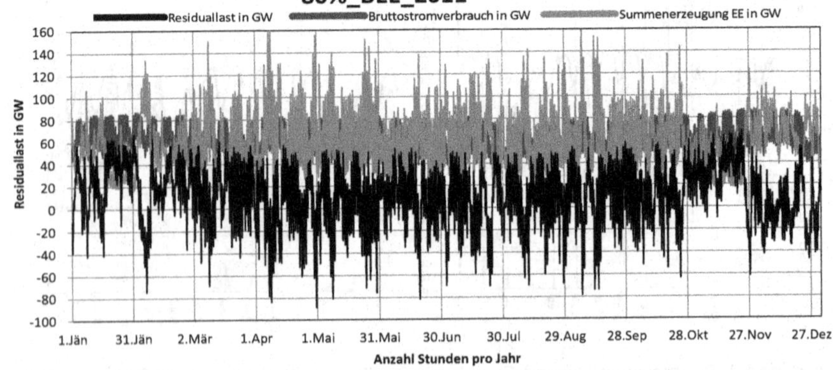

Abbildung 83: Stromsystem Zukunft Residuallast BEE 2011 (Quelle: Eigene Darstellung).

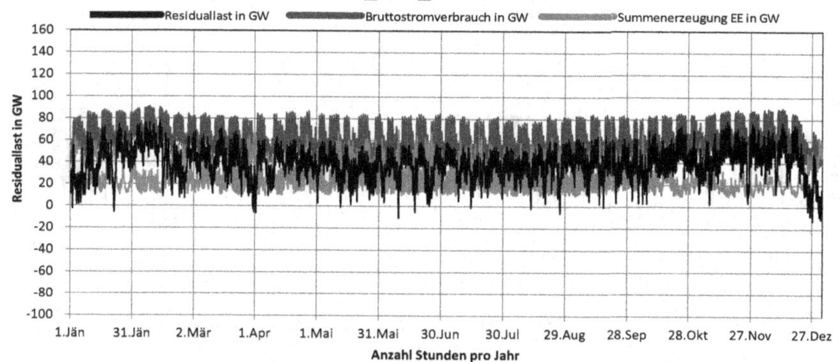

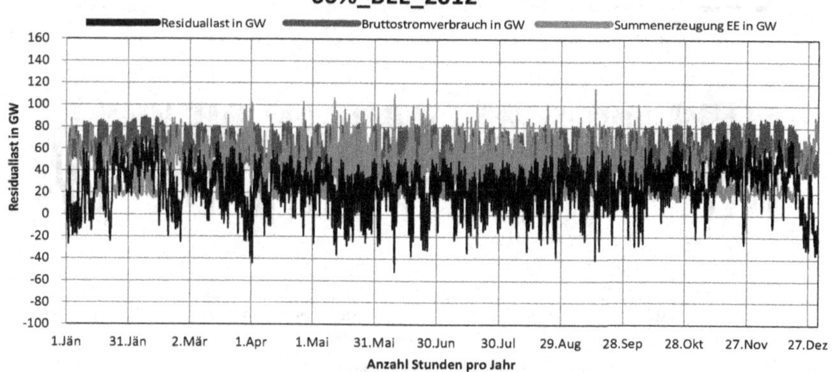

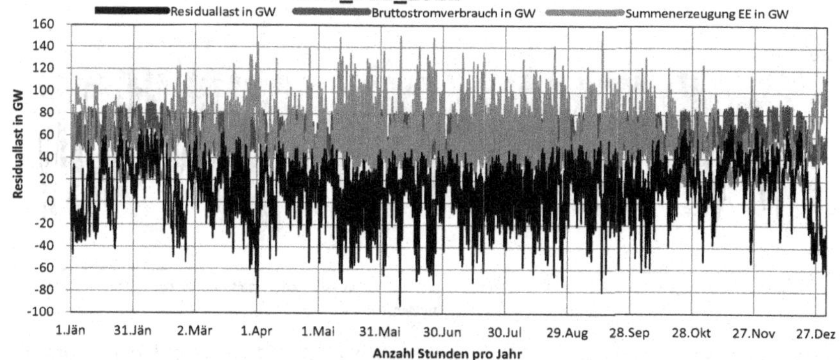

Abbildung 84: Stromsystem Zukunft Residuallast BEE 2012 (Quelle: Eigene Darstellung).

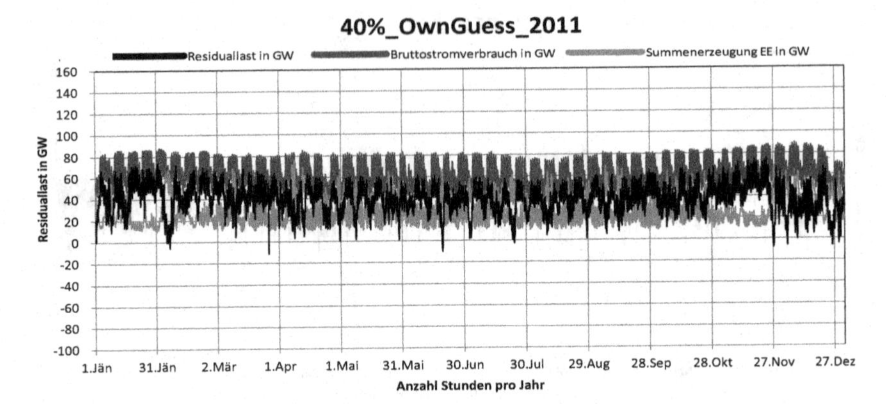

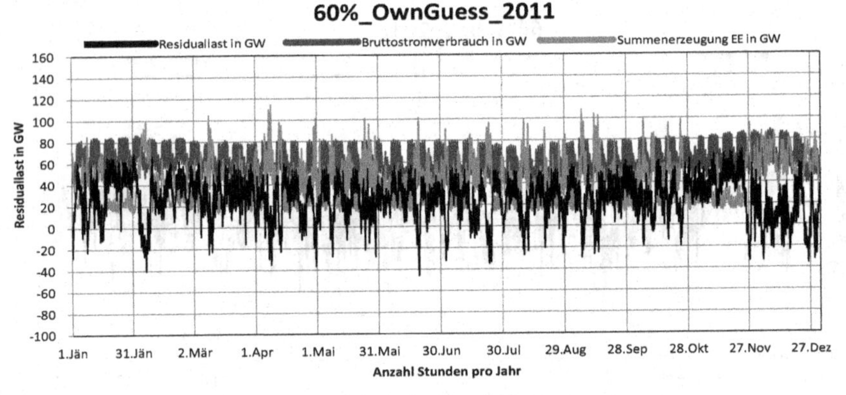

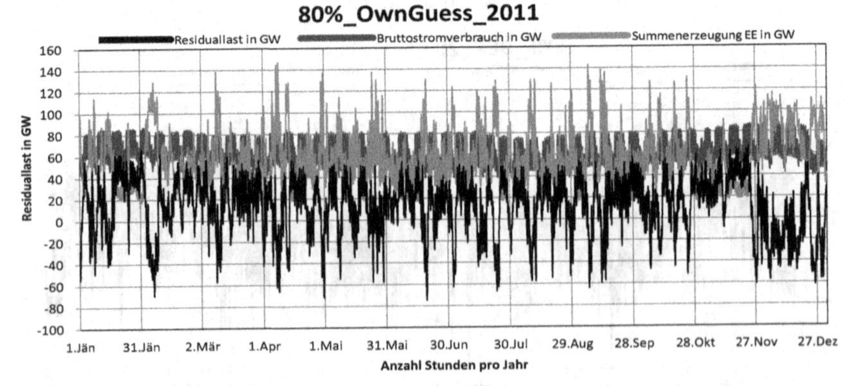

Abbildung 85: Stromsystem Zukunft Residuallast OwnGuess 2011 (Quelle: Eigene Darstellung).

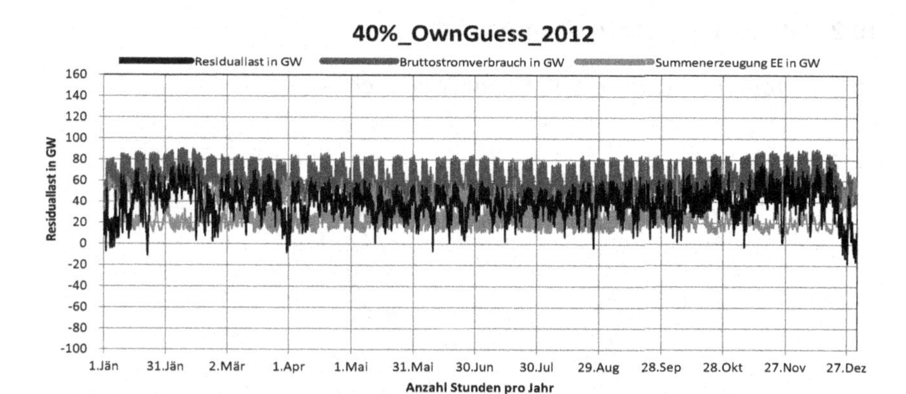

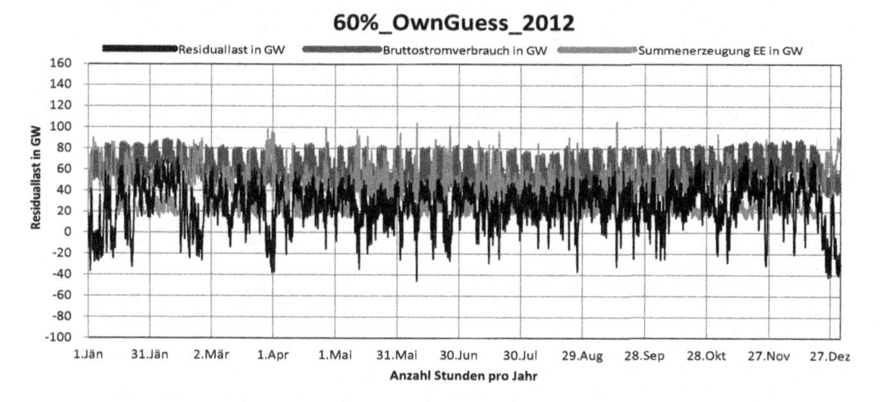

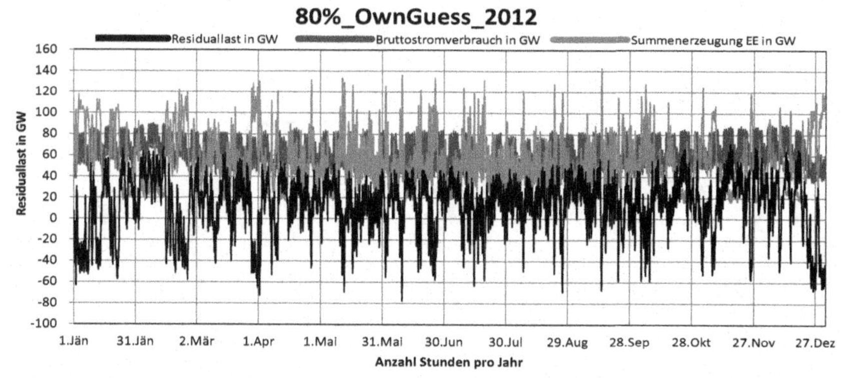

Abbildung 86: Stromsystem Zukunft Residuallast OwnGuess 2012 (Quelle: Eigene Darstellung).

10.2 Potential von Power-to-Heat

10.2.1 Stromüberschüsse und Fernwärmenachfrage

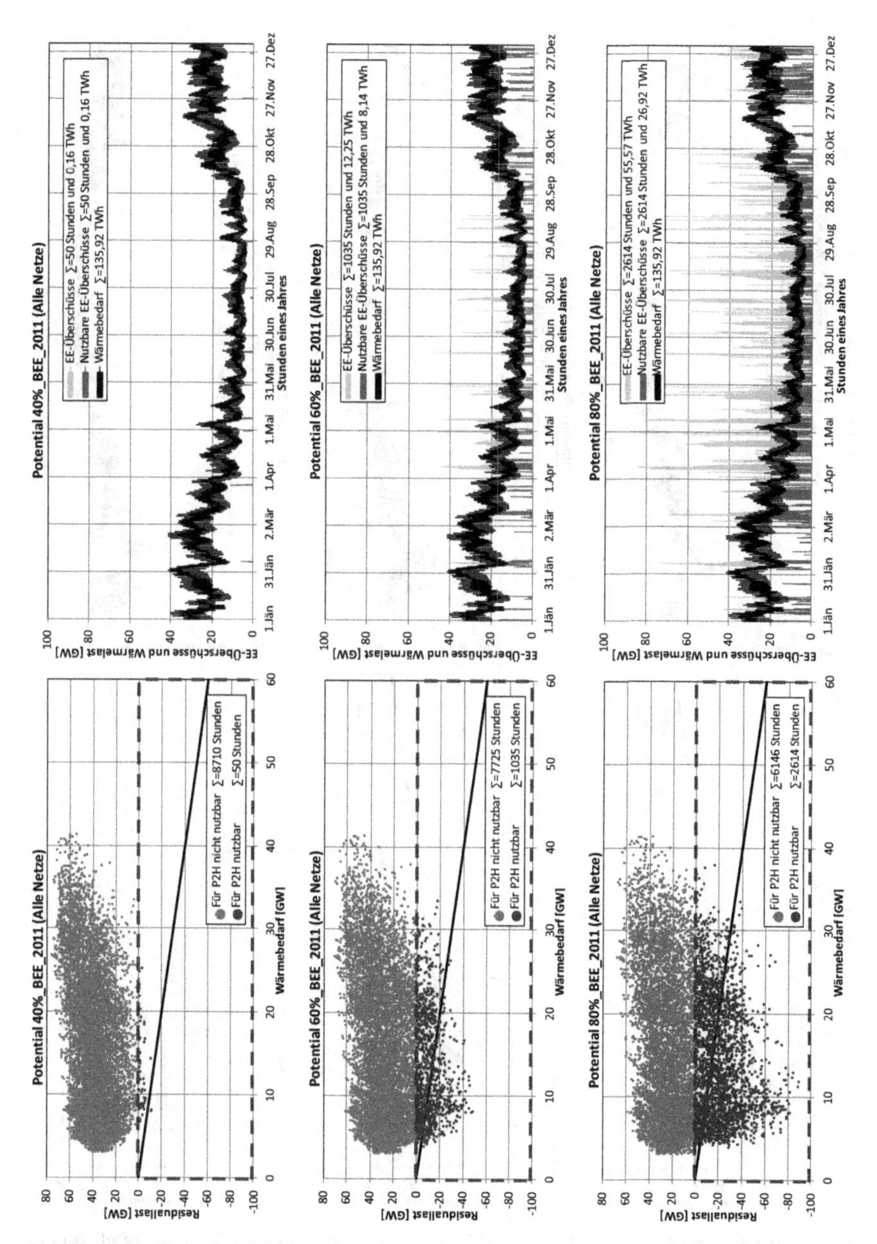

Abbildung 87: Potential P2H Szenario BEE 2011 alle Netze (Quelle: Eigene Darstellung, Visualisierung Punktdiagramm nach Götz et al., 2013b, S.25).

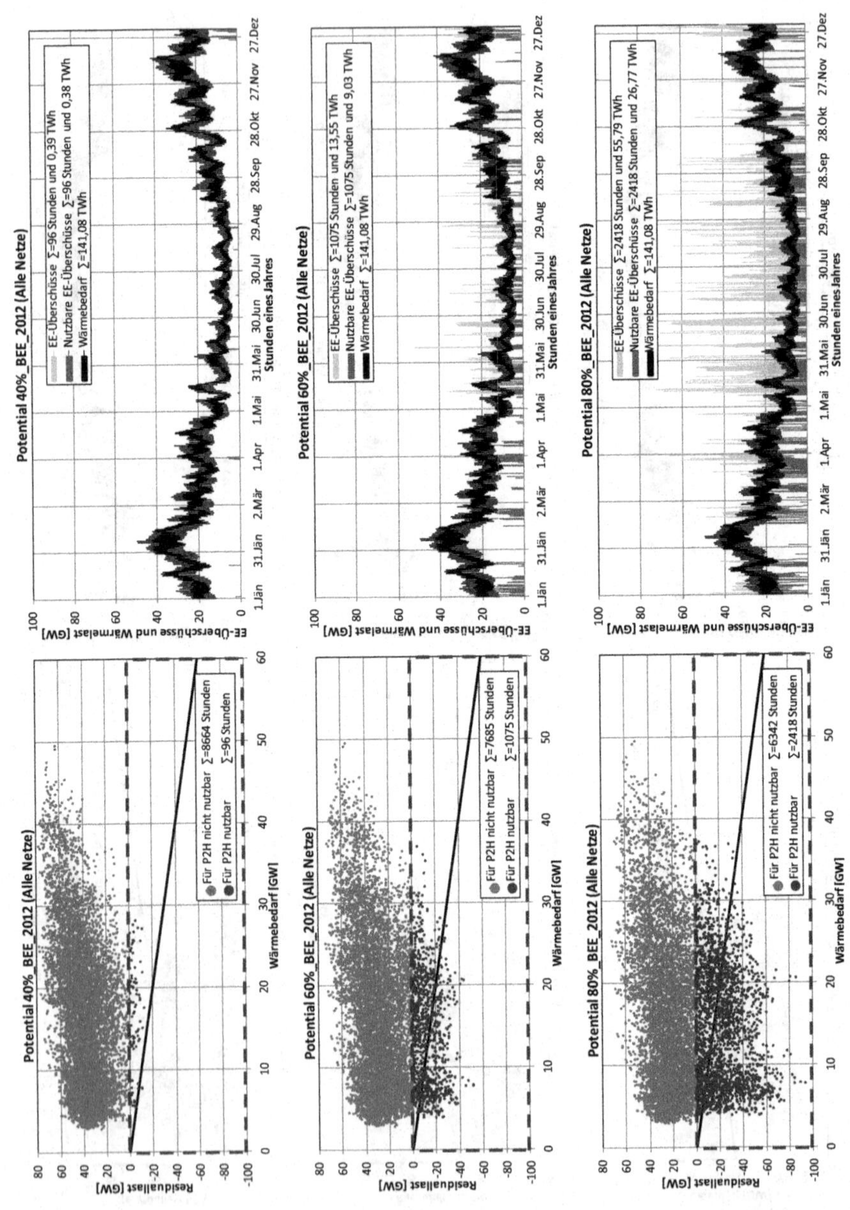

Abbildung 88: Potential P2H Szenario BEE 2012 alle Netze (Quelle: Eigene Darstellung, Visualisierung Punktdiagramm nach Götz et al., 2013b, S.25).

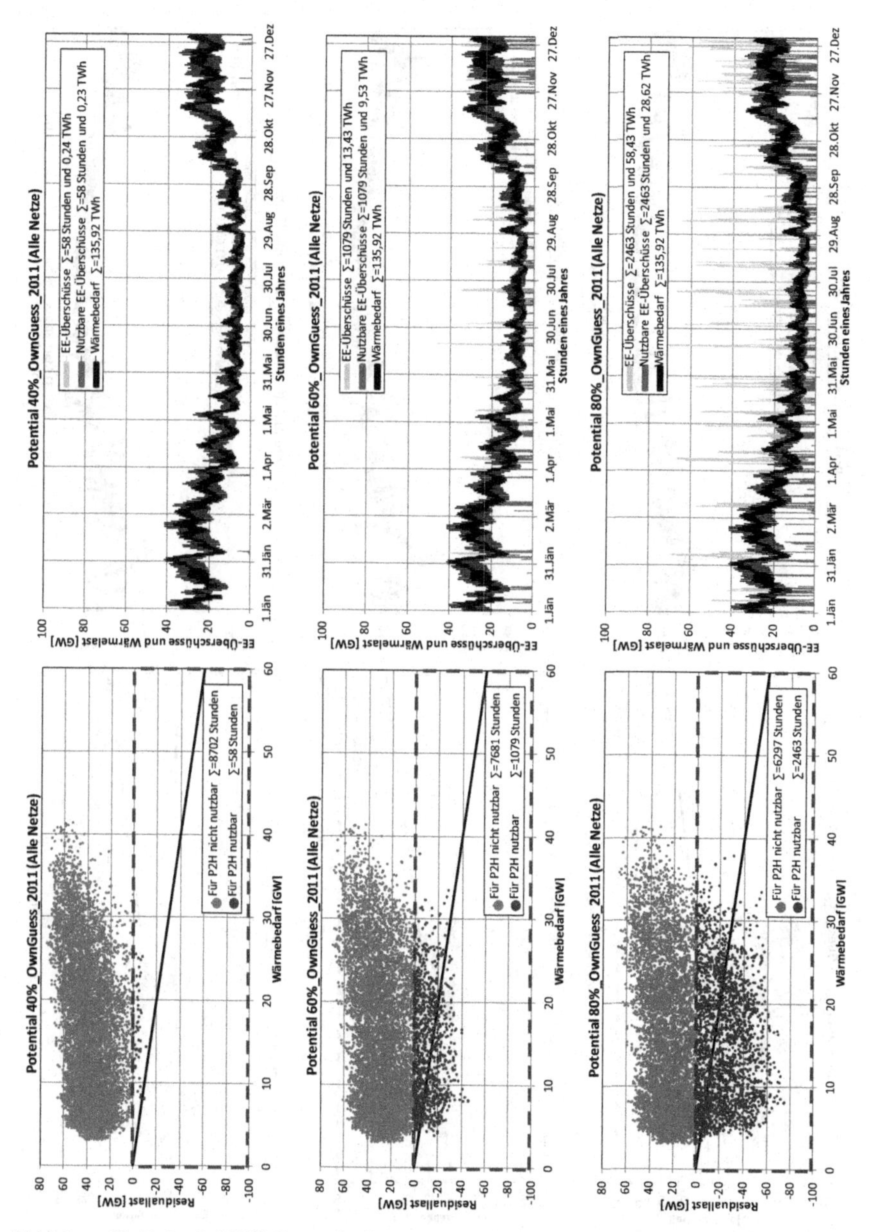

Abbildung 89: Potential P2H Szenario OwnGuess 2011 alle Netze (Quelle: Eigene Darstellung, Visualisierung Punktdiagramm nach Götz et al., 2013b, S.25).

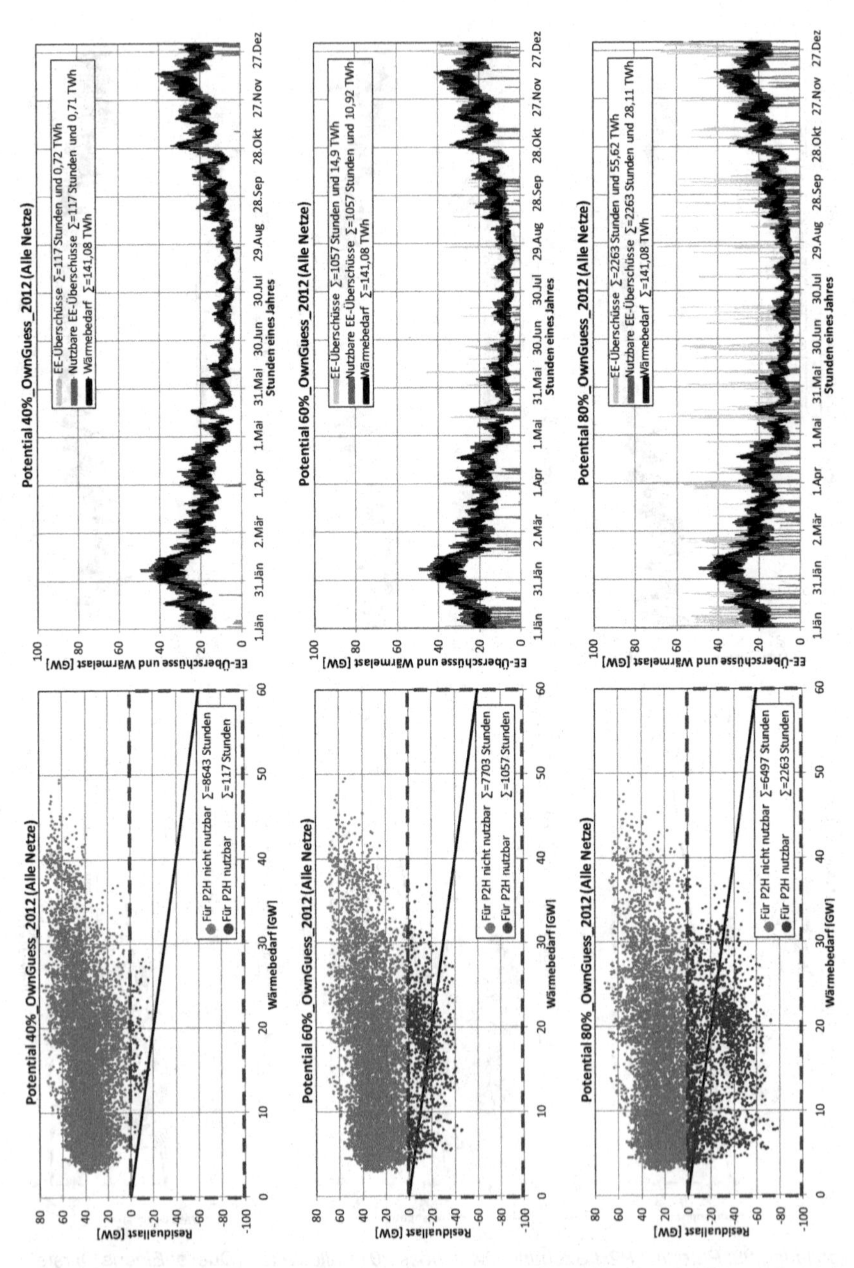

Abbildung 90: Potential P2H Szenario OwnGuess 2012 alle Netze (Quelle: Eigene Darstellung, Visualisierung Punktdiagramm nach Götz et al., 2013b, S.25).

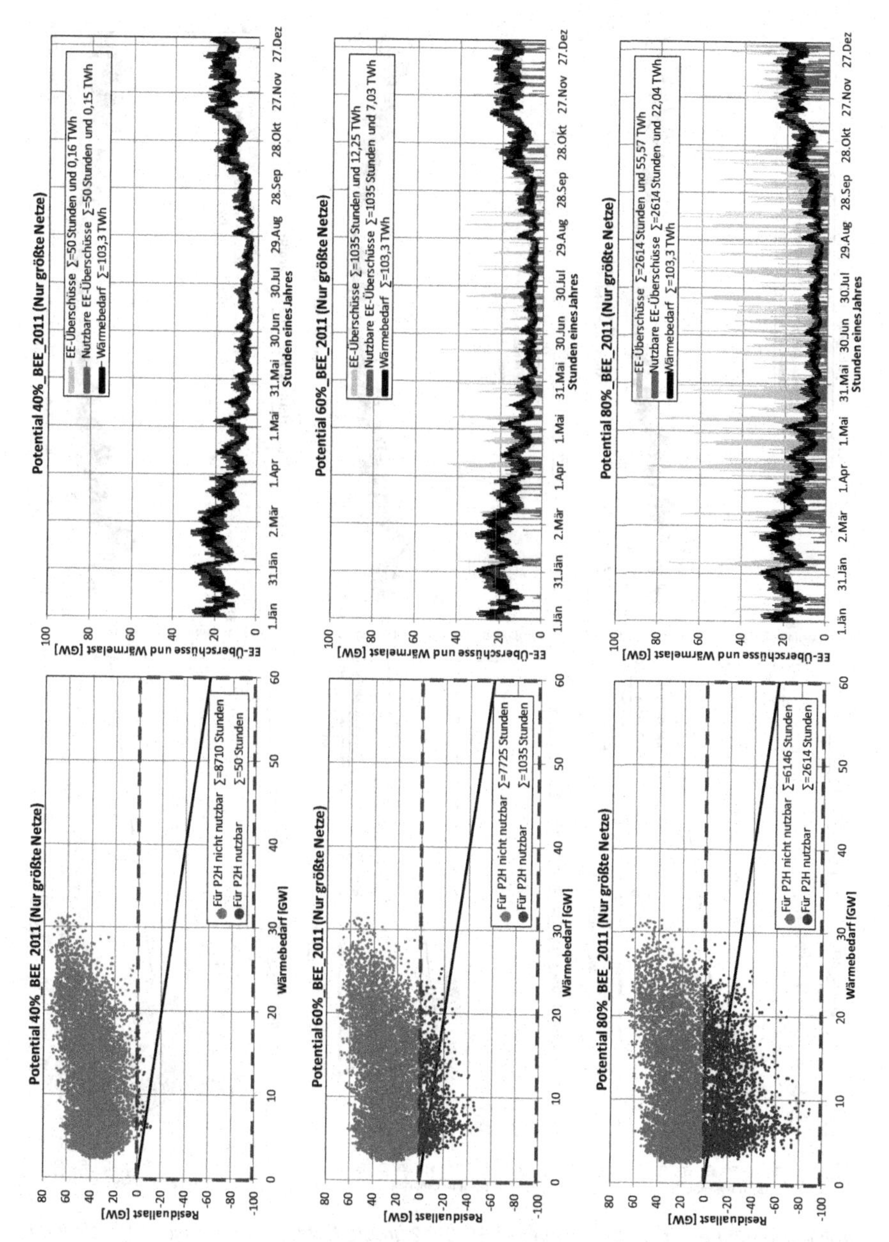

Abbildung 91: Potential P2H Szenario BEE 2011 größte Netze (Quelle: Eigene Darstellung, Visualisierung Punktdiagramm nach Götz et al., 2013b, S.25).

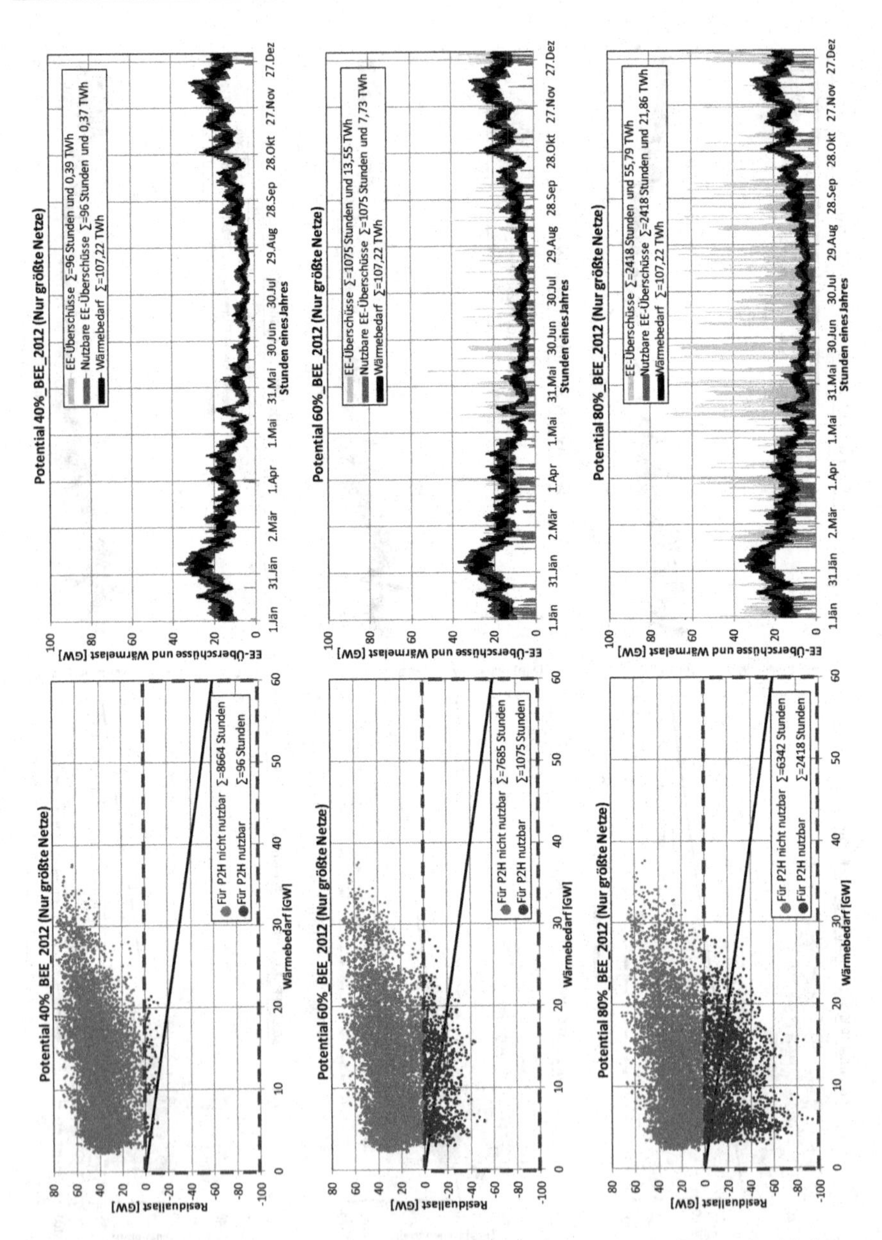

Abbildung 92: Potential P2H Szenario BEE 2012 größte Netze (Quelle: Eigene Darstellung, Visualisierung Punktdiagramm nach Götz et al., 2013b, S.25).

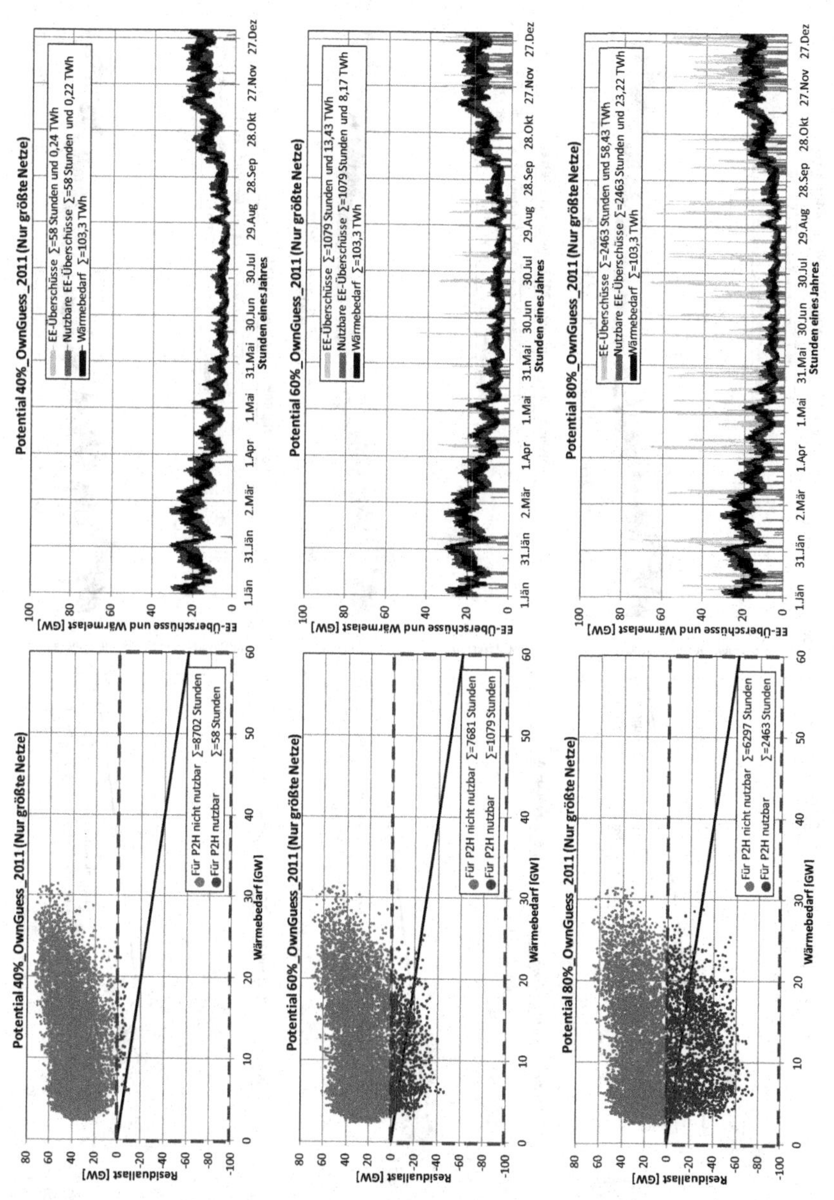

Abbildung 93: Potential P2H Szenario OwnGuess 2011 größte Netze (Quelle: Eigene Darstellung, Visualisierung Punktdiagramm nach Götz et al., 2013b, S.25).

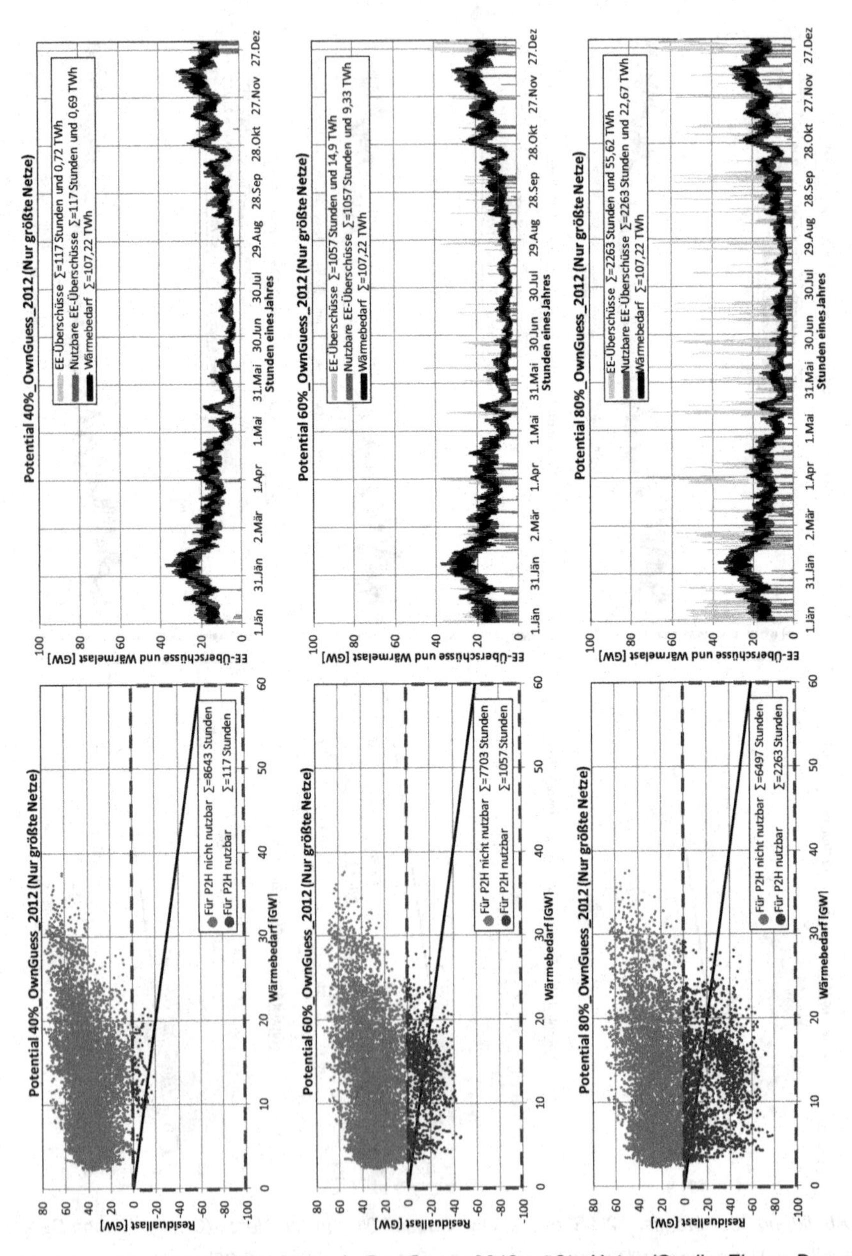

Abbildung 94: Potential P2H Szenario OwnGuess 2012 größte Netze (Quelle: Eigene Darstellung, Visualisierung Punktdiagramm nach Götz et al., 2013b, S.25).

10.2.2 Erhöhung des Potentials durch Wärmespeicher

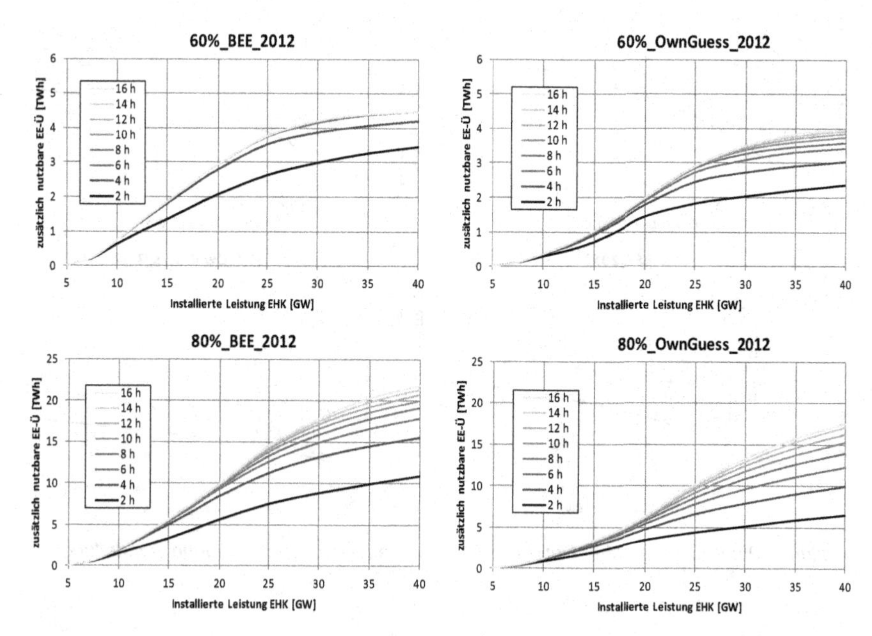

Abbildung 95: Wärmespeicher Potential 2012 alle Netze (Quelle: Eigene Darstellung).

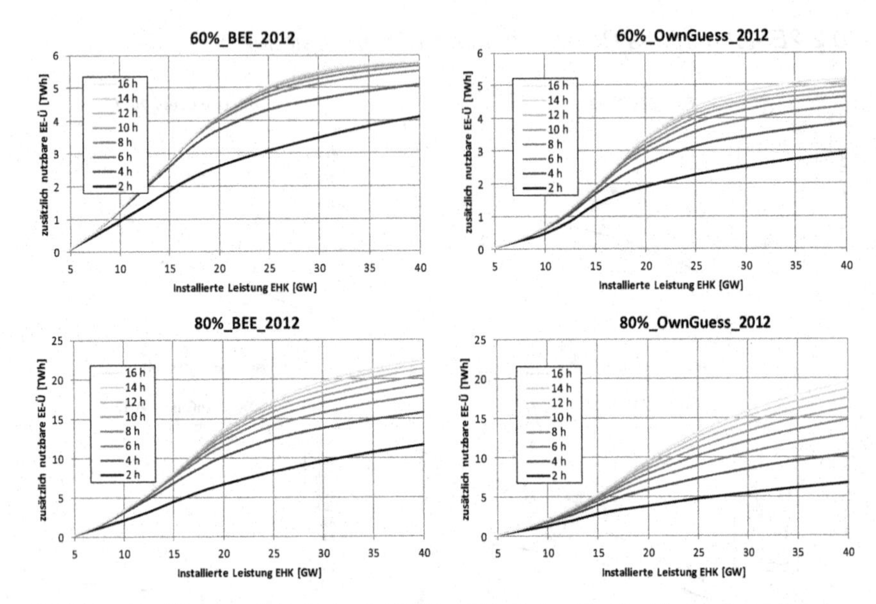

Abbildung 96: Wärmespeicher Potential 2012 größte Netze (Quelle: Eigene Darstellung).

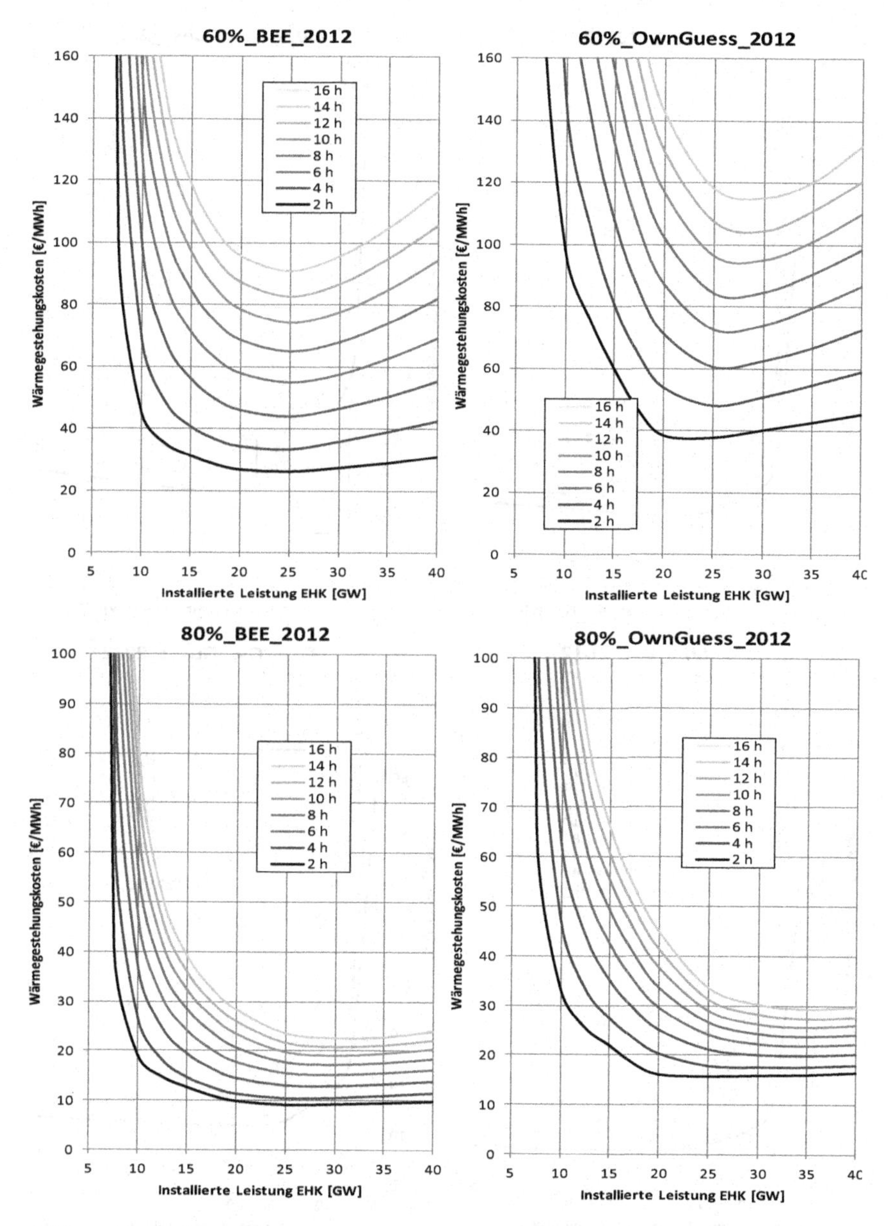

Abbildung 97: Wärmegestehungskosten Speicher 2012 alle Netze (Quelle: Eigene Darstellung)

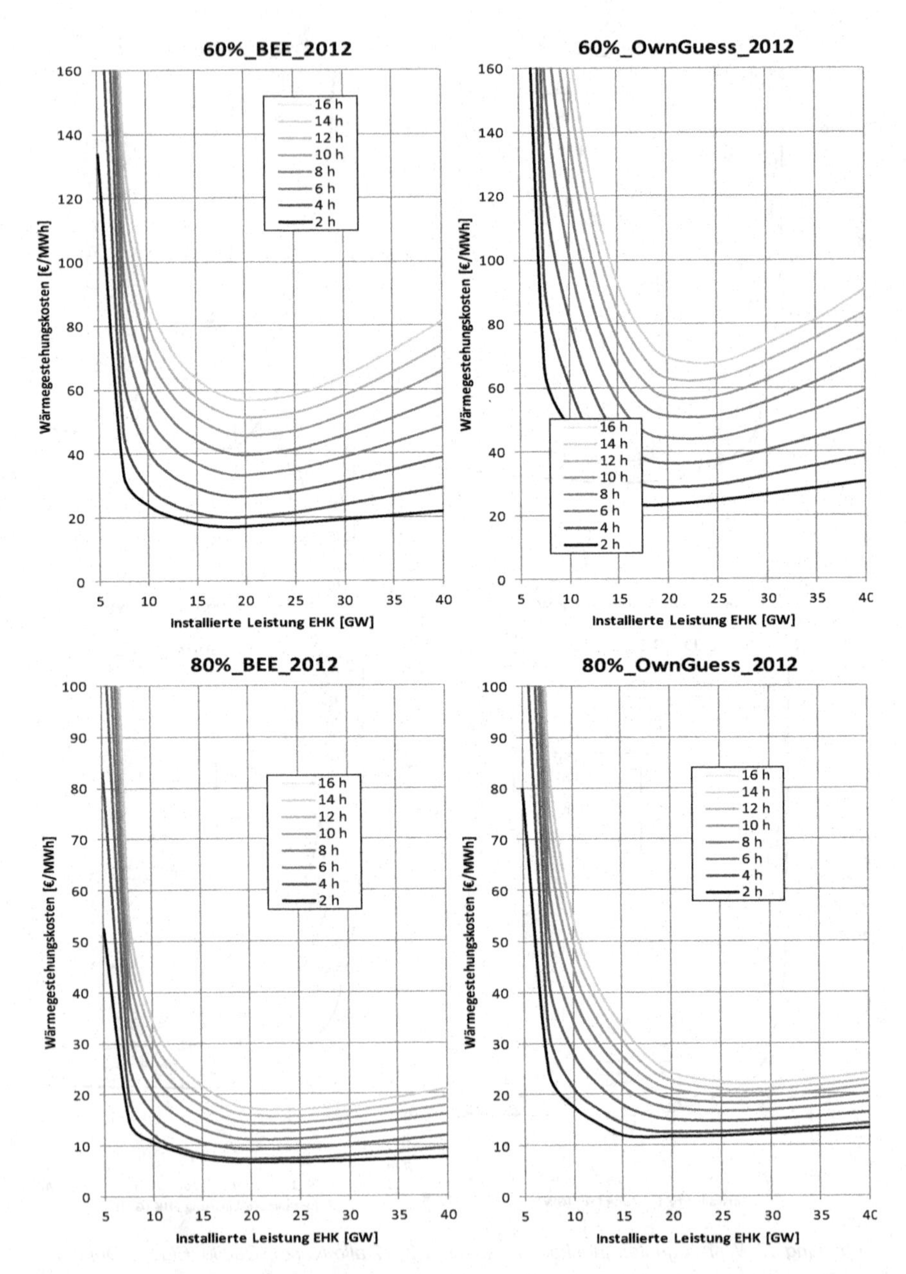

Abbildung 98: Wärmegestehungskosten Speicher 2012 größte Netze (Quelle: Eigene Darstellung)

Printed in the United States
By Bookmasters